两希文明哲学经典译丛

包利民 章雪富 主编

哲学的治疗
塞涅卡伦理文选之二

[古罗马] 塞涅卡 著
吴欲波 译

Philosophical Classics of Hellenistic-Roman Times

中国社会科学出版社

图书在版编目（CIP）数据

哲学的治疗：塞涅卡伦理文选之二/（古罗马）塞涅卡著；吴欲波译． —北京：中国社会科学出版社，2018.2（2024.10重印）
（两希文明哲学经典译丛/包利民 章雪富主编）
ISBN 978-7-5203-0183-1

Ⅰ.①哲… Ⅱ.①塞… ②吴… Ⅲ.①伦理学—古罗马—文集 Ⅳ.①B82-091.985 ②B502.43-53

中国版本图书馆CIP数据核字（2017）第081020号

出版人	赵剑英
责任编辑	凌金良　陈　彪
责任校对	季　静
责任印制	张雪娇

出　　版	中国社会科学出版社
社　　址	北京鼓楼西大街甲158号
邮　　编	100720
网　　址	http://www.csspw.cn
发 行 部	010-84083685
门 市 部	010-84029450
经　　销	新华书店及其他书店
印刷装订	环球东方（北京）印务有限公司
版　　次	2007年11月第1版
	2018年2月第2版
印　　次	2024年10月第4次印刷
开　　本	650×960　1/16
印　　张	18.75
插　　页	2
字　　数	261千字
定　　价	59.00元

凡购买中国社会科学出版社图书，如有质量问题请与本社营销中心联系调换
电话：010-84083683
版权所有　侵权必究

2016年再版序

我们对哲学的认识无论如何都与希腊存在着关联。如果说人类的学问某种程度上都始于哲学的探讨，那么也可以说，在某种程度上我们都是希腊的学徒。这当然不是说希腊文明比其他文明更具优越性和优先性，而只是说人类长时间以来都得益于哲学这种运思方式和求知之道，希腊人则为基于纯粹理性的求知方式奠定了基本典范，并且这种基于好奇的知识探索已经成为不同时代人们的主要存在方式。

希腊哲学的光荣主要是与苏格拉底、柏拉图和亚里士多德联系在一起。这套译丛则试图走得更远，让希腊哲学的光荣与更多的哲学家——伊壁鸠鲁、西塞罗、塞涅卡、爱比克泰德、斐洛、尼撒的格列高利、普卢克洛、波爱修、奥古斯丁等名字联系在一起。在编年史上，他们中的许多人已经是罗马人，有些人在信仰上已经是基督徒，但他们依然在某种程度上，或者说他们著作的主要部分仍然是在续写希腊哲学的光荣。他们把思辨的艰深诠释为生活的实践，把思想的力量转化为信仰的勇气，把城邦理念演绎为世界公民。他们扩展了希腊思想的可能，诠释着人类文明与希腊文明的关系。

这套丛书被冠以"两希文明哲学经典译丛"之名，还旨在显示希腊文明与希伯来文明的冲突相生。希腊化时期的希腊和罗马时代的希腊已经不再是城邦时代的希腊，文明的多元格局为哲学的运思和思想的道路提供了更广阔的视域，希腊化罗马时代的思想家致力于更具个体性、时间性、历史性和实践性的哲学探索，更倾心于在一个世俗的世界塑造一种盼望的降临，在一个国家的时代奠基一种世界公民的身份。在这个时代并且在后续的世代，哲学不再只是一个民族的事业，更是人类知识探索的始终志业；哲学家们在为古代哲学安魂的时候开启了现代世界的图景，在历史的延续中瞻望终末的来临，在两希文明的张力中看见人类更深更远的未来。

十年之后修订再版这套丛书，寄托更深！

是为序！

包利民　章雪富
2016 年 5 月

2004年译丛总序

西方文明有一个别致的称呼,叫做"两希文明"。顾名思义是说,西方文明有两个根源,由两种具有相当张力的不同"亚文化"联合组成,一个是希腊—罗马文化,另一个是希伯来—基督教文化。国人在地球缩小、各大文明相遇的今天,日益生出了认识西方文明本质的浓厚兴趣。这种兴趣不再停在表层,不再满意于泛泛而论,而是渴望深入其根子,亲临其泉源,回溯其原典。

我们译介的哲学经典处于更为狭义意义上的"两希文明时代"——即这两大文明在历史上首次并列存在、相遇、互相叩问、相互交融的时代。这是一个跨度相当大的历史时代,大约涵括公元前3世纪到公元5世纪的800年左右的时间。对于"两希"的每一方而言,都是一个极具特色的时期,它们都第一次大规模地走出自己的原生地,影响别的文化。首先,这个时期史称"希腊化"时期;在亚历山大大帝东征的余威之下,希腊文化超出了自己的城邦地域,大规模地东渐教化。世界各地的好学青年纷纷负笈雅典,朝拜这一世界文化之都。另外,在这番辉煌之下,却又掩盖着别样的痛楚;古典的社会架构和思想的范式都在经历着剧变;城邦共和体系面临瓦解,曾经安于公民德性生活范式的人感到脚下不稳,感到精神无所归依。于是,"非主流"型的、非政治的、"纯粹的"哲学家纷纷涌现,企图为个体的心灵宁静寻找新的依据。希腊哲学的各条主要路线都在此时总结和集大成:普罗提诺汇总了柏拉图和亚里士多德路线,伊壁鸠鲁/卢克来修汇总了自然哲学路线,怀疑论汇总了整个希腊哲学中否定性的一面。同时,这些学派还开出了与古典哲学范式相当不同的,但是同样具有重要特色的新的哲学。有人称之为"伦理学取向"和"宗教取向"的哲学,我们称之为"哲学治疗"的哲学。这些标签都提示了:这是一个在剧变之下,人特别关心人自己的幸福、宁静、命运、个性、自由等的时代。一个时代应该有一个时代的哲学。那个时代的哲学会不会让处于类似时代中的今人感到更多的共鸣呢?

与此同时,东方的另一个"希"——希伯来文化——也在悄然兴起,逐渐向西方推进。犹太人在亚历山大里亚等城市定居经商,带去独特的文化。后来从犹太文化中分离出来的基督教文化更是日益向希腊—罗马文化的地域慢慢西移,以至于学者们争论这个时代究竟是希腊文化的东渐,还是东方宗教文化的西渐?希伯来—基督教文化与希腊文化是特质极为不同的两种文化,当它们最终相遇之后,会出现极为有趣的相互试探、相互排斥、相互吸引,以致逐渐部分相融的种种景观。可想而知,这样的时期在历史上比较罕见。一旦出现,则场面壮观激烈,火花四溅,学人精神为之一振,纷纷激扬文字、评点对方、捍卫自己,从而两种文化传统突然出现鲜明的自我意识。从这样的时期的文本入手探究西方文明的特征,是否是一条难得的路径?

此外,从西方经典哲学的译介看,对于希腊—罗马和希伯来—基督教经典的译介,国内已经有不少学者做了可观的工作;但是,对于"两希文明交汇时期"经典的翻译,尚缺乏系统工程。这一时期在希腊哲学的三大阶段——前苏格拉底哲学、古典哲学、晚期哲学——中属于第三阶段。第一阶段与第二阶段分别都已经有了较为系统的译介,但是第三阶段的译介还很不系统。浙江大学外国哲学研究所的两希哲学研究与译介传统是严群先生和陈村富先生所开创的,长期以来一直追求沉潜严谨、专精深入的学风。我们这次的译丛就是集中选取希腊哲学第三阶段的所有著名哲学流派的著作：伊壁鸠鲁派、怀疑派、斯多亚派、新柏拉图主义、新共和主义（西塞罗、普鲁塔克）等，希望为学界提供一个尽量完整的图景。同时，由于这个时期哲学的共同关心聚焦在对"幸福"和"心灵宁静"的追求上，我们的翻译也将侧重介绍伦理性—治疗性的哲学思想；我们相信哲人们对人生苦难和治疗的各种深刻反思会引起超出学术界的更为广泛的思考和关注。另一方面，这一时期在希伯来—基督教传统中属于"早期教父"阶段。犹太人与基督徒是怎么看待神与人、幸福与命运的？他们又是怎么看待希腊人的？耶路撒冷和雅典有什么干系？两种文明孰高孰低？两种哲学难道只有冲突，没有内在对话和融合的可能？后来的种种演变是否当时就已经露出了一些端倪？这些都是相当有意思的学术问题和相当急迫的现实问题（对于当时的社会和人）。为此，我们选取了奥古斯丁、斐洛和尼撒的格列高利等人的著作，这些大哲的特点是"跨时代人才"，他们不仅"学贯两希"，而且"身处两希"，体验到的张力真切而强烈；他们的思考必然有后来者所无法重复的特色和原创性，值得关注。

以上就是我们译介"两希文明"哲学经典的宗旨。

另外，还需要说明两点：一是本丛书中各书的注释，凡特别注明"中译者注"的，为该书中译者所加，其余乃是对原文注释的翻译；二是本译丛也属于浙江大学跨文化研究中心系列研究计划之一。我们希望以后能推出更多的翻译，以弥补这一时期思想经典译介之不足。

包利民　章雪富
2004 年 8 月

目　录

2016 年再版序 ｜ 1
2004 年译丛总序 ｜ 1
编选者导言 ｜ 1

论生命的短促——致鲍里努斯 ｜ 1
论心灵的宁静——致塞雷努斯 ｜ 31
论闲暇——致塞雷努斯 ｜ 67
致玛西娅的告慰书 ｜ 79
致波里比乌斯的告慰书 ｜ 119
致母亲赫尔维亚的告慰书 ｜ 145
论恩惠（节选） ｜ 177
　　第三卷 ｜ 179
　　第四卷 ｜ 211
　　第五卷 ｜ 247

译名对照表 ｜ 276

编选者导言

苏格拉底早就说过,一个人在走入现实政治以及广义的现实生活之中后将会遇到许多他不能自主的、无法预见的事情。那是一个偶然性主导的世界。所以,哲学家在进入洞穴与不进入洞穴之间会苦苦思考,做出决定其命运的选择。

公元 2000 年,当世界进入新的千年之交之际,西班牙举行了纪念塞涅卡(公元前 3 年—公元 65 年)诞辰的隆重仪式,因为他被宣布为"西班牙历史上的第一位伟大思想家"。两千年前,当塞涅卡的父亲老塞涅卡(Seneca the elder)在罗马的西班牙行省遥望东方,踌躇满志地决意把他送往帝国中心罗马接受政治家培训时,他必然没有预见到今天的纪念盛况,他甚至可能没有预见到他的爱子后来的宦海沉浮及其悲剧性结局,否则,他大约会后悔自己对儿子的人生选择的干预。少年塞涅卡体弱多病而且有着一颗敏感的心灵,他在诸科目中特别喜欢哲学,沉迷于当时在罗马流行的灵性化的一种新毕达哥拉斯学派神秘主义哲学"塞克斯提哲学",甚至立志终身投入其研习修行。然而作为著名修辞术教师的老父望子成龙之心甚切,甚怒,坚决令其改志。塞涅卡从之,父亲甚喜。

由于历史的巧合,塞涅卡的一生正好与罗马由共和国跨入帝国后的第一个王朝(克劳迪乌斯王朝)的 5 位"元首"(奥古斯都、提比留斯、盖伊乌斯、克劳迪乌斯、尼禄)的在位时间大致重合。他的青年时期在埃及度过，长期在那里养病，出仕很迟，30多岁才回到罗马正式进入文坛和政坛。换句话说，他与帝国的大众一样只是被动"经历"了前两位皇帝的统治。然而，罗马出仕之后，他相当深地蹚入了后三位皇帝的浑水，受到盖伊乌斯的嫉恨，被克劳迪乌斯流放孤岛8年，后来在王后的干预下被召回，条件却是担任尼禄的太子太傅。这对于已经五十多岁的塞涅卡来说，意味着的恐怕不仅仅是诱惑，而更多的是潜在的危机，毕竟克劳迪乌斯王朝的皇帝们几乎都是病态的专制者。塞涅卡何等聪明的一个人，想必看到不祥的前景，但是他最终接受了。于是塞涅卡在罗马东山再起，而且在尼禄继位后权重一时，担任准摄政、秘书长和帝王师（amicus principis）。最后，在短暂而令人眩晕的仕途急速攀顶时遭到尼禄的忌恨；塞涅卡赶紧主动请求交出巨大的财富，退隐搞哲学，然而却被狡猾的尼禄断然拒绝。几年后，尼禄找了借口下令赐其自尽（有关塞涅卡事件，可以参看塔西陀在《编年史》中的描写。与其他一些古代作家相比，塔西陀对这位在古代就极有争议的斯多亚哲学家给予了较为同情的描写）。

在这样如旋涡般的令人喘不过气来的政治人生中，塞涅卡居然还"抽空"思考和写作了大量哲学与文学作品，当然，他被流放的9年和自杀前被软禁的3年是他哲学创作的旺盛期。也许，这些密集的哲学书写式治疗帮助他度过了险恶的政治生活的旋涡和激情的重创，否则他早已被冲下崖壁粉身碎骨。如果说苏格拉底（斯多亚哲学追溯的道统起源）、芝诺（斯多亚哲学的开创者）、爱比克泰德（塞涅卡之后的新斯多亚哲学大师）等人都是极为本真一心的、具有圣贤气象的哲学家，那么塞涅卡就更像是哲学家中自学成才的一头狐狸。他聪明，他什么都想把握，他知识渊博、辩才无碍；但是他在性情上更加像是我们平常人中的一员；他在德性发展上也有向善之心，也有各种本体性疾病，也挣扎，也跌跤，也自我辩解，甚至——有时——也做出人意料的勇敢举动。塞涅卡的哲学治疗首先是治疗自己的。当然，他也旨在治疗朋友亲人，治疗整个人类。

希腊哲学当中一直隐含着一种强烈的"治疗"隐喻和意向性。到了希腊化罗马哲学时期，更是进入各大派哲学的公开的宣告之中。作为晚期斯多亚派的第一位哲学家，塞涅卡认为自己和人类所患上了各种本体性的精神疾病，这不是一般的药物可以治疗的，必须从哲学的根本上进行治疗。读塞涅卡，就像读一本人类本体疾病大全，丰富、复杂、多样顽固甚至病入膏肓而令人震撼。据说这样的诊断文字读多了，人就会陷入"厌世"（厌恶人类）的悲观主义绝望中。古代人如此，近代人也是如此，在与罗马时代有许多类似之处的现当代人，更是如此。但是斯多亚哲学并不是叔本华哲学，它告诉我们有缓减乃至救治的办法。

塞涅卡对于人类的疾病和救治十分细腻，而且在他特有的修辞表述中展开，各人自然能读出自己的感受，我们无法也无须在此简单概括。不过我们想大致提示几点我们觉得特别有意思的地方。首先，哲学治疗经常属于哲学家的"伦理学"著作中的内容。但是二者其实极为不同。"治疗哲学"与"伦理学"的大致区别是：伦理学是关于道德也就是人际的利益冲突的问题与解决的，治疗哲学则更是关于个人自己的生命中的问题的。其次，斯多亚哲学作为治疗哲学，所诊断出来的人类疾病主要是什么呢？主要是面对财物的贪婪，面对伤害的愤怒，面对灾难的悲伤，面对恩惠的不懂感恩，等等。人们或许会问：这些不就是"道德问题"吗？不完全是。因为斯多亚哲学在此关心的不是这些"恶"对他人的伤害，而是作为强大激情对主体自己的伤害，它们使人完全失去自主。所以它们首先是病。

悲伤被斯多亚哲学视为是激情类疾病中最为重大的一种。塞涅卡在流放中写的三封"告慰信"就是关于这一主题的。这样的文体并不为塞涅卡独创，不过塞涅卡也从斯多亚哲学的角度出发写出了自己的特色，尤其是写给母亲的那一封。从斯多亚哲学的角度写，有其自己的难度；我们在阅读中可以随时加以注意。比如，作为斯多亚哲学家，塞涅

3

卡难道真的会无情地指责为失去儿子而悲伤的母亲是"有病"？塞涅卡当真相信哲学观念能够治愈人的情感悲恸（想想休谟的怀疑）？"德性可教吗"的希腊问题同样也可以转化为"观念可以治病吗"？更进一步来讲，亲友的死亡提示人们，人生来就是要死的。这种本体性脆弱或者伤害是否提示人类：人生其实是极度负面的？但是，这与斯多亚哲学肯定"神——自然关爱我们"的观点岂不是冲突？此外，其他的重大"疾病"还有：对自己的价值的否认或者所谓失败感。斯多亚哲学认为人们之所以在尘世之中疲敝奔波不休，大多是对自己的决定没有真正的信念，听从各种外在的价值评判的摆布。这样的一生到头来毫无意义。在此，塞涅卡尤其面对着罗马人非常喜欢讨论的希腊政治哲学的一个焦点争论：究竟应当选择思辨的人生还是行动的人生。我们将在《论生命的短暂》《论心灵的宁静》和《论闲暇》中看到塞涅卡的各种论证。这些翻来覆去的论证究竟是想说服朋友，还是想说服他自己？另外我们还必须指出的是，斯多亚哲学特别认为愤怒是一种重要的精神疾病，而且当政者的愤怒由于可以被权力放大，带来的危害极大，所以政治—司法正义—仁慈宽恕是塞涅卡"论愤怒""论仁慈""美狄亚"（悲剧）等的主题。这些在《强者的温柔：塞涅卡伦理文选》中得到体现，在此文集中不是中心。本选集的最后一个部分是塞涅卡的《论恩惠》中的三卷文字。表面上看，此中所讨论的不是治疗哲学，而是标准的道德学。对伦理学感兴趣的读者，也可以从中读到许多很有意思的东西，比如塞涅卡代表古代道义论对代表了古代后果论的伊壁鸠鲁伦理学的辩驳；又比如塞涅卡设法为斯多亚伦理学的一些重要概念和相关的悖论比如什么是"善"（《论恩惠》也不妨翻译为《论行善》）进行辨析。但是，《论恩惠》中也有与治疗哲学紧密相关的内容。其中比较醒目的就是对生活缺乏感恩心，在塞涅卡看来这是人类本体性疾病中的重要一种。这病不仅伤害他人，主要伤害的还是自己（再说一遍："治疗哲学"的关注指向乃是自己）。

作为造诣颇深的修辞学家和悲剧家（塞涅卡对于近代文艺复兴的最大影响可能是他的九部悲剧），塞涅卡十分注意哲学治疗的方式。他不是用抽象的一般理论，而是采取与朋友或者亲人的一对一的交谈的形式展开他的写作。当然，塞涅卡在写这些以某位具体的接受者为对象的文字时，势必已经打算要公开发表，也就是说，这些是作为"普遍治疗"的哲学"药"而创作的。他的著名的124封道德书信是写给朋友的；他的其他哲学文体的"道德文章"其实也是如此。本文集中选了他的3封"告慰信"，都是写给某位具体的友人和亲人的；甚至此处选的3篇"文章"《论生命的短暂》《论心灵的宁静》和《论闲暇》，在西文中也属于"塞涅卡对话录"（dialogues）。尽管这些文章并不是以两人对话交谈的方式展开的，但是整个文章的态势是对友人的娓娓而谈和耐心解答困惑。在这些治疗文字中，塞涅卡使用了各种各样的方式，动之以情，晓以大义，故事与榜样，格言与反讽，等等，甚至包括哄骗奉承。

塞涅卡的心思和文风都极为细腻多变，很难翻译。景德镇陶瓷学院的吴欲波先生性情淡泊，好学爱智，在古典哲学上经受过名师的专门训练，曾经主译斯多亚哲学家爱比克泰德的《哲学谈话录》。此番他对塞涅卡文章的翻译花费了很大心思，仔细推敲，刻苦追求信、达、雅的学术翻译目标，相信他的译笔能够为今日读者呈现出斯多亚哲学的"治疗方子"的独特感染力量。

包利民
浙江大学 外国哲学研究所
2007年9月25日

论生命的短促

——致鲍里努斯[*]

---

[*] 从后文可以明显看出,当写这篇短文时(或约公元49年),鲍里努斯(Paulinus)是主管罗马粮食供应的官员,因此也是一位重要人物。此人是塞涅卡的妻子即庞培娅·保琳娜(Pompeia Paulina)的近亲,通常被认为就是在尼禄治下某个占据高位的庞培·鲍里努斯(Pompeius Paulinus)的父亲。

鲍里努斯啊，大多数凡人都会激烈抱怨自然的恶毒，因为我们生来就注定只有短暂的寿命，因为甚至这被赋予我们的短暂生命，也会那样迅疾快速地飞逝，以至于除了极少数人之外，所有人都是正打算开始生活，就发现生命已近尾声了。而且，并非只有普通大众和缺乏思考力的人，为这一被视为无人能逃脱的坏事而悲伤；那些著名的人物，也因为同样的感觉抱怨不已。正是这种感觉引得那最伟大的医者感叹道："生命是短暂的，技艺是长久的"①；正是这种感觉引得亚里士多德（Aristotle）②在向自然抗议时，发出了与一位贤哲最不相宜的控告——即，就寿命而言，自然太偏袒动物了，它们能够活足五个或十个一生，③然而人类尽管生来就能取得那么众多、那样伟大的成就，可自然为人类预先安排好的期限却要短得多。然而在我来看，并非我们的寿命短，而是我们浪费的时间多。我们的寿命已经够长了，如果我们能够充分利用一生的时间，我们被赋予的寿命已经足以去完成那些最最伟大的事情。可是当生命在奢靡和散漫中被挥霍，当它被用于毫无结果的事情上时，那么命运最终就会让我们明白，在我们感觉到生命的流逝之前，它已经一去不回头了。所以事实是——我们的一生并不短暂，而是我们让它变得短暂了；我们活着的时间也不少，而是我们浪费得太多。正如巨额的豪财，一旦落入败家子之手，瞬间就会散尽；然而如果交到一个经营有方者之手，即便这财富不多，也会因妥善利用而增长。所以，对

---

① 医药之父希波克拉底（Hippocrates）的名言。
② 此处有误，实为继亚里士多德之后作为逍遥派领袖的希腊哲学家色奥弗拉斯多（Theophrastus）。
③ 指人的一生。

于能够合理安排人生的人而言，我们的一生已经够长了。

自然如此慈善地展现了自己，我们为什么还要抱怨它呢？生命，如果你能善加利用，便是悠长的。然而，这个人被不知餍足的贪婪迷了心窍，那个人又被那毫无用处的苦差绊住了双脚；这个人在美酒中沉迷，那个人又在怠惰中荒废；这个人因那总是取决于别人之判决的野心而精疲力竭，那个人又因商人之贪欲的驱策，怀着获利的希望，被引得满世界乱转；有些人因酷喜战争而备受折磨，他们要不就在算计如何把危险加于别人头上，要不就在为他们自己的危险而操心劳神；有些人因甘愿受一位从不言谢的大人物的奴役而疲惫不堪；有些人又在贪想别人的钱财或抱怨自己的钱财不足中不得空闲。许多人因为没有固定的目标，所以总是颠来倒去、变化无常、贪心难足，他们因了自己的易变，被抛入变来变去的计划中；有些人没有赖以指导其生活道路的固定原则，于是在慵懒无聊中无知无觉地任由命运之神摆布——此事的发生如此确然，以至于我毫不怀疑那位最伟大的诗人说出的宛如神谕的话的真实性："我们的生命中真正去活的部分是极短的。"[①] 因为存在中的休闲并非生命，而只是时间。邪恶从四面八方围绕着我们，它们根本不允许我们再次起身，抬起眼睛去觅寻真理；一旦它们控制了我们，将我们拴在低劣的欲望之上，我们就会被它们制得服服帖帖。邪恶之受害者再也不可能回到真正的自我；如果这些受害者也曾碰巧发现了一些解脱的途径，他们仍会被颠簸来颠簸去，难以从他们的欲望的居留之所脱离出来，求得心灵的宁静，一如深海的水面，即便风暴过去之后，仍会起伏跌宕。你认为我只是在说那些被公认为不幸者的可怜虫吗？看看那些其幸福为众人争相瞩目的人吧；他们的幸福让他们窒息。财富对多少人来讲是一种负担啊！有多少人为了他们的雄辩和展示其才干的不懈努力而以鲜血作代价啊！有多少人因长期的放纵而面色苍白啊！有多少人因围绕其周遭

---

① 来自一位不知名的诗人。

的众多食客而不得自由啊！简而言之，遍览自最低至最高的各色人等吧：此人期望有个拥护者①，这一个要出庭，那一个在受审，再一个要为他辩护，又一个要宣判；没有一个断言对自己的所有权，所有人都在为另一个人而浪费时间。考察一下那些家喻户晓的名流要人，你将发现这就是将这些人同其他人区别开来的标志：甲巴结乙、乙巴结丙；没人是他自己的主人。还有一些人发出了最愚蠢的愤慨——他们抱怨他们上司的傲慢蛮横，当他们需要观众时，上司总是因太忙而不能到场！可是，当一个人连自己都没时间照料自己时，他还能有这样的厚脸皮去抱怨别人的傲慢吗？毕竟，不管你是谁，大人物偶尔还是会瞅上你一两眼，尽管他那张脸是那样傲慢无礼，他有时也会降尊纡贵地听听你说话，他会允许你出现在他身旁；然而你却从来不会屈尊看看你自己，倾听你自己。因此，你没有理由认为任何人没有陪伴你就亏欠了你什么，因为，你之所以陪伴他们，并不是因为你希望做别人的同伴，而只是难以忍受自己做自己的同伴。

尽管各个时代都有具非凡智慧的人打算探讨这一主题，然而他们却从未能够充分表达他们对人类心灵的这一极度无知的惊奇。人们不会容忍任何人攫夺他们的地产，即便是为了土地界线的极小争执，也会让他们对人刀矢相向，然而他们却能容忍别人侵入他们的生命——非但如此，他们甚至会亲自把那最终将占有其生命的人引领进来。我们找不到一个愿意散施家财的人，然而在我们所有人中，有多少人在散施他们的生命啊！在守护财产时，人们通常都手紧得很，可是一旦涉及浪费时间之事——这本来是唯一应当吝啬的事——他们却任意花费。故此，我真想从一群年长者中抓出一位来对他说："我知道你已到了人类寿命的最高限，你就要年近百龄，或者还不止了；现在你来回想一下你的一生，

---

① 这并非指在法庭上承担辩护责任的人，而是一个通过他的出场和建议在法庭提供帮忙的人。

做一个估计：想想你有多少时间在与放债者周旋，有多少时间在与情妇厮混，有多少时间在与贵族结交，有多少时间在与食客敷衍，有多少时间在与妻子拌嘴，有多少时间在惩罚你的奴隶，有多少时间在为了社会责任而于城内四处奔跑。另外加上因为自己的行为引发的疾病占去的时间，还要加上你搁置不用的时间；你就会明白，属于你的年岁比你认为的要少。回想往昔，你何曾有过固定的计划，你按计划度过的天数有多么的少，你何曾是自己做主的，你的脸上何曾挂着自然的表情，你的心灵何曾宁静过，在那么长的一生当中你取得了什么成就，有多少人在你不知不觉中夺去了你生命的宝贵时间，有多少时间你是在无用的悲伤中、愚蠢的快乐中、贪婪的欲求中、与人交往的诱惑中度过的，你留给自己的时间有多么地少；你就会认识到，你将过早离去！"① 那么，情况为什么会这样呢？你就像你注定不会死那样地活着，你从未考虑过你的脆弱性，你从未考虑过有多少时间在你的不经意中流逝。你在挥霍时间时，仿佛时间是你从一个满溢的储备中汲取出来的，尽管你花在某人或某事上的那一天很可能就是你的最后一天。你拥有的是有死者的一切恐惧和不死者的一切欲求。你会听到许多人说："在我五十岁后我就不问世事，到了六十岁我就可以免于公共义务。"谁能担保你的生命能延续得那么久？谁会让你的行程恰如你所计划的那样？况且你只把一生当中的残余时间留给自己，你只留出无事可做的时间用于追求智慧，你不觉得羞耻吗？正当我们几乎不得不停止生活时我们才开始生活，这何其迟啊！将有益的计划推迟到五十岁和六十岁时再来实施，打算在很少有人达到的高龄才开始生活，这是对人的有死本性的一种怎样愚蠢的健忘啊！

你会看到那些位高权重者说出的话中透露出这层意思：他们渴望闲暇、赞赏闲暇、喜爱闲暇胜过喜爱他们的一切幸运之事。他们时不时地

---

① 字面上指"未成熟的"。

说，如果可保平安无恙，他们愿从那至高的位份上退下来；因为即使没有外来的困扰与损伤，运气也会自然而然地让人彻底跌落。①

被奉为神明的奥古斯都（Augustus）受到了诸神异乎寻常的赐福，他一直未曾止歇地恳求能够松口气，他一直希图能从公务中解脱出来；他的每次谈话总是折回到这个主题——对闲暇的期盼。这是一种甜甜的、尽管也是徒劳的安慰，他正是以这安慰宽解他的辛劳——终有一天他将为自己而活。在致元老院的一封信中，他保证他的隐退不会有失尊严，也不会与他过往的辉煌不合，其中我发现这样几句话："但是，相对于诺言而言，行为可以更好地展示这些事情。可是，因为那令人欢欣的现实还在遥远处，我对我最诚挚祈求的那一刻的热望，引得我先以口头上的快意预先享受点其中的愉悦。"闲暇看去是那样令人向往的一件事物，以至于因为不能在现实中拥有，他便在头脑中预想。这个认为自己可独自裁决一切事情的人，这个决定着个人和国家命运的人，却无限幸福地遥想着他可以抛开他的至高权位的那一天。他已经发现，为博取那普照大地的恩赐要付出多少的汗水，这些恩赐下面埋藏的是多少隐秘的焦虑。为此，他先是不得不谋动干戈于他的同胞，接着是他的同僚，最后是他的亲人，他让陆地和海洋都布满了腥风血雨。

奥古斯都的战火烧遍了马其顿、西西里、埃及、叙利亚、亚洲以及几乎所有的国家，当他的军团已厌倦了对罗马人的屠杀，他就转而让他们致力于国外战争。正当他平定阿尔卑斯地区，征服位于和平帝国中部的敌人时，正当他甚至将这一帝国的疆域扩展到了莱茵河、幼发拉底河和多瑙河以外时，在罗马，穆列纳（Murena）、凯皮奥（Caepio）、雷必达（Lepidus）、埃格纳提乌斯（Egnatius）以及其他人正磨刀霍霍要杀死他。在他还未从他们的阴谋中逃脱出来时，他的女儿②和那些贵族

---

① 此话意为：高位会在自身的重压下陷落。
② 指被奥古斯都流放至潘达塔里亚岛（Pandataria）的臭名昭著的朱莉娅（Julia）。

青年（因了与他女儿的奸情，就像因了神圣的誓言一样，这些人死命效忠于她）又再三让他在那些狼狈不顺的年头饱受恐慌；此外还有保路斯（Paulus），以及因为一个女人与安东尼的联手而带来的第二次畏惧。① 当他将这些"溃疡"② 连同臂膀一起剪除之后，那里又会长出其他溃疡；正如在那些过度充血的躯体上，总会在这里或那里冒出个裂口。因此，他渴望闲暇，希望着并认为他可由此摆脱这些辛劳。这就是那能够应许整个人类恳求的人的恳求。

马尔库斯·西塞罗（Marcus Cicero），长期苦斗于喀提林（Catiline）③、克洛狄乌斯（Clodius）④、庞培（Pompey）和克拉苏（Crassus）⑤ 之辈中，其中有些是他公开的敌人，其他一些则是靠不住的朋友。西塞罗随着国家的命运被抛来抛去，他力图使国家免于毁灭，最终却被席卷而去，因为他无法安于荣华或忍受逆境——他有多少次在咒骂他那执政官的职位呀！然而他曾经那样无休止地赞美这一职位的呀，尽管这一赞美也非全无道理。当老庞培已被制伏，老庞培的儿子却仍然试图恢复他在西班牙残存的势力时，西塞罗在写给阿提库斯（Atticus）的一封信中是怎样地字字含泪啊！"你问我"，他说，"我在这儿做什么？我像半个囚犯似地在我的图斯库兰（Tusculan）庄园逗留"。他接着说了些其他话，他为他以前的生活而悲伤，为现在的生活而抱怨，为将来的生活而绝望。西塞罗说自己是："半个囚犯"，可事

---

① 公元前31年马克·安东尼（Mark Antony）和克里奥帕特拉（Cleopatra）曾共谋对付奥古斯都。

② 在苏伊托尼乌斯（Suetonius）的《十二帝王传》的记载中，奥古斯都在回忆时用以描述朱莉娅和自己的两个外孙时所用的语言。

③ 喀提林因为在与西塞罗竞夺执政官中失败，纠集了一些失意的政客、负债人以及心怀不满的贵族青年，策动暴乱，企图推翻政府。西塞罗最后成功地敦促元老院宣布喀提林为公敌。

④ 西塞罗的政坛劲敌，公元前58年的保民官，提出了针对西塞罗的放逐法案。

⑤ 西塞罗因拒绝参加由庞培、克拉苏、恺撒（Caesar）组成的前三头联盟，得罪了恺撒等人。

实上，一位贤哲决不会用那样低下的一个字眼，也决不会真的是半个囚犯——他总是拥有不会衰减的和稳定的自由，因为他是自由的，他是自己的主人，是超越于其他一切人之上的，因为还有什么东西可能会超越那超越命运之神的人呢？

当鲁莽且精力充沛的李维乌斯·杜路苏斯（Livius Drusus）① 在来自全意大利的大众的支持下，提出了新法和格拉古（Gracchi）的灾难性的措施时，因为看到他的既不能实施、在启动后又不能抛弃的政策没了出路，据说就开始激烈地抱怨他自婴儿时代起就动荡不安的生活，并声称他是唯一一个甚至在孩童时代也未曾有过一个假期的人。因为，当他还是个穿着男孩服装的被监护人时，他就敢于让陪审团对被告产生好感，敢于让法庭感受到他的影响，确实，他在法庭的影响是那样地强大，以至于他在某些审判上促成了有利的判决，这是众所周知的事。这种早熟的野心会有什么做不出来呢？人们可能已经知道，那样一种早熟的大胆会带来个人和公众的不幸。所以，因为他自孩童时起一直便是法庭的麻烦制造者和讨厌鬼，就他而言，抱怨从未有过一个假期已经太迟了。他是不是自杀仍然是一个疑问；他是因为腹部突然受伤而倒下的，有些人怀疑他不是自杀，然而没有人怀疑他的死是适时的。

在此再提及更多这样的人也是多余。就这些人而言，尽管别人都相信他们是最幸福的人，然而他们却表达了自己对长期以来的一切所作所为的厌恶，并亲口说出了反对他们自己的真实证据；然而他们并没有因为这些抱怨改变自己或改变他人。因为他们在用言语发泄出这些情感之后，又重新落回到惯常的状态中。天知道！像你们这样的生命，即便会超越千年，也只会缩成短暂的一小段；你们的邪恶会耗尽任何长度的时限。你们所拥有的短暂时限（尽管它在本性上就是快速流逝的，然而理性却可延长它），必然会迅疾地从你们那儿溜走，因为你们没有抓住

---

① 公元前91年的保民官，他曾提出谷物法，倡议赋予意大利人以公民权。

它,你们既没有阻止它,又没有延缓这世上最迅捷的东西,你们只是任由它滑走,仿佛它是某种多余的东西,是某种可以替代的东西。

就我来看,那些将时间全部浪费在酒色中的人也属最无可救药之列;因为没有比让这些东西占据人心更令人羞耻的了。① 其他人即便做着有朝一日飞黄腾达的虚梦,毕竟他们是体面地误入歧途的。尽管你会向我说起那些在不正当的嫉妒或不正当的战争中的贪婪之人和盛怒之人,毕竟所有这些人都是以一种比较具有男子汉气概的方式犯下的错。可是那些沉湎于声色犬马之中的人,沾染的却是使人蒙羞的污点。考察所有这些人的时间,看看他们把多少时间花在了计较上,把多少时间花在了设圈套上,把多少时间花在了害怕遭人陷害上,把多少时间花在了献殷勤上,把多少时间花在了受人奉承上,他们又有多少时间被支付保释金和收取保释金之事所占据,有多少时间被宴饮之事——因为如今这些事情都已变成一种公务了——所占据,你将会发现,他们的利益,不管你称它们是坏是好,是如何让他们连喘气的时间都没有的。

最后,所有人都认为,一个忙东忙西的人,没有一样事情能干好——这样的人既不能从事雄辩,也不能从事人文学术的研究——因为当心灵的兴趣被分割开来,心灵就不能很深地领会任何东西,而是将任何宛如勉强挤入的东西拒之门外。繁忙之人最少为生命而忙;而这也是最难学会的。这儿到处都有许多教授其他技艺的教师;就有些技艺而言,我们已经看到仅仅是孩童就可精通到那样的程度,以至于他们甚至都可以主持一切。然而学习如何生活却要花去整个一生,而且——可能会让你更加吃惊的是——学习如何去死也要花去整个一生。许多非常伟大的人物,都已将他们的累赘之物搁在一旁,他们放弃了财富、职务和享乐,而把知晓如何生活当作他们直至生命终点时都要保持的一个目

---

① "占据人心"("the engrossed")在本文中是一个专门术语,指那些沉湎于生活的各种利害中而没有时间从事哲学的人。

标；可是他们中的大部分人在去世时都承认，他们还不知道如何生活——其他人就更不会知道了。相信我，只有伟人和远远超越了人类弱点的人才能不允许他的任何一点时间被窃走。所以那样一个人的生命就是非常长的，因为他把所有的时间都留给了自己。没有任何时间被忽略和虚度；没有任何时间是在另一个人的掌控之下，这是因为，他至为吝惜地守护他的时间，于是他就发现没有什么东西值得他拿时间去交换。因此，那人便有足够的时间；然而那些被公众占去了生命中的许多时间的人，他们必然只有极少的时间。

在此你没有理由认为这些人从来就不会意识到他们的损失。你确实会听到，在那些受巨大幸运所累的人当中，有许多会在处身于众多食客的包围中时，或在法庭作辩护时，或处于其他辉煌的不幸中时，偶尔大声地抱怨："我没机会去活。"你当然没有机会！所有那些将你召唤到他们自己跟前的人，都让你远离你自身的自我。那个被告人占去了你多少天？那个候选人占去了你多少天？那个忙于赶走其继承人的老妇人①占去了你多少天？那个假装患病以图激发那些寻求遗产者的贪欲的人占去了你多少天？那个把你和你之类的人当作侍从而非朋友列于名单之上的非常有势力的朋友占去了你多少天？核查一下，我说，并回顾一下你生命中的日子；你将看到你只把非常少的且零零碎碎的时间留给了自己。那个乞求能够拥有束棒（fasces）②者，当他得到时，又希望将之搁置一边，并反复说："这一年什么时候到头啊！"那个组织消遣娱乐活动者，③曾经那样看重获得这一职务的机会，现在却说："我什么时候才能摆脱这一职务呢？"那个名气响遍整个广场的倡导者，他的听众密密匝匝，多到后排听不到他声音的地步，然而他却说："我的假期什么时候才来呀？"所有人都在加快他生命的进程，都在对将来的渴望和

---

① 即有许多寻求遗产者在企图掠夺她。
② 高官的卫兵持有的象征物。
③ 当时公众娱乐活动的管理权归于执政官。

对现在的厌倦中受苦。然而那把所有时间都用在自己的需要上的人，那筹划着每一天、仿佛这就是他的最后一天的人，既不会渴求也不会害怕明天。因为现在的任何时刻都能生出明天的快乐，明天还有什么新的快乐呢？所有快乐都是已知的，所有快乐都已被充分地享受了。命运女神可以随她们所愿地分配剩下的东西；他的生命已经找到了安全之所。他的生命之上可能还可增添些东西，但是他的生命中决没有什么东西可以被夺走，而他对任何附加之物都会像那已经酒足饭饱的人对待食物一样：既不渴求，然而却能拿着。所以，在此你没有理由认为，任何人因为有着花白的头发或满脸的皱纹，就已经活得很长了——他只是存在了很长时间。一个一离海港就遭遇暴风雨，而后被来自不同方向的持续的狂风一会儿吹到这儿，一会儿吹到那儿，被迫在原地打转的人，你怎么能认为他也算作了长途航行呢？他并非航行的路程很远，而是被颠簸的距离很长。

当我看到一些占据他人时间的人，看到那些可被这些人肆无忌惮地占据其时间的人，我经常充满着惊奇之感。他们都只把眼睛盯在"索要更长的时限"这个目标上，却没有一个把眼睛盯在时间本身上；就好像索要的是什么东西是无关紧要的，被给予的是什么也无关紧要似的。人们把这世上最珍贵的东西视同儿戏；他们根本看不见它，因为它是一种无形体的事物，因为它不会出现在我们的眼前，也正因为这个原因，所以它被认作是一种非常廉价的事物——不仅如此，它甚至被认为根本就没有价值。人们大量地储备养老金和救济金，为了这些东西他们出租他们的体力，或服务，或努力。然而没有人去对时间作一估价；所有人都在挥霍时间，仿佛它一钱不值。然而你看看，如果他们病倒了，死亡的危险临近了，同样的这些人是如何地紧抱住医生的双腿！如果面临砍头的危险，看看他们是如何心甘情愿地为了活命而付出他们的所有财产！他们的感受是多么地自相矛盾。但是，如果每个人都能将他的未来的年岁的数量置于眼前，就好像他能将已经过去的年岁的数量置于眼前一样，那些看到只有一点点数量剩下的人该有多么地恐慌啊！他们该有多么地珍惜这剩下的时间啊！分配可以确定的数目是容易的，不管这数目是多么地少；然而对于你无法知晓具体时期的东西，却必须更为谨慎地守护。

但是，在此你没有理由认为，这些人不知道时间是件多么宝贵的东西；因为对于他们最深爱的人，他们通常会说，他们愿意把自己生命的一部分献给他们。而且他们确实献出了他们生命的一部分，只是没有意识到罢了；然而他们的奉献的结果却是：他们自己蒙受了损失，却没有在他们深爱的人的年岁上增添什么。然而他们不知道的事情恰恰是他们是否有所损失；于是，对于某些在无知无觉中丢失的东西，他们发现其丢失是可以容忍的。然而没人可以把丢失的年岁再捡回来，没人会把你再一次地授予你自己。生命会顺着它起程的道路前行，它从来就不会倒转回来，也不会在中途停住；它不会发出任何声响，它不会提醒你它有多迅捷。它只是悄无声息地流逝；它不会在一位国王的支配下或在大众的欢呼下延长自身。它会像它在第一天启程那样一直疾驰着；它不会在任何地方转向，不会在任何地方耽搁。那么结果会怎么样呢？你在杂务中脱不开身，而生命却在飞逝；同时死亡也即将来临；正因如此，不管你愿意与否，你必须寻找闲暇。

还有什么能比那些吹嘘自己有远见的人的观点更愚蠢的吗？他们让自己终日繁忙，为的是他们能够活得更好；他们的生命只是在准备去活中度过！他们着眼于遥远的未来构建计划；可是拖延恰恰是生命的最大浪费；拖延让他们丧失了即将到来的每一天，拖延通过对某些未来之事的承诺而把现在从他们那儿夺走。活着的最大障碍就是期待，它指望着明天，却浪费了今天。你安排的是处于命运之神手中的东西，你放弃的是那掌握在你自己手中的东西。你朝哪儿看？你指向的是哪个目标？一切有待来临的事情皆处于不确定性中。立即开始生活吧！看呀，那最伟大的诗人是如何大声抱怨的，他仿佛受神性话语的感召，唱出了那拯救的旋律：

> 在有死者不幸的生活中，那最美好的日子
> 永远是那最先飞逝的日子。①

"你为何迟延"，他说，"你为何虚度？除非你抓住这一天，否则它就会疾速消逝"。即便你抓住了它，它也仍然会疾速消逝；因此你必须在使用时间的速度上与时间的迅捷相竞争，正如面临急冲而奔流不息的激流，你必须快速地吞饮。那位诗人说出的极好的诗句也是为了指责无止境的拖延，因为他说的不是"最美好的年纪"，而是"最美好的日子"。怎么，你到底要贪婪到什么程度，你要把各个月份和各个年份都摊展在你自己眼前，然后尽管时间飞逝得那样迅速，你却还是不闻不问，慢慢悠悠吗？这位诗人和你说的就是当下这一天，就是正在飞逝着的这一天。对于不幸的有死者——沉迷于各种杂务中的人类，最美好的日子永远是那最先飞逝的日子，这还有什么疑问吗？在他们的心灵还处于童年时，老年的来临让他们惊恐，因为他们从未为老年而有所准备，于是他们就只能毫无准备、毫无提防地进到老年；他们只是突然地和意外地偶然撞上了它，他们根本就没注意到老年正在逐日地逼近。即使关于某一主题的交谈、阅读、深思会分散旅行者的注意力，令他没有意识到自己已临近终点，他终将发现自己已经到达了旅途的终点；这永不停歇的迅捷飞逝的生命旅程也是如此，不管是醒是睡，我们都以相同的步伐走在这旅途上；那些沉迷于各种杂务中的人只能在终点处才会意识到它。

如果我选择将我的主题根据它们各自的证据分割为几个标题，那么我会想到许多论证可以证明忙碌之人将发现生活非常短促。但是，法比

---

① 维吉尔（Virgil）：《田园诗》（Georgics），Ⅲ，66。

亚诺斯（Fabianus）[①]（他绝非你们现今的讲堂哲学家，而是真正的伟大的哲学家之一）常说，我们必须尽全力与激情[②]作斗争，而不是靠技巧取胜，我们必须通过大胆的进攻，而不是通过星星点点的打击，去击溃激情的战线；光靠诡辩是没用的，因为我们不只是要钳制激情，而是必须将它彻底摧毁。然而，为了能够严厉批评那些受激情侵害的人，因他们各自的特定错误而批评每个人，我想我们必须让他们得到教育，而不仅仅是为他们悲泣而已。

生命被分为三个时期——已经存在的时期、现在存在的时期和将要存在的时期。在这三个时期中，现在的时间是短暂的，将来是难以预料的，过去是确定的。因为最后一部分是命运之神都无法控制的时期，是任何人力都无法挽回的时期。然而那些沉迷于杂务中的人却遗失了它；因为他们没有时间回顾过去，而且即使有，回顾一些他们必须以后悔的眼光来看待的事情也是令人不快的。因此，他们不愿让他们的思绪回头指向那虚度的光阴，对有些人而言，如果他们回顾过去的话，他们的恶，即便是那掩藏于片刻欢愉的某些诱惑之下的恶，也会变得显著起来，于是他们就没有勇气去重提那些岁月。没有一个人愿意让他们的思绪回指过去，除非他的一切行为都已经经过了那从不受骗的良心的审查；那曾雄心勃勃地觊觎的、形容倨傲地藐视的、不顾一切地耀武扬威的、背信弃义地出卖的、贪求无厌地攫取的或者放荡无度地挥霍的人，必然害怕他自身的记忆。然而过去是我们的时间的一部分，它是神圣的、独立的，处于人类一切不幸所及的范围之外，远离命运之神的辖制，它是短缺、恐惧、疾病的侵袭都不能令其焦虑的那部分；时间的这一部分既不会受烦扰，也不会被夺走——它是一份永久的、不费心的财

[①] 塞涅卡非常钦佩的一位老师。
[②] Passion 的希腊文形式为 pathos，它是 patheia 的阳性单数主格形式，其基本含义为疾病、灾难、激情，斯多亚主义者追求的理想状态为 apatheia，由否定前缀 a 加上 patheia 构成，也即免除激情的状态。

产。"现在"每次只能提供一天,而每天都只能一分一分地来临;然而过去时间的所有天数都可在你的盼咐下全部出现,它们可以让你一下子看到它们,可以让你凭着你的意愿保有它们——这是一件那些沉迷于杂务之中的人没时间去做的事。无忧无虑的宁静心灵具有在其生命的一切部分中遨游的能力;然而那些被杂务牵累的心灵,就仿佛负了轭架一般,难以转过身来回头去看。于是,他们的生命就消失于深渊之中;正如你往一个容器内倒水,如果这个容器没有底①,倒进多少水也是枉然,时间也是如此——被给予的时间是多是少无关紧要;如果那儿没有时间的栖居之所,时间就会通过心灵的裂缝和孔洞流走。现在是非常短暂的,它确实太短暂,以至于对某些人而言,那儿看来就只有个无;因为它总在运动中,总在毫不停歇地急急前行;它转瞬即逝,不能容许任何的耽搁,恰如苍穹和群星,它们的永不止歇的运动从来就不会让自己驻留在同一条轨道上。因此,那些杂务缠身者只关注现在,而现在是如此短暂,以至于根本抓不住它,而且因为他们身陷杂事当中心烦意乱,所以即使是现在也被从他们身边窃走。

总之,你想知道他们如何不能"活得长"吗?看看他们有多么渴望活得长啊!衰朽的老者在他们的祷告中乞求能再多活几年;他们装着比实际年纪年轻的样子;他们以谎言安慰自己,他们乐于欺骗自己,仿佛他们同时也骗过了命运之神似的。然而最后当某些身体上的疾病让他们记起他们的有死性时,当他们感觉到自己将要被迫放弃生命,而非仅仅暂时离开时,他们将在怎样的恐惧中死去呀。他们高声哭喊着,承认自己一直以来就是傻瓜,因为他们还没有真正地活过,只要他们可以逃脱这疾病,他们从此将在闲暇中度过;所以他们终于反省到,一直以来他们是怎样徒劳无益地去争夺那些他们并不喜爱的事物的,他们的一切

---

① 指的是达那伊得斯姊妹(Danaids)的命运,她们被罚在冥界向一个底部有眼的容器不停地倒水。

辛劳是怎样地毫无用处的。然而，对于那些在远离一切事务中度过其生命的人而言，生命为什么会不丰足呢？他们的生命一点也没有让与另外一个人，一点也没有散落在这个方向和那个方向，一点也没有交托给命运之神，一点也没有因疏忽而消逝，一点也没有因奢侈的给予而减少，一点也没有空耗；可以说，生命的全部都产出了收益。因此，尽管其量甚微，却也足够丰裕，因此，不管他的最后一天将在什么时候到来，贤哲会毫不迟疑地以坚定的步伐去迎接死亡。

或许你会问，我要把谁称作"杂务缠身者"？在此你没有理由认为我指的仅仅是那些被最后放进来的群狗[①]轰出法庭去的人，仅仅是你看到的那些被他们自己的众多随从光荣地压垮的人，或那些被别人的众多随从轻蔑地压垮的人，仅仅是那些社会责任将其从家中唤起而去撞开别人大门的人，或那些执政官的锤子[②]让其忙于寻求不体面的、终有一天会让其烦扰不已的利益的人。就某些人而言，甚至闲暇也让他们杂务缠身；在他们郊外的住宅中或在他们的长椅上，在他们的独居中，尽管他们已从所有其他人中抽身出来，但是他们自己就是他们自身之焦虑的来源；我们要说，这些人不是在闲暇中生活，而是在繁忙的无所事事中生活。当某人以万分的小心摆放他那因少数几个人的狂乱而变得昂贵的科林斯（Corinthian）铜器，每天把大部分的时间花在铜器的锈斑上，你会说那人处于闲暇之中吗？当某人坐在公共摔跤场中（真让我们惭愧，因为我们要与那些甚至不是罗马人的恶作斗争）观看少年的争吵，你会说那人处于闲暇之中吗？当某人从他的骡群中挑选出一对对相同年龄和颜色的骡子，你会说那人处于闲暇之中吗？当某人供给他所有新到的运动选手以食物，你会说那人处于闲暇之中吗？告诉我，那些在理发店

[①] 指薄暮时分被放进法庭来的看门狗，它们会扑向尚在忙于公务的律师，把他们赶回家。

[②] 字面上的意思是"矛"，它被插在地上当作公共拍卖的标记，缴获品或充公物品在此交付拍卖。

花上好几个钟头让人清除头天晚上长出的所有毛发的人，你会说他们处于闲暇之中吗？那些就一根根头发进行严肃的争论而在理发店花上好几个钟头的人呢？那些让人把凌乱的头发整理归位而在理发店花上好几个钟头的人，或者那些让人把这边倒过来的或遮在前额的几根头发仔细归位而在理发店坐上好几个钟头的人呢？如果理发师稍有不慎，他们会变得怎样气恼不已啊，仿佛理发师是在修剪着真人似的！如果他们的头发有一点点耷拉下来了，如果他们的头发有一点点不整齐，如果他们的头发没有被完全归入束发的小环，他们会怎样地怒发冲冠啊！相对于头发的凌乱而言，这些人中有谁不是更加愿意让心灵处于混乱无序中呢？这些人中有谁不是更关心把头收拾漂亮，而非关心头的安全？相对于正直而言，这些人中有谁不是更加愿意让人剪个好头呢？你会说这些为梳子和镜子所占据的人处于闲暇之中吗？那些从事作曲、听曲、学曲的人又怎么样呢？他们将自然设计的最好的和最简单的运动——直线运动的嗓音——扭曲成靡靡之音；他们总是打着响指，就像他们在为心中的某首曲子打着节拍一样，当他们出席严肃的，甚至经常是悲伤的场合时，人们总可无意中听到他们哼着小曲。这些人拥有的不是闲暇，而是无所事事的繁忙。还有他们的宴会，天知道！我不能把这算在他们的闲暇之内，因为我看到，他们如何急切地展示他们的银盘，如何细心地缚好他们的漂亮小男奴的束腰外衣，如何屏息注视着厨师的双手以何种方式整治野猪肉，如何屏息注视着脸面光光的男孩在特定的信号下以何种速度迅速地履行其职责，如何屏息注视着鸟禽以何种技巧按惯例被切成各个部分，因为我看到，不幸的小男孩如何仔细地擦拭醉汉的唾沫星。通过那些手段，他们博得了讲究和优雅的名声，他们的恶随同他们渗进了生活的一切隐居处，这已经到了如此程度，以至于如果没有了排场虚饰，他们就既不能吃也不能喝。

我也不能将这些人归入闲暇者之列：那些坐在轿子中让人把自己四处抬来抬去的人，他们非常准时地索要乘坐的工具，仿佛省去了这些东西就不合法一样；还有那些什么时候该洗浴、什么时候该游泳、什么时候该进餐都要旁人提醒的人；他们因娇养的心灵之过度的懒散疲乏而变得如此虚弱，以至于他们独自都不能认识到他们是否饥饿！我听说这些娇养之人中有一个——假若你可把对人类生活习惯的忘却称作娇养的话——当他被人从浴缸中架起放在他的轿子上时，他疑惑地问："我现在是坐着的吗？"你认为这个不知道他是不是坐着的人会知道他是不是活着、是不是能看见、是不是处于闲暇之中吗？我发现，很难说我究竟在他的哪种情况下会更加同情他：是他真的不知道呢，还是假装不知道呢？他们真的会很容易忘记许多事情，然而他们也会装着忘记了很多事情。有些邪恶，由于可以被他们当作好运的证据，让他们感到欣喜；好像知道自己在做什么，就是非常卑贱的和可鄙的人了。想想哑剧演员们①会编出多少故事来嘲弄奢华吧！事实上，戏中忽略的多于已经编造的。在这个时代出现了那样大量的令人难以置信的恶，尤其在穷奢极侈方面，人是如此聪明，以至于我们还可以指责那些哑剧演员疏忽轻慢了它们。想想看，竟然有人在奢华中迷失到如此程度，以至于需要别人告诉他，他是不是坐着！所以，这个人就不是在闲暇之中，你必须将一个不同的词用在他身上——他病了，不，他死了；只有那能意识到他的闲暇的人才处于闲暇之中。然而这个半活着的人，这个为了知晓他自己的身体姿式还须别人告诉他的人却不同——他如何能成为他的一丁点时间的主人？

　　再提那些将他们的整个一生花在象棋、球类运动或阳光浴上的那么多各式各样的人，将是枯燥乏味的。那些把欢愉变成一种繁忙事务的人并非空闲之人。例如，没有人会怀疑，那些将他们的时间花在无用的人文学术问题上的人是勤勉的不务正业者，现在甚至在罗马人中也有许多这样的人。研究尤里西斯（Ulysses）有多少划手，《伊利亚特》（*Iliad*）

---

① 流行哑剧或低劣闹剧中的演员，他们经常因粗鲁的言行而遭到指责。

和《奥德赛》（*Odyssey*）哪本被先写出来，甚至它们是否属于同一个作者，以及诸如此类的其他各种问题，曾经只是希腊人的缺点；此类问题，如果你不对他人言说，它们也决不会愉悦你的内心，如果你将其公布出来，它们会使你看去比一个学究更让人生厌。而现在，罗马人也开始染上这种了解无用事物的徒劳的激情了。就在前几天，我听见有人在说谁是第一位做这事或那事的罗马将军；杜伊流斯（Duilius）是赢得海战的第一人，库里乌斯·丹塔图斯（Curius Dentatus）是凯旋式时让大象导引前路的第一人。这些事情，即便它们不会在真正的荣誉上增添什么，然而却依然与对国家的卓越贡献相关；这些知识并不会带来什么收益，然而它却通过一个空洞主题的魅力而吸引我们的注意。我们也可以谅解研究此事的那些人——他们研究谁是将罗马人诱至木船上的第一人。是克劳迪乌斯（Claudius）。正因为这个原因，克劳迪乌斯才被加上了科德克斯（Caudex）这个姓氏，因为古代人把几块木板连接而成的构造物就称为科德克斯，自此时起法典亦被称为科德克斯（Codices）；① 那些沿台伯河（Tiber）运送给养的船只沿袭古代的方式，直至今日也还被称为科德克利阿（Codicariae）②。无疑下面这件事情也有一定的意义——瓦勒里乌斯·科尔维鲁斯（Valerius Corvinus）是征服麦萨拿（Messana）的第一人，因为将被征服城市的名称转到自己身上，所以他是瓦勒里（Valerri）家族中以麦萨拿为姓氏的第一人，后来因为这一名称在大众话语中的逐步传讹之后而被称为麦萨拉（Messala）。或许你也会允许某人对此事感兴趣吧——卢西乌斯·苏拉（Lucius Sulla）是在竞技场上展示没有链条束缚的狮子的第一人，通常狮子总是带着链条被展示的，由博库斯（Bocchus）派遣标枪投掷手去杀死它们。无疑，此事也可找到一些借口——然而，知道庞培因为让罪

---

① 古代的法律抄本由固定在一处的木块组成。
② 拉丁语，指由树干构成的或与树干相关的。

犯们在一场模拟战争中去对付十八头大象,所以是在竞技场上展示十八头大象被屠宰的第一人,难道这也有什么用处吗?他,一位国家的领导人,据称也是一位因心地慈善而在从前的领导人中[①]显得尤其醒目的领导人,竟认为依照一种新的方式杀人是一种奇观。他们一直战斗到死吗?那还不够!他们被撕成了碎块吗?那还不够!让他们被这体形巨大的动物压成肉泥吧!这些事情陷于湮没岂不更好,以免日后某些有着无上权力的人会了解到这些事情,羡慕起那毫无人性的行为来。[②] 哦,巨大的幸运赋予我们的心灵以怎样的愚昧呀!当庞培把由可怜人组成的许多队伍抛于原本生长于不同天底下的野兽群中,当他在极不般配的动物间宣战时,当他在罗马人民的眼前疯狂屠杀,而罗马人民自身不久亦将被迫流淌更多的鲜血时,他才相信他是超出自然的力量的。而后来就是这同一个人,因为亚历山德林(Alexandrine)变节而被出卖,死于一个最微不足道的奴隶的剑下,从而最终发现他的姓氏[③]是怎样一种空洞的浮夸!

然而,还是回到我刚才离开的主题上来吧,让我继续证明有些人把一些无益的痛苦加于这些同样的事情上——我已提到的那个人说,当梅特卢斯(Metellus)击败西西里的迦太基人后班师凯旋时,他是所有罗马人中唯一一位让人牵着一百二十头被俘的大象在其车前开道的人;苏拉是罗马人中最后一位向帕默里(pomerium)[④]献辞的罗马人。在古代,获得意大利的土地后向帕默里献辞是惯例,然而从来没有人因为获得一个行省的土地而向帕默里献辞。那么对此人而言,知晓这件事情比知晓以下事情更为有益吗?据那个人讲,阿文丁山(Mount Aventine)

---

① 马略(Marius)、苏拉、恺撒、克拉苏等人。
② 普林尼(Pliny)记载,当时人民心中充满悲悯之情,以至于他们全体站起身来,用恶毒的言语诅咒庞培。
③ 即"伟大的"(Magnus,马格鲁斯)。"伟大的庞培"是当时罗马人对庞培的通称。
④ 帕默里,意为一条用来抵御邪恶和不洁的神圣边界,它是一神圣处所的名字。向它献辞的权利原本属于为罗马赢得土地的国王。

因为以下两个原因中的一种而未被归入帕默里之内，或者是因为平民闹独立时退入了此地，或者是因为瑞摩斯（Remus）占卜此地的吉凶时飞鸟给出的预言并不吉利，此外还有其他一些不可胜数的或充斥着错误的或与此同类的传言。因为尽管你相信他们在叙述这些事情时是诚恳的，尽管他们发誓他们所写的东西是真实的，那么谁的错误会因为那些传闻而减少呢？他们能够遏制谁的激情呢？他们会让谁变得更加勇敢、更加正义、更加高尚呢？我的朋友法比亚诺斯过去常说，他有时对此感到疑惑：一个人不去从事任何研究，将比纠缠于这些事情当中更好。

在所有人中，唯有那些把时间花在哲学上的人是闲适从容的，唯有他们才真正地活着；因为他们并不满足于做他们自己的有生之年的忠诚监护人。他们把所有的时代都合并到他们自己的生命中；所有在他们之前流逝的岁月都是他们的储备的添加物。除非我们极端的不领情，否则所有那些人，那些神圣思想的光荣创造者，都是为我们而生；他们为我们准备了生活的方式。其他人的辛劳引领我们看到了最为美丽的事物，这些事物被从黑暗中拖曳出来，带入了光明处；我们没被排除在任何时代之外，我们可以通达任何时代；而且，如果经由心灵的伟大而超越人类弱点的狭隘界限是我们的愿望，在此就有漫长的时间任我们在其中遨游。我们可以与苏格拉底（Socrates）争论，我们可以与卡尔内亚德（Carneades）一起怀疑①，与伊壁鸠鲁（Epicurus）一起寻找平静，与斯多亚主义者（Stoics）一起战胜人类的本性，与犬儒主义者（Cynics）一起超越人类的本性。既然自然允许我们与一切时代进行交往，我们为什么不转身脱离这微不足道、转瞬即逝的时间段，全身心地投入那无限的、永恒的、可与更为优秀的人共同分享的过去？

那些为履行社会责任而四处奔走者，那些让他们自己和他人不得安宁者，当他们彻底纵容他们的愚蠢行为，当他们每天都要踏遍所有人的

---

① 柏拉图新学园派领导人之一，他教导说知识的确定性是难以达到的。

门槛,只要是敞开的门,没有他们不曾到过的;当他们带着谄媚的问候,来到彼此相隔极远的各家门前——在那样一个巨大的、被各式各样的欲求弄得四分五裂的城市里面,他们所见到的又能有几人?在此会有多少因睡眠,或因纵欲,或因粗蛮而将他们拒之门外的人!有多少人在让他们苦苦等待后,从他们身边急急离去,假装匆忙的样子!有多少人会绕过挤满食客的门厅,从某个隐蔽的角门溜走——仿佛欺骗比拒绝他人入内不会更加失礼似的。有多少因昨夜的放荡而睡眼惺忪、行动迟缓的人,在最为傲慢的哈欠中几乎开不了口,却试图叫出远处那些可怜的家伙(他们荒废自己的睡眠①以侍候别人的睡眠)的正确名字,这些名字只有在人家向他低语了一千次之后才能叫得出!

然而我们可以正当地说,唯有那些每日希望以芝诺(Zeno)、毕达哥拉斯(Pythagoras)、德谟克利特(Democritus)及其他一切人文学术研究的领袖、亚里士多德和色奥弗拉斯多(Theophrastus)为他们的最亲密朋友的人,才是在履行人生的真正职责。这些人中没有一个会"不在家",这些人中没有一个不会让他的来访者在离开时不更加快乐、更加专注于自身,这些人中没有一个会让任何人两手空空地回去;或夜晚,或白天,一切人都可以与他们会面。

这些人中没一个会逼迫你去死,他们所有人都只会教你如何去死;这些人中没一个会消磨你的时间,他们每个人只会把自己的时间加在你身上;与这些人中的任何人交谈都不会给你带来灾难,与这些人中的任何人结友都不会危及你的性命,求见这些人中的任何一个都不会要你解囊出钱。从他们那里,你会取得你所希求的一切;如果你没能最大限度地汲取你所欲求的,这也不会是他们的错。那甘愿充当这些人的随从的人,有着怎样的幸福和怎样十足长的寿命在等着他呵!事情无论巨细,他都会有可以寻得忠告的朋友,他每日都能把自己的事情向他们请

---

① 当时习俗:向人请安在大清早进行。

教——从他们那儿，他可以听闻不带轻慢的真理，不带巴结的赞扬，他可以把自己塑成他们的样子。

我们习惯于说，我们没有权力选择我们命运注定的父母，父母是偶然地被赋予人的；然而我们可以做我们愿意做的任何人的儿子。那儿有着最具杰出才智的家庭；选一个你希望被收养于其中的吧；你不仅会继承他们的名字，甚至还会继承他们的不需要吝啬小气地守护的财产，分享的它们的人越多，它就会变得越加巨大。这些东西会为你打开通往不朽的门，会把你提升到一个无人会被抛落的高处。这是延长有死者的生命的唯一方式——不，是把有死性变成不朽的唯一方式。荣誉、纪念碑、野心通过法令而颁布的一切，以及通过石头上的作品而保存的一切，都将迅速陷于湮没；在此没有任何东西，时间的流逝不会将其毁弃和移除。然而被哲学视为神圣的作品却不可能受到损害；时代不会破坏它们，不会减损它们；紧邻的和一切随后的时代都只会添增人们对它们的尊崇，因为嫉妒只影响近在眼前的事物，我们对于远处的事物则可以比较随心地尊崇。因此，哲学家的一生很久远，他不会受禁锢他人的界限所限制。唯有他摆脱了人类的缺陷；一切时代都为其效力，仿佛在为一位神效力一般。有段时间已经过去了吗？他可以通过追想而纳进它。时间就在当下吗？他使用它。时间还有待到来吗？他预期它。他通过把所有时间结合成一个整体，而让他的一生变得很长。

然而那些忘怀过去、忽略现在、恐惧将来者，只拥有非常短暂而不安的一生。当到达生命的终点时，这些可怜的家伙才迟迟意识到，在那么长的时间里，他们却一直都在无事忙。若非因为他们有时祈求死亡，你有任何理由认为存在着这样的证据，证明他们发现生命太长吗？在他们的愚行中，他们受多变情感的侵扰，这些情感将他们冲入他们正好害怕的事物；因为害怕死亡，所以他们经常求死。你也没有任何理由认为下面的事实是他们活了一段长时间的证据——即在他们看来白日总是太长，他们抱怨在规定的宴会时间来临之前时间过得太慢；因为，任何时候只要他们没有杂务缠身，因为他们无事可干，他们就会坐立不安，他们不知道如何安排他们的闲暇时间，或者不知道如何挨过这时间。所以他们就去为某些其他事情而奋斗，以求填满它们，而一切居间的时间都是乏味的；这正是当他们在等候一场角斗表演时等候某个其他的演出或消遣活动时的表现——他们急于略过这居间的几天。他们期待的事情的一切延期在他们看来都是漫长的。然而供他们享受的时间则又是短暂而飞快的，而且这时间又因他们自身的错误而变得愈加短暂；因为他们从一样欢愉逃到另一样欢愉中，他们不能始终固定于一种欲求中。他们的日子对他们而言不是长久，而是可憎；然而，他们在娼妓的臂弯中和在美酒中放浪形骸的夜晚看来是多稀少啊！也正是这一点说明了诗人们在助长人类脆弱方面的疯狂，他们通过编造故事，描绘朱庇特（Jupiter）在其情人所带来的欢愉的引诱下，将夜晚的时间增加了一倍。因为这除了举出诸神来做我们的邪恶的发起人，除了把神的情有可原的放纵当作我们自身脆弱的一个榜样，从而为我们的邪恶火上浇油外，还能是什么？他们为之付出那样昂贵代价的夜晚在这些人看来能不太过短暂吗？他们用白天的时间来渴望晚上，而用晚上的时间来害怕破晓。

　　那些人的欢愉，因了各式各样的惊吓，只能是不稳定、不平静的；正当他们欢欣之际，焦虑的思绪就会攫住他们，"这些事情会持续多久？"这种感觉曾引得国王们为他们拥有的权力而哭泣；与其说他们为了其幸运之巨大而欣幸，不如说他们看到这幸运有朝一日必将到头而心怀恐惧。那位波斯国王不可一世地将他的军队遍列在广阔的平原上（他只能粗略知晓军队的规模，却无法详悉其数目①），然而就在这时，他却泪流满面，因为在百年之内，那样一支强大的军队中不会有一个人

---

① 在色雷斯（Thrace）的多里司科斯（Doriscus）的平原上，波斯国王薛西斯摆下他的庞大陆军，他只能通过反复计算一个可容纳10000人的地方来估算其数量（希罗多德：《历史》第七卷）。

还会活着。① 然而正是那哭泣者，却要让他们的死亡加速来临，他要让有些人死于海上，有些人死于陆上，有些人死于战争之中，有些人死于逃跑之中，在短短的时间内他要消灭所有那些人，而他曾为这些人只有百年大限而那样地忧伤过。为什么有人甚至在欢乐中都会因恐惧而不安？因为他们没有停靠在稳固的根基上，而是如他们刚来世上时那样，缺乏根基，心神不安。然而在你看来，那些甚至根据他们本人供认也属悲惨的时光会属于哪种类型呢？因为甚至那些他们由之提升到普通人之上的欢愉也绝非是纯洁的。一切最伟大的幸运都是焦虑的一个源泉。把自己交托给最佳的幸运是最不明智之举；为了保有成功就必须有其他的成功，为了已经很好地实现了的祷告，我们就必须再做其他的祷告。因为一切因机遇而降临我们身上的事情都是不稳定的，它升得越高，掉下来的可能性也就越大。而且，注定毁灭的事物不会给任何人带来愉悦；因此，那些辛勤工作以获取他们必须以更加辛勤的工作才能保有的东西的人，他们的生活就不仅仅是短暂，而且必定是非常悲惨的。他们通过巨大的辛劳获得了他们希望的东西，而后又忧心忡忡地据有着；同时他们却没去计较那永不回头的时间。新的杂务取代旧的杂务，希望又带来新的希望，野心又酝酿着新的野心，他们不是试图去终结他们的悲惨状态，而是去不断改变导致悲惨状态的原因。我们一直受我们在公众中的荣誉的烦扰吗？其他人在公众中的荣誉还将占去我们的更多时间哩。我们不再作为候选人而四处奔走了吗？我们却又要开始为别人拉选票了。我们已经免除了起诉人的麻烦了吗？我们又要有审判员的麻烦了。一个人不再担任法官了吗？他又将成为法院的院长了。他在管理他人薪金方面已变得吃力了吗？他又将为照管他自己的财产而不知所措了。马略已经解甲挂靴②了吗？执政官之职却又要让他繁忙起来了。昆提乌斯

---

① 希罗多德：《历史》，其中第七卷讲述了这一故事。
② Caliga，普通士兵的靴子，在此指在军队中服役。

（Quintius）急急结束他的专制统治吗？他又要被从田地中召回重新赴任了。西庇奥（Scipio）在还不适于承担那样一项艰巨的任务时就要对抗迦太基人，因了对汉尼拔（Hannibal）的胜利，因了对安提奥库斯（Antiochus）的胜利，因了他自己的执政官之职的荣耀，因了他是他兄弟的担保人，如果不是他自己力辞，他本会被置于朱庇特（Jove）① 之旁；然而民众的冲突让这位民众的保护者烦恼不已，当还是年轻人的时候，他就鄙视那些堪与诸神的荣誉媲美的辉煌，最后，当年纪大了，他则情愿在艰苦的流放中让其雄心得到满足。② 焦虑的原因从来就不会缺乏，不管这焦虑是生于幸运还是悲惨；生活将我们推入一系列的杂务之中，我们总是乞求闲暇，然而却从未享有过它。

所以，我最亲爱的鲍里努斯啊，离开俗众吧；你生活中受颠簸的时间已然太久，最后还是退回到平静的港湾中去吧。想想你已遭受了多少风浪，一方面，在私人生活中，你忍受了多少动荡；另一方面，在公众生活中，你给自己带来了多少骚乱；你的美德在艰苦的和无休止的考验中已展示得太久了——试试在闲暇中如何展现你的美德。你生命的大部分，当然也是比较好的那一部分，已经献给了国家；现在也应拿出一部分留给自己了。我并非要你进入一种懒散的和游手好闲的怠惰中，或者让你把一切天赋的精力埋没于昏睡和公众所喜爱的欢愉中。那并非投身于安宁之中。你将发现，相比于你迄今为止那样积极从事的、在你休息退隐后还占据你心头的事业而言，还有伟大得多的事业。我知道，你在经营全世界的利益时，恰如经营一个陌生人的利益时那样忠诚，恰如经营你自己的利益时那样关切，恰如经营这个国家的利益时那样负责。你在一个难免被人憎恨的公职上赢得了爱戴；可是，相信我，一个人知晓自己一生的分类账比知晓谷物的行情会更佳。将你那足以应付最伟大题

---

① 他不允许将他的塑像置于朱庇特神庙所在的山丘上。
② 因厌恶政治，他死于在里特努姆（Liternum）的流放中。

材的敏捷心灵,从那确实可敬然而却很难说合适的事务中召回到幸福生活上来吧,细想一下,你早年就开始的在人文学术领域中的一切训练,目的并不在此——即把好几千配克①的谷物交由你来掌管将会是安全的;你所希望的是更加伟大而崇高的某种东西。这儿不会缺乏那些有着久经考验的美德的人,也不会缺乏那些极度用心的刻苦之人。那些勤勤恳恳的公牛在负载重物方面要比纯种的良马适合得多,有谁曾经以重物去妨碍那出身高贵的动物的疾速奔驰呢?另外,你再想想,背负那样一个沉重的负担让你担了多少忧虑;你的事务与人的肚皮相关。一个饥饿之人既不会听从理性,也不会因正义而满足,因恳求而让步。就在最近,盖乌斯·恺撒(Gaius Caesar)死后的那几天里——他仍然会最为深切地悲痛不已的(如果死者有知的话),因为他知道罗马人还活着②,他们至少还有足够度过七天或八天的粮食——当他在建造他的船桥③,把帝国的资源当儿戏时,我们正受着那最可怕的恶的威胁,这种威胁甚至对于被围困的人而言可能也是最可怕的——粮食的匮乏;他对一位发疯的妄自尊大的外国国王④的模仿,几乎是以这个城市的毁灭、饥荒,以及尾随饥荒而来的普遍的革命为代价的。那时那些掌管谷物市场的人会是什么感受?何况他们还不得不面对石头、刀剑、烈火——和一个卡里古拉(Caligula)?他们以最妙的托词掩饰潜伏于国家命脉中的最大的恶——你可以确定这完全是情有可原的。因为有些疾病必须在病人不知情的情况下才好治疗;对疾病的知情导致了许多人的死亡。

还是退隐到这些更为宁静、更为安全、更为伟大的事物中来吧!难道你认为,这两件事完全是一回事吗?其一是忙于将海外运来的谷物倒进粮仓,以免谷物因那些运输者的欺诈或疏忽而受损,忙于照管谷物不

---

① peck,容量单位,等于2加仑。
② 可能指卡里古拉的疯狂愿望。
③ 3英里半长,自拜亚伊(Baiae)延伸至普特奥利(Puteoli)海堤。
④ 薛西斯在达达尼尔海峡(Hellespont)上架起了一座巨大的桥。

要因聚积的湿气而发热和毁坏，忙于照管谷物在重量和数量上可以对得上号；另一件是忙于这些神圣高尚的研究，以图发现主神具有的是什么样的本质、什么样的欢愉、什么样的生活方式、什么样的形状；以图发现什么样的命运在等候着你的灵魂；以图发现当我们从躯体中解脱出来后，自然会将我们置于何处；以图发现把一切最重物质维系于世界中心的、把光亮悬于高空的、把火带至顶端部分的、命令星体自身变化的原则——以及其他依次充满异样神奇的事物。你真的必须离开地面上的一切，将你的心灵之眼转到这些事物上来！尽管现在我们身上还流淌着热血，我们也必须以轻快的脚步踏上这更佳的旅程。在这种生活中，有着许多适宜我们知晓的事物在等着我们——美德的实践和对美德的热爱，对激情的忘却，对生与死的知识，还有一种无限宁静的生活。

一切杂务缠身者的境况都是悲惨的，可是最悲惨的还是得数那些人的境况，他们忙于甚至不属于他们自身的杂务，他们按照他人的睡眠调整自身的睡眠，他们依着别人的步伐行走，他们在世间最自由的事情——爱与恨——上听从别人的命令。如果这些人想知道他们的生命有多短暂，让他们想想他们的生命中属于他们自己的部分有多么少吧。

所以，当你看到一个人经常穿着官服，当你看到一个人在广场享有盛名，不要去嫉妒他。那些东西是以生命为代价买来的。他们为了可以让某一年以他们的名字来计名，① 要搭上自己的一辈子。对某些人而言，生命在他们最初的奋斗中，在他们爬上其野心的顶峰前就完结了；有些人，在他们经受无数的屈辱，最后爬上了至尊的显位时，心中却不免充满了悲伤：原来他们苦干一生只是为了区区墓碑上的铭文而已；有些已至耄耋之年者，尽管他们使自己的年纪适应于新的希望，仿佛他们的年纪还属青年一般，然而在他们做出巨大而无耻的尝试的过程中，因为彻底的虚弱，他们的年纪却也不得不辜负他们了。还有那上了年纪却

---

① 罗马计年法根据的是每一年的两位执政官的名字。

仍想博得无知群氓喝彩的人,当他在为某个完全陌生的诉讼人辩护之际,却在审讯过程中断了气,这种人实在是脸上无光啊;还有那种其生活方式比他的辛劳更快让其精疲力竭的人,在执行职务的过程中突然倒下,这种人真是丢脸啊;还有那恰在接受分期偿还时死去,并牵出了被他长期拖延①的继承人的一抹微笑的人,他们实在是难为情啊。我此刻也不能把我想到的一个例子置之不理。塞克斯都·图尔拉尼乌斯(Sextus Turannius)这位老人,其勤勉是久经考验的,在过了九十高龄后,盖乌斯·恺撒本人下令让其解职,于是他命人将自己摊在床上,一家人都聚拢来为其哀悼,仿佛他已死了一般。全家人都为这位老家主的闲暇哀叹,而且除非他可再回他所习惯的岗位,否则这家的悲哀也决无休止。一个人身穿甲胄而死真的是那样一种愉悦吗?然而确有非常多的人有这样的感想;他们渴望着:工作的时间能长过其能力允许的时间;他们与身体的虚弱相对抗,他们判断老年是一种艰苦境况,只是因为老年会让他们被撇开不理。法律规定不征召五十岁以上的士兵,不吸收六十岁以上的元老院议员;可是人们从自己处获得闲暇比从法律处获得闲暇还要困难。与此同时,当他们剥夺和被剥夺时,当他们打破彼此的宁静时,当他们让彼此变得悲惨不堪时,他们的一生却未能有任何获益,未能有任何愉悦,未能有任何心灵的进步。没有人会将死亡常挂心头,没有人能免除长远的期望;确实,有些人甚至去安排身后之事——巨大的墓穴群、公共出资和出工为他们的火葬柴堆和浮夸的葬礼增加光彩等。然而,事实上,那种人的葬礼本应以火把和细烛之光在前头引路,仿佛他们只活了一段极短的时光。②

---

① 即,长期被置于他的继承权之外。
② 即,仿佛他们是儿童,儿童的葬礼在晚上举行。

论心灵的宁静

——致塞雷努斯[*]

---

[*] 安尼乌斯·塞雷努斯(Annaeus Serenus),尼禄(Nero)的《守夜人》中的一位年轻的高级官员,塞涅卡对他有着深厚的感情,这篇文章以及《论闲暇》(见本书下一篇)、《论贤哲的坚强》(见塞涅卡《强者的温柔:塞涅卡伦理文选》,中国社会科学出版社2017年版)都是写给他的。他在公元63年英年早逝,塞涅卡为之深深悼念(见《塞涅卡书信集》第63封信《论失友的悲痛》)。

塞雷努斯：当我审视自己时，塞涅卡，我清楚地看到，我的有些恶是那样公然地呈现和展露出来，以至于我可以用手触摸得到它们，有些则暗中藏匿潜伏，还有一些则并不总是呈露出来，它们只是间歇性地重现；我要说，迄今为止这最后一种恶最令人头痛，它们就像游动的敌人，一有机会就会发起袭击，它们让人既不能保持战时的戒备，又不能像和平时期那样解除防备。

然而最糟糕的是，我发现自己就处在这样一种状态——我为什么不向你承认事实，就像对一位医生承认事实一样呢？——我既没有真正摆脱那些我憎恶和恐惧的事物，另外，我也不会受它们的奴役；尽管我置身其中的状态不是最糟糕的，然而我却感到怨艾不已，郁悒难消——我处于一种不病不好的状态。你在此没有必要说，一切美德在开初之际都力量微薄，稳定与力量会随时间的流逝增长。我也清楚地知道，那些奋力求取外观的美德，我指的是以地位、雄辩的声名，以及一切有待别人判决的事物为目标的美德，确实会随时间的流逝而变得日益强大——不管是那些可提供真正力量的美德，还是那些以愉悦为目的的、用某种颜色将我们装扮起来的美德，都必须等待漫长的岁月，直至时间的延续缓缓加深其色彩。但是我所担心的是，那赋予了大部分事物以稳定性的习惯，也可能会使我的这一缺点更深地扎下根来。无论好事还是坏事，长久的相处都会导致对它们的嗜好。

对于这种驻足于两样事物中间，既不完全倾向于正确，也不完全倾向于错误的心灵，我并不能很好地将其软弱的本质一下子都展现给你；我将告诉你发生在我身上的事情——你会为我的病症找到一个名字的。我必须承认，我对俭约有种非常强烈的爱；我不喜欢以炫耀为目的的装饰豪华的长椅，也不喜欢箱柜中取来的，或者重物压平的、成千次的轧干以使其光鲜的衣物，我喜欢的衣物是朴素廉价的，保存和穿戴它们并不需要神经质的小心；我喜爱的食物并不需要成群的奴隶来准备和照管，不需要多天前就预订，也不需要许多人手才能做出来，它是丰富易得的；其中并无远道运来的或昂贵的东西，在这儿它无处不有，它既不会令财力也不会令身体负担不起，吃下它也不会吐出来；我喜欢用土生土长的年轻奴隶为仆，他们既没经过训练，也没什么技巧；我喜爱乡下长大的父亲用过的笨重的银盘，上面没有制造者的印章，我喜爱的桌子既不会因它上面的繁多印记而惹人注目，亦不会因其辗转历经众多名人之手而闻名市镇，它只要经久耐用就行，这样的桌子既不会让任何客人的目光愉快地在上面流连，也不会令任何客人目光中的嫉妒之火将其点燃。然而在所有这些事物赢取了我的完全赞许之后，当我看到侍从培训学校的壮观，披金戴玉的奴隶比游行队伍的领导者的穿着还要讲究，以及大群耀眼夺目的随从的景象时，我的心灵却又晕眩起来；它因那宝石铺地的、处处冒富的、屋顶熠熠生辉的豪宅的景象，以及整个城镇都在奉承和陪同一份正在耗尽的财富遗产的景象而迷惑。更不必说客人宴饮之际在四周流淌的清澈见底的水流，以及那与此美景相配的宴席了！由于长期节俭的结果，奢华以其巨大的辉煌一下子包裹了我，它在我的四面八方回响轰鸣。我的目光已有些踌躇，因为我的眼睛已经露怯，只能在心里举目望去。于是我回转家来，病情并未加重，只是心里感到更大的悲哀，我再也不像以前那样，高仰着头颅在我的那些微不足道的财物中行走，我的心中有了一种隐秘的刺痛，有了另一种生活是否更好的疑惑。这些事物中没有一样会改变我，然而却没有一样不会干扰我。

我决定遵从我的指导者的教诲，投身于公共生活当中；我决定努力获取公职和执政官之职，当然，这并非因为受到紫袍或侍从官的束棒的诱惑，而是受到能够更好地服务于我的朋友、亲属、所有的同胞乃至整个人类的欲求的吸引。我心甘情愿、毫不犹豫地遵从芝诺、克里安特斯

（Cleanthes）和克律西玻（Chrysippus），他们中确实没有一个人参与公共生活，然而也没有一个不敦促别人参与公共生活。尔后，一旦有什么事情扰乱我那不习惯遭受震撼的心灵，一旦有什么事情辜负了我（在所有人的生活中都会有许多这样的事情发生），一旦有什么事情进展不够顺利，或者那些不被认为有巨大价值的事情却要花去我大量时间时，我又折转到我的闲暇中去，恰如困乏的羊群一样加快回家的步伐。我决心隐居一生："不让任何人"，我说，"不让任何不能为我那样巨大的损失提供足够补偿的人，占去我哪怕是一天的时间；我要让我的心灵只专注于其自身，让它自我培养，让它不要为任何外部事物、任何有待于仲裁者的事物①所占据；让它去关爱与公众和私人关注遥遥相隔的宁静"。然而当我的心灵被英勇无畏的事迹唤起，当高贵的典范给我以激励时，我又想匆忙步入公共集会场，去对这个人言讲；去为那个人提供帮助——尽管帮不上忙，但还是想帮；或者去制止集会场上某个因自己的成功而不幸地趾高气扬的人的狂傲。

在我的人文学术研究中，我认为把目光集中在主题本身肯定会更好，在我谈话时我也将主题当作最重要的东西，同时因主题的需要而使用语词，以便毫无矫揉造作的语言可以跟至主题引领的任何地方。我说："在此有何必要去创作一些将流传百世的东西呢？你难道就不能放弃这种让子孙后代传颂你的努力吗？你生来就是要死的；一次悄无声息的葬礼只会少去许多麻烦！所以，为了消磨时间，用简练的风格写些东西吧，这些东西是为了你自己的使用，而非为了发表；为了消遣而写作的人用不着太劳累。"而后，当我的心灵受到心灵的伟大思想的提升时，它又再次变得热衷于语词起来，这种热望越高，它就越加钟情于华丽的表达，冒出来的语词也开始与主题的高贵相配；然后我就忘却了我的原则，忘却了我的更为节制的判断，我被不再是我自己的语词冲到了

---

① 即需要别人肯定的事物。

更高的高度。

我就不再详细列举细节了。总之，在所有事情上，善良意志的这种脆弱性都伴随着我。事实上，我害怕自己会逐步退却，而更加使我忧虑的是，我就像一个总是处于坠落边缘的人那样悬着；更加使我忧虑的是，或许我所处的境况比我自己所认为的还要糟糕；因为我们对自己的事总会有一种偏袒，这种偏袒经常会阻碍我们的判断。我想，许许多多的人，如果他们没有臆想自己已经获得了智慧，如果他们没有隐藏他们品性中的某些特征，如果他们没有在经过别人身边时紧闭着双眼，他们肯定已经获得智慧了。因为在此你没有理由认为，他人的奉承比我们自己的奉承对我们更具毁灭性。有谁敢于告诉自己实情呢？有谁，尽管在他周遭有着一大群的欢呼喝彩的阿谀奉承者，不是他自己的最大的奉承者呢？因此，如果你有任何可以结束我的这种摇摆状态的药方，我乞求你相信，我是配得上因你赋予我的宁静而向你心存感激的。我知道，我的这些精神上的动荡并不危险，它不会发展为急风暴雨；将我的抱怨用一个贴切的隐喻加以表达就是：我并非因暴风骤雨，而是因晕船而苦恼。所以，就请你将我从这种麻烦中解脱出来，不管这种麻烦是什么，就请你快点来援救一个陆地就在眼前却仍在苦恼中挣扎的人吧。

塞涅卡：事实上，塞雷努斯啊，长久以来，我一直在悄悄地问自己，我应该将那样一种心灵状态譬喻成什么，我觉得这种心灵状态与这些人的状态是最贴近的——他们从一种长期的重病中解脱出来后，有时会受一阵高烧发作和轻微不适的影响，而且即使在这些不适的最后一缕痕迹都消失殆尽后，却仍会因猜疑而难以平静下来，尽管他们现在已完全康复，他们却还要医生为他号脉，不正当地抱怨身体中一切轻微发热的迹象。塞雷努斯啊，这并非是他们的身体有什么不适，而是他们不太习惯处于健康状态；正如平静的大海也会出现些许涟漪，特别是当它刚刚从一阵暴风雨中平息下来之后。因此，你所需要的不是任何我们已经使用过的那些更加严厉的措施——在这里必须抗拒自己，在那里必须对自己动怒，在另一处必须严厉地逼迫自己——你所需要的只是那最后来临的东西：对自己的信心、对你已走上正确道路和你并没有被那些四处游荡的人所走的众多岔道小径引入歧途的信念，其实他们中有些人也正在非常靠近这道路本身的地方徘徊呢。你急需的是某种伟大的、无上的和近乎成神的东西——坚定不移。

　　希腊人将心灵的这种持久稳定状态叫做 euthymia，"灵魂的完美状态"，德谟克利特有篇非常好的论文论述了这一主题；我将之称为"宁静"。因为在此没有必要去模仿和复制这些单词的希腊形态；我们正在讨论的事物本身，必须以某个名字为其命名，这一名字应该具有的不是那个希腊语词的形式，而是它的力量。因此，我们要寻求的是，心灵如何能够总是沿着一条不变的、顺利的道路前行，心灵如何能够对自己满意，如何能够愉悦地看待它的境况，并让这种愉悦不受到任何干扰；相反，它只会处于一种平和的状态，从不趾高气扬或意气消沉。这就是"宁静"。让我们总体上探求一下如何获得宁静；而后你就可以从通用的药方中想取多少就取多少。同时我们必须把所有的缺点都拖到光亮处，尔后各人都会认出他自己的那一份；那时你也将懂得：你的自我贬值的苦恼，比起那些人的麻烦要小得多——他们受堂皇的宣言所束缚，在显赫头衔的重负下苦苦挣扎；他们坚持自己所制造的幸福假相，更多地是出于羞愧，而非出于渴望。

　　所有人的处境都相同，一方面，这既包括那些受变化无常、烦闷厌倦、目标持续变换所折磨的人；另一方面，也包括那些没精打采、昏昏欲睡的人。另外还要加上那些人，他们就像那些难以入睡的可怜虫，不断改变他们的睡姿，先这样睡，尔后又那样睡，直至最后精疲力竭方可睡得着。这些人不断改变他们的生活境况，直到最后被置于某种境况中，他们停留在这种境况中，并非因为他们厌恶改变，而是因为他们已到了在新奇事物面前退却的老年。另外，还要加上那些人，他们具备的不是品格上的坚定，而是懒惰，因为这种不足，故也不太易变，他们不是按他们希望的那样活着，而是既然开了头就一成不变地活下去。这种疾病的特征在数量上是数不胜数的，然而它却只有一种结果——对自身不满。这种不满源于精神上的失衡，源于怯懦的或无法实现的欲求，此时人们或者不敢获取，或者不能获取他们所欲求的那样多，从而变得把一切都寄托于希望上；那样的人总是不稳易变的，这也必然是那些在悬而未决中生活的人的命运。他们用尽各种手段试图获取他们所祈求的事物，他们训练和强迫自己去做不光彩的、艰难的事；当他们的努力没有得到回报时，他们就被无益的耻辱和悲伤折磨着，他们之所以受折磨，并不是因为他们希求了错误的东西，而是因为他们的希望落了空。然后他们便有了一种对已经着手的事情的悔恨，一种对再次着手的恐惧，因为既没有能力约束也没有能力遵从他们的欲求，于是他们在不知不觉中陷入了一种不会有任何结果的心灵动荡状态，陷入了一种不能清楚找到自己的出路的对生活的迟疑状态，灵魂也开始麻痹地躺在已抛弃的希望中陷于迟钝。出于对费力却无好结果的憎恨，人们开始逃避到闲暇和孤寂的研究中去，然而，对于立志于公共事务的、渴望行动的、本性上就不平静的心灵而言，这种闲暇和孤寂的研究状态是难以容忍的，因为可以肯定的是，闲暇和孤寂研究中的安慰实在太少，于是上述所有倾向更是得到了加强；因此，当事务本身为那些整日忙碌的人提供的欢愉消失不见时，心灵就再也忍受不了家庭、孤寂、房间四面的高墙，它厌恶地看着它为自己留下的东西。

于是从这种心灵中便生出了厌倦、不满、无法找到栖息之所的摇摆，以及对自己的闲暇的悲哀又无精打采的忍受；尤其当一个人羞于承认心灵这种境况的真正原因时，这种羞怯就会向心灵内部实施苦刑；欲求被禁锢于狭小的范围内，这里根本没有逃脱的出口，于是它们就会彼此相互扼杀。自那时起，一颗动荡纷扰的心灵就开始悲哀、忧郁和反复地摇摆，心灵的热望让这颗动荡的心灵焦灼难安，尔后失望又令它忧郁沮丧。自那时起，心灵中便产生了那种令人厌恶其自身之闲暇的情感和抱怨他们自己无事可忙的情感；自那时起，心灵中便产生了那种对他人之成就的极端的嫉妒。因为他们的不幸的懒惰蕴蓄起了嫉妒之心，因为他们自己未能成功，他们便希望所有其他人都将一事无成；而后，因为这种对他人的成就的嫌恶和对他们自身的绝望，他们的心灵便开始对命运之神发起怒来，抱怨着生不逢时，而后退回到角落处，沉思自身的不幸，直至对其自身都感到厌倦和反感。因为活跃好动是心灵的本性。心灵喜爱一切刺激和纷扰的机会，而所有那些情愿在繁忙中累个筋疲力尽的具最坏本质的心灵更喜爱它们。正如有些创口渴望触痛它们的双手，并以被触痛为乐，正如身体上肮脏的疥疮喜爱所有的抓挠一样，我要说，这些心灵也正是如此。可以说，欲求在它们上面炸出了豁口，它们就像恶疮一样，以辛劳和折磨为乐。因为确实存在一些令我们身体感到愉悦同时却又给它带来某种痛楚的事物，例如我们会不断翻身，换到还未疲累的那一边，我们会不断变换我们的睡姿纳凉。荷马（Homer）的英雄阿基里斯（Achilles）就像那样——一会儿脸朝下躺着，一会儿又脸朝上躺着，① 不断变换自己的睡姿，他就像有病的人那样，不能长期地忍受任何事物，于是便以改变为药方。

  于是人们便开始四处旅行，他们在遥远的海岸漫步，而他们那总不满于现状的易变性，在陆上、在海上都表露无遗。"现在就让我们到坎帕尼亚（Campania）② 去"，他们说。而当这里的舒适生活令他们感到乏味时，"我们还是到荒凉地带去看看吧"，他们又会说，"我们去找找布鲁蒂姆（Bruttium）和卢卡尼亚（Lucania）隘口吧"。然而在那荒僻的旷野中又少了些东西——少了些令人愉悦的东西，这些东西可以让他们那惯受娇养的眼睛从那无尽的荒芜中摆脱出来："我们还是前往塔林顿（Tarentum）吧，那儿有著名的海港，那儿的冬天气候温和宜人，那

---

① 指荷马在《伊里亚特》中对阿基里斯的悲伤烦躁状态的描绘，那时阿基里斯正为他的朋友帕特洛克罗斯（Patroclus）的牺牲而悲痛。

② 位于意大利南部的西海岸，这里的坡地为火山灰所覆盖着，土质肥沃而又阳光普照。

儿的土地肥沃富饶，即便在古代也可以供养一大群人。"由于他们的耳朵已太久没有听到喧闹嘈杂之声，此时甚至欣赏人类的杀戮也能让他们引以为乐："现在我们还是改变路线，前往城市吧。"他们一个旅程接着一个旅程地奔走，一个景点接着一个景点地更换。正如卢克莱修（Lucretius）所说的：

> 每个人都永远在以这种方式逃离自己。①

然而，如果他不从自身逃离，他又能获得什么呢？他们永远都在顺从自己，同时又将自己当作最难以承受的同伴压迫自己。所以我们应该知道，我们与之进行斗争的不是那些处所的缺点，而是我们自身的不足；在需要我们坚强时，我们却很软弱，我们不能长时间地忍受劳苦，也不能长时间地沉湎于快乐，我们不能长时间地忍受自己，也不能长时间地忍受任何事物。正是这一点将某些人逼上了绝路，因为不断变更自己的目标，所以他们总是要面对同样的事物，他们没有为自己留下面对任何新奇事物的余地。他们开始对生活和这世界本身感到厌倦，从这种耗费他们生命的自我耽溺中生出了这样的念头："我要忍受这同样的事物到什么时候呢？"

你问，在我看来，有什么办法可以克服这种厌倦呢？最好的做法就是如阿森诺德鲁斯（Athenodorus）②所说的，去从事实际事务，从事公共事务的管理，履行公民的责任。正如有些人愿意在公众的瞩目中、在锻炼和在保养自己的躯体中度日，正如运动员们认为将白天的大部分时间花在他们致力于其上的唯一目标——锻炼他们的肌肉和力量是目前最为有益的；所以对你而言，对于你这个为政治生活的斗争而训练自己心

---

① 卢克莱修：《万物本性论》，3，1068。
② 希腊斯多亚主义哲学家，奥古斯都皇帝的老师，他与奥古斯都皇帝同到罗马，任其军师达二十九年之久。

智的人，到目前为止最值得做的事就是去担当一项任务。因为一旦一个人有了服务于同胞和全体人类的既定目标，当他将自己置于实际事务当中时，他在为这事务而操劳的同时，也就在服务于他人，他就在尽其所能地为公众和个体的利益效力。"但是因为"，阿森诺德鲁斯继续道："在这个充斥着野心的疯狂世界，狡计往往将正确扭曲为错误，朴实也不足以令其本人得到保全，朴实所遭遇的阻碍往往会多于它所遭遇的帮助，所以我们确实应该从广场和公众生活中抽身出来，而一颗伟大的心灵，即使在隐遁生活中，也仍然有机会自由地展现自己；正如狮子与动物的活动不会受巢穴的限制，人的活动也是如此，在退隐生活中他们最伟大的成就是精致的。但是，一个过退隐生活的人要记住，不管他隐匿何处以求得闲暇，他都应该甘愿以他的智慧、他的呼声、他的忠告助益于个体和人类。因为对国家做出贡献的人，不仅是那提名候选人、为被告辩护的人、表决和平与战争的人，而且也是那训诫青年的人，是那在优秀教师十分匮乏时将美德灌输进青年心灵的人，是那抓住并拉回那些为追求金钱与奢华而四处乱窜者的人，即便他什么其他事情都未做成，至少他减慢了这些人的步伐——那样一个人，即使是在隐退生活中，也对公众做出了贡献。难道那担当行政长官职务的人，① 那不管是在处理公民与外国人间的讼案，还是在处理公民间的讼案时，都只是向起诉者宣判他的助手为他拟就的宣判的人，会比那教授何谓正义、虔敬、忍耐、勇敢、对死亡的蔑视、对诸神的知识的人，教授良心的福祉有多么安全与自由的人，成就更大吗？因此，如果你把从公众责任中窃取来的时间用在了研究上，你就既没有抛弃也没有拒绝履行你的职责。因为不仅那站在前线守护左翼或右翼的人是士兵，而且那守卫闸门和堤坝（并非无用的，而是危险程度相对较低的岗位）的人，那夜晚值勤、照

---

① 当时的行政长官分为两种：外事行政官（Praetor peregrineus）掌管的民事诉讼案中至少有一方是外国人；内政行政官（Praetor urbanus）掌管诉讼双方都是本国公民的民事诉讼案。

管兵工厂的人也是士兵；这些岗位，尽管不需抛洒鲜血，然而却仍可算作是服兵役。如果你致力于研究，那么你就避免了一切对生活的厌倦，你就再也不会因对白日的厌烦而盼着夜晚来临，你就再也不会成为你自己的负担或成为对他人无用的人；你将吸引许多人做你的朋友，而那些聚集在你周围的人都将是最优秀的。因为美德尽管朦胧模糊，然而却从不隐藏，它总是会显露其在场的表征；所有卓越杰出者都可由她的脚印寻出她的踪迹。然而如果我们放弃一切社交活动，如果我们对人类置之不理，我们的思绪只停留在自己身上，紧接着这种被剥夺了一切兴趣的孤独状态而来的，就会是希求做成某事。我们就会开始修建一些建筑，拆毁另外一些建筑，我们就会筑堤拦阻海水，又会不顾自然的障碍引水，我们会滥用自然赋予我们的时间。有些人爱惜地使用时间，有些人则挥霍、浪费时间；我们中有些人以一种我们可以回顾收益的方式度过他的时间，其他人则以毫无收益的方式度过他的时间——没有什么比这更让人羞愧的了。通常，一个年纪非常大的人，除了他的年岁以外，没有任何证据表明他已经活了很长时间。"

我最亲爱的塞雷努斯，在我来看，阿森诺德鲁斯在时代面前臣服得太快，他退却得太快了。我自己并不否认一个人有时不得不退却，但这种退却应该是逐步的、不放弃原则的、保全一个士兵之荣誉的退却；那些手中握有武器的人在达成协议时更受其敌人的尊敬，也更加安全。这就是我认为的美德和美德的热爱者所应该做的。如果命运之神占了上风，剥夺了一个人行动的机会，这个人也不应当径直转身就逃，扔掉自己的武器去找藏身之所，仿佛在哪里还存在命运之神够不着他的地方似的，他应当更加谨慎地投身到他的职责中去；在作出选择后，让他找些可以对国家有所贡献的事情做吧。他不是当不了士兵吗？那就让他去尝试一下公职吧。他必须以平民身份生活吗？那就让他做个辩护人吧。他被判处了不准说话吗？那就让他以无言的支持帮助他的同胞。他甚至连走进广场都危险吗？那就让他在私人寓所、在公众场合、在饮宴中表明自己是个好伙伴、是个忠实的朋友、是个有节制的饮宴者。他已不能尽一位公民的本分了吗？那就让他尽一个人的本分吧。我们不把自己关在一个城市的高墙之内，我们与整个世界交往，我们宣称世界是我们的国家，这种恢宏大度的真正原因就在于：我们可以赋予我们的美德以一个更广阔的领域。法官席与你无缘吗？你被禁止走上演说坛吗？你看，在你身后有多少宽广辽阔的土地可容你出入，有多少的人民可容你接近；你被禁止进入的区域决不会有那样大，以至于对你而言没有比这更大的区域了。然而你要当心，不要让这全然变成你自己的错——除非你能当上执政官、议长、传令官、萨菲特（Sufete）① 的职务，否则你就不愿报效国家。如果做不上将军或保民官，你就不愿在军队服役，那会怎么样呢？即使其他人占据了队伍的最前列，而你的命运仅将你安排在第三列的人群中，那么你就在那里以你的声音、你的鼓励、你的示范、你的精神做出自己的贡献吧。即使一个人的手被切断了，如果他站好自己的岗，帮着一起呐喊，他也会发现，他还可以在战争中为他的那一方做些事情。你所应该做的也是那样一些事情。如果命运之神已经免除了你在国家中占据的显要职位，你仍然应该站好自己的岗，帮着一起呐喊；如果有人堵住你的喉咙，你仍然应该站好你的岗，在沉默中贡献自己的力量。一位好公民的贡献从来不会没有用处；他通过让人看见和听见、通过他的表达、通过他的手势、通过他的无声的倔强、通过他的行走做出自己的贡献。正如某些有益的东西，即使我们既未品尝也未触摸它们，然而它们仅通过自身的气味就可让我们获益。美德也是如此，即使她在远处、在隐蔽处，也能让我们获益。不管她是可以到处走动、出于自身的意愿而主动发挥自己的作用，还是只在别人的意旨下出现在公众面前，被迫结束自己的航行；不管她是无所作为、沉默无言，被锁闭于狭小的范围内，还是被公开展示，不管她所处的境况如何，她总会有所助

---

① 一个迦太基政府的高级官职。

益。那么，你为什么认为一个过着可敬的退隐生活的人，他作为范例是没有价值的呢？因此，一旦偶然的障碍或国家的境况阻止一个人过一种真正积极的生活，迄今为止最好的做法就是把闲暇与职责结合在一起；因为一个人决不会被那样彻底地从所有事务中排除出去，以至于没有一点从事高尚行为的机会。

当雅典人的城邦被三十僭主弄得四分五裂时，你还能找出一个比它更悲惨的城邦吗？这些僭主们已经屠杀了一千三百个公民，其中没有一个不是品行端正的人，然而僭主们并未因为这个原因而打算停止屠戮，相反，他们的凶残助长了凶残本身的气焰。在这个有着最高法院——一个最畏惧神的法院的城邦，在这个有着元老院和与元老院相仿的民众聚会的城邦，每天都聚集了一群阴郁的刽子手，而那不幸的元老院议厅也被那些僭主们①弄得拥挤不堪！在那个僭主像随从一样多的城邦，什么时候能找得到和平呢？在这里，甚至就连恢复自由的希望也渺不可及，看来也不可能出现任何帮助反抗那些邪恶力量的援手。因为这个悲惨的国家去哪里找出足够的哈莫迪乌斯（Harmodius）②呢？然而苏格拉底就在他们中间，他安慰这城邦的那些悲伤的元老们，他鼓励那些对国家感到绝望的人们，他谴责那些现在为他们的财产担惊受怕的富人们，他们对自己当初的不顾一切的贪婪的悔恨来得太迟了，而对于那些愿意模仿他的人们，当他将一个自由人从三十僭主手中救出来时，他就用自身做出了一个伟大的榜样。然而就是这个人，正是雅典本身将他杀害于狱中，居然无法容忍这个人的自由，因为他未受任何损伤地嘲笑了这整个僭主群。因此，你就能知道，当国家面临动乱时，贤哲也有机会展现他的力量，而当国家繁荣兴旺时，它也会受无耻、嫉妒及其他许多怯懦的邪恶的支配。因此我们会根据国家支持我们的程度，根据命运之神允许

---

① 即被一大群食客所充斥着，因为每个食客都是僭主。
② 哈莫迪乌斯与阿里斯托杰顿（Aristogiton）一起，在推翻雅典的僭主佩西司特拉提达伊（Pisistratidae）中起过领导作用。

我们的程度，或扩张，或缩减我们的努力，然而无论如何，我们都会有所行动，决不会因恐惧而受束缚和无动于衷。而且，当危险从四面八方来胁迫，当武器与锁链在四周咔嗒作响时，他并不会因此而减损和隐藏他的美德，只有这样的人，才是真正的男子汉；因为保全自己并不意味着将自己隐匿。库里乌斯·丹塔图斯曾说——确实我也这样想——他情愿做一个死人，也不愿做一具行尸走肉；因为最大的不幸就是在你死之前只留下你曾活过的岁数。然而如果你碰巧赶上一个为国家效力非常不易的时代，此时你的必需的做法将是：争取更多的时间用于闲暇与学问，恰如你在做一次危险的航行，你应不时地在港湾停靠，不要等到自己被从公众事务中放逐出来，你应自愿地将自己从它们中独立出来。

我们的责任将是：首先，审察我们自身的自我；其次，审察我们将要从事的事务；最后，在我们从事那些事务时，审察那些我们因他们的缘故才去从事这些事务的人，以及我们要与之共事的人。

首先，一个人正确地估价自己是必要的，因为我们认为自己能做的事情通常超出我们所能做的事情。此人因依赖他的雄辩而铸下错误，那人对命运提出的要求又超出了他的命运所能允许的范围，再有人又以艰苦的劳役负累他那羸弱的身躯。有些人因他们的谦逊而不适宜于民政事务，因为民政事务需要一副强硬的外表；有人因其固执的骄傲而不适宜于讼事；有人因不能控制自己的怒气，任何触犯都会让他们说出鲁莽的言辞；有人因不知道如何掌握玩笑的分寸，所以难于禁绝那总是让他危机四伏的智巧。对所有这些人而言，退隐生活较经纶世务更有益处；顽固急躁的本性就应避免一切被证明为于人有害的引人信口开河的刺激物。

其次，我们必须估价我们正在从事的事务本身，我们必须将我们打算尝试的事务与我们的能力作一比较；因为行为者必须总能胜任他的工作；对负荷者而言，过重的负担必然会把他压垮。而且，有些事务，与其说是伟大，不如说是有生产力，它会带出许多新的事务。你不仅应当避免那些会带来新的和五花八门的任务的事务，而且你也不应当去从事一种你不能从中自由退却的事务；你着手去做的事务必须是那些或者你能完成，或至少你希望完成的事务，而不要去着手那些事务：它们随着你的进展变得越加繁重，在你打算停止时却停不下来。

在对人的选择上我们也还须特别小心，我们必须考察，他们是否值得我们将自己生命的某些部分奉献给他们，或者我们的时间的花费是否也可让他们受益；因为事实上有些人会因我们对他们的帮助而控诉我们[1]。阿森诺德鲁斯说，他不会与这样一个人一起进餐，如果这个人不因他这样做而对他心怀感激的话。我想你会理解，他更不会与那些以宴请来酬答朋友之帮助的人一起进餐，更不会与那些仿佛自己向别人表示的敬意过了头，于是把他们制定的一顿膳食的各道菜肴当作是许多次的慷慨的人一起用餐。如果没有了旁观者与见证人，独自一人暴饮暴食是不会给这些人带来任何乐趣的。

你还必须考察，你的本性是更加适合积极的事务，还是更加适合闲适的研究与沉思，你必须转向你的天赋倾向指引你朝向的那个方向。伊索克拉底（Isocrate）[2]因为认为埃弗罗斯（Ephorus）[3]在编纂历史资料方面会更有用武之地，所以抓住他，引他离开广场；因为天赋倾向难以为强制所改变。如果逆本性而为，辛劳也是枉然。

但是，最能赋予心灵以巨大愉悦的是深情忠诚的友谊。当你拥有这样的挚友，你可以将所有的秘密可靠地托付给他那随时倾听的心灵，你不会担心他对你的了解多于你对自己的了解，与他的交谈可抚慰你的焦虑，他的看法会坚定你的决心，他的欢乐会驱散你的忧愁，只要看到他就会让你欢欣，这是怎样一种幸福啊！我们当然会选择那些自由的、尽可能远离私欲的朋友；因为邪恶会无声无息地扩展开来，它们会迅速地

---

[1] 即他们把我们说成是他们的债务人，因为他们花费了时间来接受我们的帮助。
[2] 古代雅典著名的演说家、修辞学家与教师。
[3] 公元前4世纪著名的历史学家。

蔓延到那些最近的人身上，通过接触对人造成伤害。所以，恰如瘟疫时期我们必须留心，不要坐在那些身体已受感染、疾病已然发作的人近旁一样，因为那样的话，我们就得担当风险，他们的呼吸也会让我们处于危险之中，所以，在选择我们的朋友时，我们应该考虑到他的品格，为的是我们可以选择带有最少污点的人做朋友；将病者与健康人合在一处就是在传播疾病。然而我不会规定"只与贤哲为友"的法则并要求你服从和依附它。因为你到哪里才能找到我们已寻找了那么多个世纪的贤哲呢？还是去到那最好的人居留的地方，找那最好的人吧！如果你正在柏拉图（Plato）们、色诺芬（Xenophon）们以及苏格拉底的其他一大群优秀的后裔中寻找善人，或者，如果你可自由支配加图（Cato）的时代（这个时代生出了许多配得上在加图时代出生的人，正如它也生出了许多比我们所曾知道的更加邪恶的人，生出了许多荒诞罪行的筹谋者一样；为了理解加图，两类人都是必需的——加图需要善人，因为他能赢得他们的支持；他需要恶人，因为他可由此证明他的力量），那么，你就很难再有比这选择机会更加幸福的选择机会了。然而此时此地如此缺乏善人，所以你在选择时就须少一些苛求。不过，那些为一切事物悲伤哀叹的人，那些以一切抱怨的机会为乐的人，仍然是你特别需要躲避的。那样一个人对你的忠诚与友好虽然可以得到保证，然而一个总是心烦意乱的人，一个为所有事物都悲悼惋惜的人，对于宁静却是有害的。

现在让我们转到钱财之事上来，它是人类之不幸的最大泉源；因为如果你把我们所遭受其他一切不幸——死亡、疾病、恐惧、渴望、痛苦与辛劳的忍受——与我们的钱财带来的不幸加以比较，这一部分将大大超出另一部分。所以我们必须反省到，没有钱财的悲哀较失去钱财的悲痛轻得多；我们将懂得，我们可能丢失的拥有财产的权利愈小，财产折磨我们的机会愈少。因为如果你认为富人能更欣然地承受损失，那你就错了；最庞大的躯体与最微小的躯体，其上的创伤带来的是同样的痛楚。比翁（Bion）曾简洁地说到，对于秃子与有着浓密头发的人而言，拔掉头发所产生的疼痛是一样的。你可以肯定：对于富人与穷人而言，情形同样如此，他们的痛苦完全相同；因为不管是富人还是穷人，钱财都会紧紧系住他们，所以拿取他们的钱财却让他们毫无感觉，这是不可能的事。然而，正如我已经说过的，没有钱财较失去钱财要更易忍受，因此你会看到，那些命运之神从未优待过的人较那些被她抛弃了的人更加快乐。第欧根尼（Diogenes），这个有着高尚灵魂的人，因为看到了这一点，所以他让从他那儿攫取任何东西都成为不可能。你把这样一种状态称作贫穷、短缺、困难吗？随你的意，给这种安全状态取上任何难听的名字吧。如果你能找出任何没有东西可损失的其他人，我将不会认为第欧根尼是幸福的！或者是我受了欺骗，或者做这样的独一之人是王者之事——他处身于如此众多的财迷、赌棍、强盗和掠夺者之中，却可不受到伤害。如果有人对于第欧根尼的幸福有任何怀疑，他也同样可能会对不朽诸神的境况有所怀疑——他会怀疑他们是不是也活得非常不幸，因为他们既没有宅邸，也没有花园，没有外国的佃户耕种的昂贵的庄园，① 没有在广场大量生息的钱财。你们这些向财富低头的人，你们的羞耻心跑哪儿去了？嗨，把你们的眼睛朝天上看看吧；你将会看到，诸神也是非常贫困的，他们赋予一切，自己却一无所有。你认为那从自身清除掉命运之神赠予的一切礼物的人，是穷苦之人或只是像不死诸神的人吗？你会说德米特里厄斯（Demetrius），那个庞培的释奴，那个不以富过庞培为耻的人，是个更加幸福的人吗？对于他而言，在过去，只要有两个部下和一间稍微宽敞一点的小房间就会是一笔财富了。就是这个人，后来却经常命人每天向他汇报他的奴隶的数目，仿佛他是一支军队的统帅一般！然而有一次，第欧根尼的一个奴隶从他那儿逃跑了，当有人把这个奴隶指出来给第欧根尼看时，他却认为抓这个奴隶回来是不

---

① 指罗马帝国获取海外土地的行为。

值得的。"这将是一种耻辱",他说,"如果第欧根尼离了曼斯(Manes)就活不下去,而曼斯离了第欧根尼却能活下去"。然而在我看来,第欧根尼所喊出的是:"命运之神啊,管好你自己的事吧;第欧根尼现在不再拥有你的任何东西了。我的奴隶已经跑了——或者更确切地说,是我已经自由地逃离了!"一家的奴隶需要衣食;那么多的饥肠辘辘的肚皮需要填饱,我们须为他们置办衣物,须提防他们惯于小偷小摸的双手,我们还须接受那些一边哭泣一边咒骂的人为我们提供的服务。一个只需对他能最轻易拒绝的人——他自己——尽义务的人,该幸福多少啊!然而,即使我们不具备那样一种品格的力量,我们至少应该削减我们的财物,以便能够更少地暴露在命运之神的伤害之下。在战争中,那些能够将身体挤进盔甲中的人,比起那些盔甲也遮拦不住的、到哪里他们的大块头都有可能让他们受伤的人,更适于兵役。就钱财而言,既不至于让人沦落至贫穷,然而又不至于让人与贫穷相隔过远,这样的钱财数量是最理想的。

而且,如果我们原先就以节俭(没有了它,任何数量的财富都是不够的)为满足,如果任何数量的财富对我们而言都是充裕的,特别是因为这一治疗方法总是近在咫尺,贫穷本身也可通过求助于节俭而把自身变成富裕,那么我们是应满足于这种适度的节制的。让我们养成抛弃我们身上的炫耀习气的习惯吧,让我们养成以事物的用处来衡量事物,而非以事物的装饰性性质来衡量事物的习惯吧。让食物仅作缓和饥饿之用,饮品只作解除干渴之用;让欲求遵从自然的路线;让我们学着依赖我们自己的双手生活,让我们的衣着和生活方式遵守我们的祖先所首肯的风俗习惯,而非新的流行时尚。让我们学着增强我们的自制力、学着克制奢华、节制野心、缓和愤怒、学着以不带偏见的眼光看待贫穷、学着培养节俭,即使许多人羞于这样做,我们却更加要将这花费甚微的治疗方法应用于自然之需求上,更加要将那难以驾驭的希望、那企划着未来的心灵拴上链条,更加要决心从我们自身而非命运之神那里寻求我们的财富。灾祸的多样性与它的不公正从来就不可能被击溃至那样的程度,以至于许多次的风暴都不会去袭击那些总是扬帆航行的人。我们必须将我们的活动缩至一个狭小的范围,为的是命运之神的镖箭会落到空处。因为这个原因,流放和灾难往往最终被证明为有益的,因为更加重大的不幸被那较轻的不幸消除了。当心灵不服从告诫,温和的手段已不能让它回归常态时,为了它自身的利益,为什么不应该将贫穷、耻辱、财富的猛然毁灭应用于其上——以恶制恶呢?那么,让我们习惯于在没有众人陪同的情况下进餐吧,让我们习惯于只有较少的奴隶服侍吧,让我们习惯为了衣服当初被设计时所为的目的穿衣吧,让我们习惯于在较小的住处生活吧。不仅在竞技场的赛跑和竞赛中,而且在生活的竞技场中①,我们都必须坚持处于内圈的位置。

即便是就研究而言,尽管在这上面的花费是最可敬的,然而唯有被控制在一定的限度内,这花费才是正当的。拥有数都数不清的书籍与藏书室又有什么用呢?他们的拥有者用尽他们一生的时间也很难通读一遍它们的标题。学习者不是受它们的教导,而是因它们的巨大数量而备感重压。专注于少数几位作者的作品,比只是匆匆浏览一下众多作者的作品,情形要好得多。在亚历山大里亚(Alexandria)焚毁了四万本书籍②;让其他人将这图书馆誉为国王的财富的最高贵的典范吧,就好像提图·李维(Titus Livius)所做的,他说③这是国王的高尚品位与爱好的最卓著的成就。在这里面其实根本就没有什么"高尚品味"或"爱好",而只有有学问的奢侈——不,甚至不能说"有学问的",因为他们收集书籍,并非为了学习,而只是为了显摆,就好像许多甚至缺乏一

---

① 字面上讲,是指:"在生活的圈子内。"在古代的战车赛中,战车通常会沿竞技场绕行七圈(spatial);在围着转柱绕行时,战车应尽可能保持在最靠近内线的位置。按照通常的比喻,圈子(spatium)通常等同于生活或者生活的一部分。

② 当朱利叶斯·恺撒于公元前47年强攻该城时,城内图书馆被毁。不同的人对当时损失的程度给出了不同估计,然而塞涅卡此处的估计是最低的。

③ 李维对这一事件的记叙已佚失。

个孩童的语文知识的人对书籍的使用一样——并非作为学习的工具，而是作为餐厅的装饰。因此，让我们获取的书籍的数目只有所需要的那么多，其中没有一本只是为了显摆之用。你说，"把钱财挥霍在这些东西上面，比挥霍在科林斯的青铜和挥霍在绘画上更加令人敬重"。然而任何事物上的过度都会变成一种错误。你能为一个寻求拥有一副柑橘木的或象牙制的书架的人，一个收集不知名的或名誉扫地的作者的书籍的，然后坐在那么多的书籍当中打瞌睡的人，一个主要从大部头的书籍的外观和它们的标题中获取愉悦的人提出什么样的辩词呢？因此，唯有在最懒惰的人的房间中，你才会看到演说词和历史书的完整收藏品，装着这些书籍的箱子直堆到屋顶；因为到如今，除了冷水浴室和热水浴室外，藏书室也成了一座大房子的必不可少的装饰品。如果这些人因为他们对学习的过度热爱而被引上歧途，我愿意宽恕他们。然而事实上，人们购买这些神圣不可侵犯的天才人物的作品集以及装饰这些集子的肖像，其目的只是为了显摆和装饰他们的墙壁。

然而你或许已到人生的某个艰难阶段，在你意识到之前，你的公开的或私有的财产已将你用圈套牢牢套住。这个圈套，你既不能挣脱，又不能解开。然而细细想来，囚犯只会在开初之际因为他们腿上的重负与枷锁闷闷不乐，当他们已下定决心不再对这些东西恼怒不已，而只是去承受它们，那时困境会训练他们勇敢地去承担，习惯会教会他们轻易地去忍耐。无论在何种生活中，如果你愿意轻松愉快地考察你的不幸，而非觉得它们可恨讨厌，那么你都会在其中发现快乐、消遣和愉悦。自然，因为知晓我们生来要承受的是何种苦难，所以设计出习惯作为对灾难的一种缓冲，于是我们便可以迅速地适应最严酷的不幸，应该说自然在这方面是最值得我们感恩的。如果不幸在其持续的过程中，一直保持着它最初降临时的同样的强力，那么，便没有人可以承受得住它。我们所有人都受命运之神的缚困，有些人是受一根宽松的、金制的链条捆缚，另一些人则受一根紧绷的、材质较差的链条捆缚；然而这又有什差别呢？同样的囚禁将所有人拘于它的罗网中，那些绑缚别人的人也同样被绑缚着——除非你间或以为左手上的链条①会更轻。有些人受公务的绑缚，其他人受财富的绑缚；有些人背着高贵出身的重负，有些人因出身低微而背受重负；有些人屈服于另一人的统治，有些人则屈服于自己的统治。有些人因流放而被拘留于一个地方，其他人则因其神职而被禁锢于一个地方。② 一切生活都是一种奴役。所以一个人必须顺从他的命运，必须尽量不抱怨他的命运，必须抓住命运可能赋予的一切好处；没有哪种状态是那样难以忍受，以至于一颗平静的心在其中找不到一些安慰。即便是小小的空间，经由巧妙的规划，也常常会显出许多的用处；曾经十分狭小的处所，经由巧妙的安排也能变得适于居住。将理性运用于困境之上吧；此时缓解那艰难的事物、拓展那狭窄的事物都是可能的；重负不会那样沉重地压在那些能巧妙地忍受它们的人身上。

而且，既然无法完全关住欲望，我们就不要让它们做遥远的探索，而应该让它们取道就近的事物。让我们丢开那些做不到，或者做来定有困难的事，而去从事那些近在咫尺的、能激发我们希望的事——然而我们要清楚，这些事物全都是微不足道的，尽管它们在外观上多种多样，然而其内部却都一样毫无价值。让我们不要去嫉妒那些站在高处的人；哪里有高地，哪里就有悬崖。

另外，那些被无情的命运置于濒临毁灭境地的人，如果能够减少一些因拥有那些本身令人骄傲的事物而生的自负，如果能够将他们的财产尽量减少至大众的水平，那么，他们会更加安全。尽管也存在一些不得已占据着高位的人，除了跌落之外，他们是不可能降下来的，然而他们会作证说，他们最大的负担就是他们不得不成为别人的负担这件事实，他们不是被举到了高位上，而是被钉在了高位上。让他们用正义、仁

---

① 指将犯人缚于其左手之上的监守人。
② 祭司受许多祭仪的限制。除非有特许，朱庇特神庙的祭司连一个晚上都不能离开这个城市。

慈、谦恭、慷慨欣然地赠予为今后的不幸预备下众多安全措施吧，以便更从容地度过这些岁月。然而能够最有效地将我们从这些精神的动荡中解脱出来的是：要经常为我们的进展立一界限，不要让命运之神拥有我们的进展应该在什么时候停止下来的决定权，而要自愿地在远离别人的例子所告诫我们的界限之前就止下步来。这样一来，尽管有一些欲求会刺激我们的心灵，然而，因为我们已经为欲求定下了界限，所以欲求不会将心灵引至那无限制的、不确定的地方。

我的这些言谈并不适用于贤哲，而只适用于那些尚未臻达完美之境的人，只适用于那些平常的人、那些有病者。贤哲并不需要提心吊胆、小心翼翼地走动；因为他对自己有那么坚定的信心，以至于他在与命运之神作斗争时会毫不犹豫，也决不会在她面前退缩。他也没有任何理由惧怕她，因为他不仅将他的奴隶、财产、职位，而且将他的身体、他的眼睛、他的手以及其他一切令人觉得生有可恋的东西，甚至将他自己，都认作是仅仅由于宽容而被赋予他的事物，他是作为一个租借给他自己的人而活着；当人家要将他收回去时，他会毫无悲伤地归还一切。因此他在自己眼中也不是廉价的，因为他知道他并不属于自己，然而他仍然会像一位虔诚的、神圣的人平常守护交托给他保管的财产一样，勤恳慎重地履行他的一切义务。然而，当命运之神命令他放弃这些事物时，他决不会去与命运之神争吵，而会说："我因我曾经支配拥有的东西而感恩。我已经非常有效地经营了你的财产，然而，因为你的命令，所以我就撒开手，我满心感激欢喜快乐地将它交还给你。如果你仍旧希望我拥有你的任何东西，我还是会守护它；如果你的愿望并非如此，我将归还给你我的精制的和压花的银器、我的房屋、我的家庭。"如果自然要我们归还她先前托付给我们的东西，我们也会对她说："拿回比你先前赋予我们时更加高尚的心灵吧，我不会支吾其词或犹豫不定；我自愿让你拿走你在我知晓之前就赋予我的东西——拿走吧！"回到你的来处，这有什么困难呢？那不知道如何很好地去死的人，活着也是悲惨的。因此我们必须收回我们赋予这事物之上的价值，生命的气息也必须被看作是一种廉价的事物。正如西塞罗所说，对于那些急切地保全其性命（不管他们用的是什么方式）的角斗士，我们是怀敌视态度的；如果他们藐视生命，我们则会支持赞赏他们。你可能知道，同样的事情也适用于我们；因为死亡的原因经常是对要死的惧怕。那把我们当作戏耍对象的命运女神说："我为什么要饶恕你这个低劣怯懦的动物？因为你不知道如何奉上你的喉咙，所以你将遭胡砍乱刺，带上更多的伤口。但是，如果你勇敢地承受这刀砍斧剁，其时并不缩回你的脖颈，或者伸出手来阻拦，那么你或者会活得更长，或者会死得更容易。"那些惧怕死亡的人从来不会去做任何与一个活人相配的事情。而那知晓这些条款当其刚在母腹中形成之际就已为他制定好了的人，将会按照这协议生活，同时，他也会以同样的意志力量保证一切发生的事物都不会在其意料之外。因为通过预期一切可能发生的事情，仿佛它们肯定会发生一样，他将缓解所有不幸带来的冲击，对于那些事先已准备好的，而且正在等待不幸来临的人而言，任何不幸都不会带来什么不可思议的东西；只有那些不知忧虑的、除了好运之外不去预期任何事物的人，不幸才会暴虐地降临到他们头上。疾病来了，囚禁、灾难、大火都来了，然而它们中没有一样东西是没被预想到的——我一直就知道自然将我关禁在怎样混乱的一群事物当中。我曾多次听到我的邻人为死者的哭号；火把和细烛引领着众多过早来临的葬仪多次经过我的门前；倒塌建筑的轰隆声经常在我的耳边回响；许多在广场、元老院、社交场合与我一起的人，死亡已将其夺走，那友好地挽在一起的手已被坟墓隔开。如果那总在我的四周徘徊的危险在某个时刻击中我，难道我应对此感到惊奇吗？那在计划航行时却不去考虑会有风暴来袭的人的数量实在太多了。如果一位劣等作家所说的话是好的，我就从不以引用他的话为耻。普布利柳斯（Publilius），这个一旦抛弃笑剧的荒唐和讨好戏院的言辞，就会比喜剧和悲剧作家更具力量的人，说了许多比任何来自悲剧——更不用说喜剧——舞台的更打动人心的话，其中也有这一句：

> 降临在一人头上的任何事物也可能降临在所有人头上。

如果一个人能让这句话在其心中深深扎下根来，当他旁观别人的不幸时（这里每天都有大量这样的事情发生），如果他记得，这些不幸随时也会降临到他的头上，那么在危险来临之前许久，他就已经武装好去对抗它们了。你说："我认为这不会发生。"还说："难道你会相信发生这样的事吗？"但为什么不呢？哪里会有后面不跟着贫穷、饥饿、赤贫的富有呢？有什么样的穿着镶边长袍的、带着占兆官的权杖的和系着贵族鞋带的官居高位者，不是在其长袍底部附有贫穷和使人永志难忘的耻辱——无数的污名和彻底的声名狼藉呢？什么样的王国没有毁灭、践踏、暴君、刽子手在等着呢？这些事物间也不会有很长的时间间隔，在称王与臣服之间仅有一小时的间距。那么，你就应知道，人生的一切命运都是变化无常的，降临到任何人头上的任何事，也可能会降临你的头上。你是富有的：然而你会比庞培①还富有吗？盖乌斯（Gaius），这位年老的同族者，② 然而又是一位新型的主人，向他打开了恺撒的大门，为的是他能有机会关上他自己的门！此时的庞培甚至连面包和水都没有。尽管庞培拥有源头与河口都在其领土内的众多河流，然而他却不得不为了几滴水而向人乞讨。他在其同族者的宫殿里死于饥饿与干渴，而当他饥火烧肠之时，他的继承人却正安排为他举行国葬！你身居最高的官位；然而你有没有担任过像塞扬努斯（Sejanus）那样重要、那样意

---

① 德绍（Dessau）认为这指的是公元 14 年的执政官塞克斯都·庞培（Sextus Pompeius）。

② 如果这位庞培可以被认作"伟大的庞培"的儿子塞克斯都·庞培的后裔，他与盖乌斯间的关系就可通过塞克斯都的妻子——斯克里波尼亚（Scribonia）的侄女，奥古斯都的妻子、盖乌斯的曾祖母——这一脉建立起来。然而其他任何文献都未提到过塞克斯都还有男性后裔。

想不到、那样毫无约束的官位呢？然而就在元老院护送其入狱的那一天①，人民把他撕成了碎片！这个将诸神和人所能赋予的一切集于一身的人，拖他到河里的刽子手却什么也没得到！你是一位国王：我没有让你去注意库罗伊索斯（Croesus），他活着看到烧死自己的柴堆燃着又熄灭，②他被迫活得不仅比自己的王国，甚至比他自己的死亡还长；我也没有让你注意朱古达（Jugurtha），在他让罗马人战战兢兢不到一年的时间之后，罗马人就将他视为一名囚徒。我们自己就目睹了托勒密（Ptolemy），这位非洲之王，以及米特里达特（Mithridates），这位亚美尼亚之王，处于盖乌斯的卫兵的监禁之下；一个被送往流放——另一个也诚心渴望着被送去那儿！③鉴于命运的如此多变，它一会儿朝上走，一会儿又往下移，所以，除非你作如是想：一切有可能发生的事情都有发生在你的身上的可能，否则你就会将自己置于厄运的威力之下，而厄运的这种威力，只要一开始就能预见到，任何人都可将它碾碎。

我们的下一个关注点将是：不要为无价值的目标而劳作，或者做无益的劳作。也即是说，不要去渴求我们不能获得的事物，也不要去渴求这样的事物，即便得到了它，也会让我们觉得费尽千辛万苦之后却感到我们的欲求如此愚蠢无知，尽管知道得已经太迟了。换言之，我们的劳作既不应是徒然的和毫无结果的，劳作的结果也不应与我们付出的劳作不相称；因为在通常情况下，如果没有结果，或者因结果而羞愧，那么悲伤就会随之而来。我们必须减少那么多人在穿梭于屋宇、剧院和广场

---

① 塞扬努斯在一次元老院的会议上被正式遭送至监狱，并在同一天被处决。他的戏剧性的倒台——这个以后的文学作品经常提到的话题，构成了本·琼森（Ben Jonson）的《塞扬努斯的垮台》一书的主题。

② 指希罗多德记载的故事，在库罗伊索斯被置于火葬柴堆上即将被活活烧死时，他的征服者居鲁士（Cyrus）动了慈悲心肠，命令将他释放。

③ 托勒密，毛里塔尼亚（Mauretania）的国王，被"流放"至罗马，并在那里被杀；米特里达特后来重新登上了王位。

之间时显现出的不安状态；他们投身于他人的事务中，总是显得忙忙碌碌。当他们其中一个出门时，如果你问他："你要到哪里去？你心里想什么？"他会回答你说："的确，我真的不知道；然而我要去看一些人，我要去做某事。"他们四处闲逛，没有任何要做个什么事情的计划，他们所做的，不是他们决心要做的什么事，而是他们碰巧撞上的任何事情。他们的行程漫无目的、无因无由，恰如那在灌木丛中爬行的蚂蚁，它们无因无由地奔忙着，一会儿爬到枝条的顶端，一会儿又爬到枝条的底部；许多人的生活方式就像这样，一个人将他们称作"繁忙的无所事事"绝非不公。当你看到他们有些人急急奔走，仿佛要去救火一样，你肯定会为他们感到惋惜；他们频频地与碰上的人发生冲突，把他们自己和他人都打倒在地，尽管他们同时却又一直赶着去拜访某个永远不会回访他们的人，或者去参加某个他们不认识的人的葬礼，某个总是有讼事的人的审判，某个时常结婚的女人的订婚仪式，他们将自己缚在一些乱七八糟的东西上面，在某些地方他们甚至将这些东西背在身上。而后，当他们回转家门时，精疲力竭，一无所获，于是他们咒骂道，他们自己都不知道他们为什么要离开家门，或者他们都去了些什么地方，而第二天他们又会沿着完全相同的轨迹逛荡。所以，你应该让你的所有努力朝向某个对象，让你的所有努力以某个对象为目的！不是活动让人不得安宁，而是对事物的错误观念使得这些人发狂。因为即使是疯子，如果不是由于某种希望，也不会兴奋烦躁的；仅仅是某些对象的出现就让这些人激动不已，他们那备受折磨的心灵根本看不到这些对象的虚假性。同样，所有那些挤到人群中去的人，也都是因为那些无价值的和微不足道的理由而在这城市里团团乱转；一个人尽管无事可做，却破晓即起，然而当他在许多人的门口徒劳无益地受挫之后，在他一个接一个地向这些人的门卫请安并吃了许多闭门羹之后，他才发现，在他们所有人当中，最难在家中找到的就是他。然后，从这种邪恶中又生出了那最令人憎恶的邪恶：偷听和打探公共和私人事务，了解许多既不便于说又不便于听的事情。

我想，德谟克利特也在想着同样的事，当他开始这样说时："如果一个人希望宁静地生活，让他不要去从事众多的公共和私人事务"，他指的当然是毫无用处的事务。因为如果出于必要，我们必须从事众多的甚至无数的公共事务与私人事务；然而当不是出于神圣职责的需要时，我们必须限制我们的活动。因为一个人如果从事众多的事务，他就经常地将自己置于命运之神的威力之下，而他的最安全的做法就是极少引起她的兴趣，经常地提防她，从不信任她的许诺。有人说，"除非有事发生，我会启航的"，"除非有事阻碍我的进展，我会当上执政官的"，"除非有事干扰，我的事业会成功的"。这就是我们为什么说，发生在贤哲身上的事情，从来不会有与他的预期相违背的——我们不是让他免于意外的事件，而是让他免于人类的谬误，不是所有事情的结果都会如他所希望的那样，但是会如他所预想的那样；而他开始的预想就是可能会有某些事情妨碍他的计划。如果你并未确定无疑地保证你的欲求一定会成功，那么欲求的舍弃给心灵带来的痛苦也必定会轻得多。

我们也应该让自己变得更加通权达变，以免我们过于珍爱我们制订的计划；我们应该心甘情愿地转到机缘引领我们到达的境况，不要惧怕转换目标或境况——只要易变性，这最有害于宁静的恶，不会左右我们。因为固执，这个命运之神总会从它那里榨取出一些妥协的东西，必定会带来焦虑和不快，而从不自制的易变性则必然会带来多得多的痛苦。二者都是宁静的敌人——一者不堪变化，一者不堪持久。而最重要的是，心灵必须从外部利益中撤出，回到心灵自身。让心灵信赖自身，享有自身，欣赏其自身的所有物，让它尽可能地远离其他人所拥有的事物，完全专注于自身，让它不要感到有所丧失，让它甚至能够欣然地解释不幸。芝诺，我们的导师，当他接到船舶遇难的消息，听闻他的一切财产都已沉没，说："命运之神命令我带着更少的累赘从事哲学。"当一位暴君以死亡，甚至以抛尸荒野来威胁哲学家色俄多鲁斯（Thedorus）时，他回答道："你有权乐意怎样就怎样，然而你掌控的不过只有我的半品脱的鲜血；至于埋葬，如果你认为对我而言在地上还是地下腐烂有什么差别的话，那你就是个傻瓜。"尤利乌斯·卡那斯（Julius Canus），一位罕见的伟人，即使是他生在我们自己的时代这件事实，也没有妨碍我们对他的景仰之情，他曾与盖乌斯①有过长期的争执，当他正要离开时，法拉利斯（Phalaris）对他说："你再也没有任何机会以愚蠢的希望安慰你自己了，我已下令处决你。"他回答道："极好的君主啊，我向你谨致我的谢意。"我并不确定他的意思，因为我想到了许多种解释。如果这位君主的残暴使得死亡都成了一种仁慈，那么他是希望向这位君王表明他的残暴已到了何等程度，并借此侮辱他吗？或者他以这位君主日常生活中的疯癫的证据嘲弄他？——因为那些子女被杀者或那些财产被充公者过去通常都向他致谢——或者尤利乌斯·卡那斯把死亡当作一种幸福的解脱？不管这句话的意思是什么，它都是一个高尚灵魂的回答。但有人会说："在此之后盖乌斯有可能又下令让他活下去。"然而卡那斯并不担心这一点；众所周知，在下达这种命令时，盖乌斯是个守信用的人！你相信卡那斯在其死刑执行前的居间十天里，是在没有任何焦虑中度过的吗？这个人所说的、他所做的、他有多么镇定，这都是完全可以信赖的。当百夫长拉着一大群的遭难者执行死刑时，下令也将卡那斯拉走，此时他正在下象棋。在被传召之后，他数清了他的卒，并对他的对手说："你千万不要在我死之后谎称你赢了"；然后冲着百夫长点了点头，说："你要为我作证，我赢了一个卒。"你认为卡那斯是在那块板子上玩游戏吗？不，他是在嘲弄！他的朋友们想到要失去那样一个人而悲伤不已，但是他说，"你为什么要悲伤呢？你还在为我们的灵魂是否不朽而迷惑；而我不久就能知道了"。直到最后

---

① 即罗马暴君卡里古拉。

一刻，他都没有停止对真理的探索，停止把他自己的死亡当作讨论的主题。当他们离那小山丘——每日向恺撒、向神的献祭就在那里举行——不远时，他自己的哲学老师说："你现在在想什么，卡那斯，或者说你的心灵正处在什么状态？"卡那斯说道："我决定观察一下，当那最短暂的一刻来临，精神是否意识得到它正在离开肉体。"并且他许诺说，如果他有任何发现，他都会绕他的朋友们一圈，向他们展示灵魂的真正的状态是怎样的。在此有着暴风雨中的宁静，在此有着堪配不朽的心灵——一种以自身的命运来作真理的证明的精神，一种就在迈出最后一步时还要考察即将离去的灵魂的精神，一种不仅直到临死前都在学习，而且甚至要从死亡本身学习某些东西的精神。没有人曾做过更长时间的哲学探讨。那么伟大的一个人不会那么快地被离弃，他必定被满怀尊崇地谈论。哦，最杰出的人啊，盖乌斯的众多被谋杀者中的主要受害者，我们将万代传颂你！

但是，仅仅消除个别悲伤的起因，意义还不大。因为人有时会陷入到对全人类的憎恨中。当你细想朴实有多么稀罕难得、纯真有多么不为人知时，当你细想除非正直能给人带来益处，否则它的存在是多么绝无仅有时，当你想到一大群得逞的罪恶、想到欲望的满足与落空（两者同样可憎）时，当你想到那从不限制自己于其自身界限内的野心，现在因卑鄙而获荣耀时——当我们记取起这些事物，心灵就陷入了漫漫黑夜，仿佛那些美德（现在已不可能去奢求它们，而且即便拥有了它们，也不会带来什么益处）已然被抛得远远的，这里所有的只是吞噬一切的幽暗。因此，我们应该下决心相信，大众的一切邪恶都只是可笑，而非可憎，我们应该效仿德谟克利特，而非赫拉克利特（Heraclitus）。就后者而言，无论他什么时候走进人群，总是哭泣落泪，而前者则总是感到好笑；对于这一个人而言，人类的一切作为看来都是痛苦的根由，对于那一个人而言，人类的一切作为都是愚行。所以我们对事物应该持一种更加轻松的观点，以一种宽容的心态去忍受它们；嘲笑生活较之为生活痛哭更加符合人性。① 另外，那嘲笑生活的人比那为生活而痛哭的人更加有功于人类；因为此人还为美好的希望留下了一些余地，而另一个人则愚蠢地为这些事物而痛哭，他对纠正这些事物已感到绝望。而且，在考察一切事物时，那抑制不住地发笑的人比那忍不住流泪的人显出了一颗更加伟大的心灵，因为嘲笑表达了一种情感的适度，他相信在生活的全部用品中，没有什么东西是要紧的、没有什么东西是严重的，也没有什么东西是悲惨的。让一个人将引发欢喜和悲伤的原因逐个地摆在自己的面前，那么他就会知道比翁所说的是对的，他说，人类的一切作为恰如他们起初的作为，他们的生活也不比他们还是胚胎时的生活更加值得尊敬和重视，他们从无处来，向无处去。然而，相对尽情嘲弄和放声痛哭而言，平静地接受公众的习惯和人类的邪恶还是会更好一些；因为为了他人的不幸而烦忧是一种无止境的烦忧，而从他人的不幸中获取的快乐，则是一种不合人性的快乐，正如因为他人在葬子就哭泣或拉长着脸是人性的一种不必要的展示一样。就个人自己的不幸而论，行为的正确方式也是授予不幸以自然而非习俗所要求的悲痛的程度；因为许多人流泪只是为了装装样子，当没有了观众时，他们的眼眶就干涸了，他们只不过认为，当所有人都在哭泣时不哭泣是有失体面的。这种视别人的观点而定的恶已经变得那样地深入人心，以至于甚至悲痛，这人世间最为自然的事情，现在都成了一种虚装门面之事。

我们现在来考察一类我们有正当理由经常为之悲痛和念想的事。当好人落了个坏下场，当苏格拉底被迫在监狱中死去，茹提利乌斯（Rutilius）不得不在流放中生活，庞培和西塞罗不得不把脖子交付给自己的食客，当伟大的加图，这一切美德的活典范，通过挥剑自刎表明他自己和这个国家的末日已同时来临，我们必定会苦恼不已，命运女神给予的回报何其不公。当一个人看到最好的人却遭受最恶劣的命运，他还

---

① 即，更适合于人。

能对自己怀有什么企望？那么答案会是什么？观察他们中的每一个是以何种方式忍受其命运的，如果他们是勇敢的，那么就带着最深切的感情去渴求拥有像他们那样的心灵；如果他们像个女人或懦夫那样灭亡了，那么也就没有毁坏什么；或者他们值得你去钦佩他们的美德，或者他们不值得你去渴求他们的懦弱。因为如果最伟大的人通过他们的视死如归而把其他人变成了懦夫，那还会有什么比这更丢脸的呢？让我们反复赞颂那些值得赞颂的人："一个人越是勇敢，他就越是幸福！你已经逃离了一切的偶然事件，一切的嫉妒，一切的疾病；你已经逃出了监牢；在诸神看来，并非诸神认为你应当遭受厄运，而是诸神认为你不应再处于命运之神的威权之下。"然而那些退缩不前者，那些死亡已快要降临却仍对生命恋恋不舍的人——则有必要向他们发起攻击！我不会为任何幸福的人哭泣，也不会为哭泣的人哭泣；一个用他自己的手拭去了我的眼泪，另一个因为他的眼泪而使得他自己不配享有我的一滴眼泪。因为赫拉克勒斯（Hercules）被活活烧死，我就应该为他哭泣吗？或者因为雷古勒斯（Regulus）被那么多的钉子戳穿，我就应该为他哭泣吗？或者因为加图用剑刺在自己的伤口上，我就应该为他哭泣吗？所有这些人，通过牺牲一点点的时间，却找到了如何获得永生的办法，通过死亡而成就了不朽。

另外，这也为忧虑提供了不小的良机——如果你决心要装成另外一副样子，从不向任何人坦诚显露你自己，像许多一切只为了表演而过着虚假生活的人那样生活的话；因为不断地监管自己，生怕被人发现越出了我们日常的角色，这是令人痛苦的。如果我们认为，每次有人注视我们时，他就是在估量着我们，那么我们永远免除不了忧虑；因为有许多违背我们意愿地揭去我们伪装的事情会发生，而且，即便所有这些对自我的留意是成功的，那些生活在面具下的人也不可能是幸福的、无忧无虑的。但是在那纯洁的、其本身未经装饰的、不隐藏其特征的任何部分的质朴当中，埋藏着多少欢愉呵！可是，甚至那样一种质朴的生活，如果将所有事情让所有人一览无遗的话,也会冒着受轻视的危险;因为这儿也有一些对任何他们所熟稔的事物表示轻视的人。但是,当美德被带到人们眼前,它却不会冒任何受轻视的危险,而且,因朴实的缘故而受人轻视,总好过因没完没了的伪装而受尽折磨。然而在这件事情上我们还须节制;在自然地生活和粗心大意地生活之间有着很大的区别。

而且,我们应该经常性地离群索居;因为与那些和我们本性相异的人交往,会扰乱我们的安宁,重新引发各种激情,加重那些还未被彻底治愈的心灵中的弱点。然而,这两样事情必须结合在一起交替实施——独处与群居。一个让我们渴望人群,另一个让我们渴望我们自己,一个可以调剂另一个;独处将治疗我们对群居的嫌恶,群居将治疗我们对独处的厌倦。

另外,心灵决不能不变地保持在同样的紧张状态,而必须转向各种消遣活动。苏格拉底不会羞于与小孩玩耍,而加图,当他因国家的烦心事而疲惫不堪时,会用酒来松弛他的神经,西庇奥也会应着乐声放松一下他那获胜的、英勇的身躯,他的摆动可不是如今流行的那种肉感的扭摆,现在的男人甚至在行走时也扭摆得比女人的肉感扭摆还厉害,而是以富男子汉气概的方式摆动(在古代,当处于运动会期间或节日期间,人们通常会以这种方式舞蹈),此时即便他们的敌人旁观,也不会有损失尊严的危险。心灵必须得到放松;在放松之后,它会变得更加健康敏锐。正如肥沃的土地绝不能强耕——因为它们的多产,如果它们得不到休养,会很快将它们耗尽——所以持续的劳作会削弱心灵的活力,然而如果它得到了一小会儿的缓解和休养,它将恢复它的力量;持续的精神操劳会给心灵带来某种迟钝和呆滞。

人类的欲求也不会总是趋向于这一方向,除非运动与消遣会带来某种自然的愉悦,然而频繁的运动和消遣又会夺走心灵的一切权能和力量;因为睡眠对于精神的恢复也是必要的,然而如果你整日整夜地睡眠,这种睡眠就会是死亡了。在松弛与除去你的绑缚物之间有很大的差别！我们法律的创制者，因为考虑到通过暂缓人们的工作而缓解人们的辛劳是必要的，所以指定节庆的日子，为的是人们可以在国家的强制下嬉戏一番；正如我已谈及的，在伟人中间，有些人通常会每个月留出固定的几天度个假，有些人会将每天分为娱乐时间和工作时间。我记得，伟大的演说家阿西尼乌斯·波利奥（Asinius Pollio），就立下了那样一条规则，任何工作从不超过十小时；[①] 他甚至不会在那时间之后阅读信件，以免会出现某件需集中注意力的新事情，他用那剩下的两小时来消解一整天的疲倦。有些人会在一天的中间休息一下，将某些不太费神的工作留待下午的时间去做。我们的祖先也禁止元老院在十小时外作出任何新的动议。士兵也会分开值班，那些刚刚探查回来的人会拥有整个晚上的自由。我们必须要宽容地对待心灵，要不时地予它以闲暇，将闲暇当作它的食物和力量的来源。

另外，我们也应去户外逛逛，以便心灵可在露天底下和清新空气中壮健和振奋起来；心灵有时会从一次驾车旅行中、一次处所的变换中、一次喜庆的聚会中、一次丰盛的宴饮中获取新的活力。有时我们甚至应该一醉方休，这不是让我们醉生梦死，而是暂时屈从于酒中；因为酒可以洗净愁烦，让心灵从其最深处振奋起来，酒可以治愈心灵的创伤，恰如它可以治愈身体上的某些疾病一样；酒的发明者并非因为酒能让人畅所欲言而被称为释放者（releaser），而是因为酒可以让心灵免于烦忧的束缚、可以解放心灵、赋予心灵新的生命、让心灵在它尝试的一切事物中能够更加勇敢，所以才被称为释放者。然而，恰如在自由中一样，在酒中也有一个有益健康的适度问题；许多人相信梭伦（Solon）和阿尔凯西劳斯（Arcesilaus）都酷爱饮酒，加图也一直就因醺醺大醉而受人指责；可是任何指责加图的人，他们的指责更易让人觉得加图令人钦

[①] 罗马人将日出和日落之间的这段时间分为十二个小时。阿西尼乌斯·波利奥让自己的工作在日落前两小时结束。

佩，而非让人觉得加图卑劣。然而我们还是不应经常性地沉湎酒中，以免心灵会养成恶习，尽管有时心灵必须欣喜放纵一回，短时期地忘却那阴郁的冷静。因为不管我们是相信希腊诗人的"有时胡言乱语一番也是一种愉悦"，还是相信柏拉图的"健全的心灵只能徒劳地敲打着诗的门"，或者亚里士多德的"没有一位伟大的天才不曾有过轻微的疯癫"——不管怎么样，除非灵感袭来，否则心灵不可能说出其他人难以企及的话来。当心灵藐视庸俗之物和陈腐之言，受神性感召的激发而翱翔九天之际，此时唯有它才能吟唱出凡人之口难以企及的旋律。而只要心灵停留于自身①，对它而言，要达到任何超群和艰难的高度都是不可能的；它必须离弃俗常的轨途，偶尔陷入疯癫迷狂的状态，带着它的驾者，直冲那个它不敢独自攀越的高度。

我最亲爱的塞雷努斯，这些就是你可借以保有宁静的法则，你亦可借之恢复宁静，借之抵御不知不觉中潜袭心灵的恶。然而一定要注意这一点——除非我们以坚定的和不懈的照管去守卫那摇来摆去的心灵，否则任何法则也不足以庇护如此脆弱的一个东西。

---

① 即神志清醒时。

论 闲 暇
——致塞雷努斯

……①邪恶对我们有着强大的吸引力。尽管我们不去尝试任何其他有益的事情，离群索居本身也会给我们带来好处；我们独处时会更好。退隐到最杰出的人群中，② 选取其中一些做我们的榜样，让他们指导我们的生活，你难道不渴望有这样的机会吗？然而只有在闲暇中我们才能做到这点。唯有在闲暇时，我们才可能坚持做我们立志要做的人，此时，没有任何人会干扰我们，当我们的决心仍然薄弱之际，有了这些杰出之士的帮助，也没人可让我们的决心转向；唯有在闲暇时，生活才可能沿着一条单一平坦的路径进展，我们现在的生活中有太多杂乱的目标让我们分心。因为在所有的毛病当中，这是最为有害的——不断从一种恶跳入另一种恶的习惯。那样的话，我们甚至不能拥有这样一种好运气：即坚持处身于我们熟悉的一种恶当中。我们一开始在这件事中找乐子，接着又在另一件事中找乐子，而麻烦就在于：不仅我们的选择是错误的，而且也是易变的。我们颠簸来去，总要不停地攫取什么；我们抛弃已找到的，又去寻求我们已经抛弃的，永远在欲求与悔悟之间摇摆。因为我们完全依赖别人的判断，在我们看来，被许多人寻求和赞赏的事物就是最好的——而不是值得寻求和赞赏的事物是最好的；我们不去考虑这条路本身是好是坏，我们考虑的是这条路上面的脚印的数目；而这些脚印的主人，他们走上的都是不归路！③

你会对我说："你在做什么，塞涅卡？你要背叛你的学派吗？你们斯多亚人本来不是说：'我们会履行社会职能，死而后已，即便到了老

---

① 此文开头处佚失。
② 即以最好的书籍为伴。
③ 即，他们都走向了毁灭。

而无力之时,我们也决不会停止为共同利益而奋斗,我们要帮助一切人,甚至帮助我们的敌人。我们不会因年老便放弃为公众服务,正如那个最富天才的诗人所说:

  我们将领导权强加于我们灰白的头颅上。①

  我们就是那些勇于承担责任的人,以至于在死之前根本就没有闲暇可言,如果可能的话,我们甚至都抽不出空来去死。'你为什么就在芝诺的大本营中鼓吹伊壁鸠鲁的学说?如果你厌倦了你那个学派,你为什么要去背叛它而不迅速将它抛弃?"目前我只能这样回答你:"除了指望我效法我的领导者们,你还指望我什么?那便会怎么样呢?我不会去他们指派我去的地方,而是去他们引领我去的地方。"②

  我马上就会向你表明,我并没有背叛斯多亚主义学说;因为斯多亚主义者们自己是没有违反他们的学说的。然而,即便我确实只是听从了他们的身教,而没有听从他们的言教,我仍然可以提出非常好的理由为退隐生活作辩解。我把我所要说的分为两个方面,首先,我要表明的是,一个人甚至从早年起,就有可能全身心地沉醉于对真理的沉思,就有可能探索出生活的艺术,并在归隐生活中去实践它;其次,当一个人的生命已几近完结,他已能从对公众的服务中解脱出来时,可能他正是在完全正当地做同样的事,只不过以完全不同的方式在做罢了,这仿效的是维斯太贞女(Vestal virgins)的方式。当维斯太贞女还在学习如何举行圣仪时,她们还得长年忙于履行各种职责;一旦学会了之后,她们就开始教导别人。

  同时我要证明,斯多亚主义者也是接受这一学说的,这并非因为我

---

① 维吉尔:《埃涅阿德》,9,612。
② 即,他乐意听从他们的身教,而非言教。

把不提出任何违反芝诺或克律西玻学说的意见当作我的原则,而是因为事情本身让我接纳他们的观点;因为如果一个人总是听从别人的观点,他的位置就不在元老院中,而在一个小集团中。但愿一切事物当真都已被理解、真理都已暴露无遗,但愿我们再也不必改变我们所接受的指令!然而事实上,我们还是在与那教导真理的人一起继续探寻真理。①

这两个学派,伊壁鸠鲁学派和斯多亚学派,就像在大部分事情上都有分歧一样,在这件事情上也是有分歧的;它们都将我们导向闲暇,然而却是借助于不同的路径。伊壁鸠鲁说:"除非情况紧急,贤哲(The wise man)不会参与公共事务。"芝诺说:"除非有什么事情阻止,否则他就会参与到公共事务中去。"一个以坚定的决心追求闲暇,另一个则因特定的原因寻求闲暇;然而"原因"这个词在此是广泛适用的。如果政府腐败透顶,无可救药,如果政府已完全受邪恶统治,贤哲是不会知其不可为而为之的,他自己也不会在一无所得的时候去浪费时间。如果他缺乏影响力或权力,政府又不愿意接受他的帮助,如果他因身体羸弱而受阻,他是不会从事一项明知自己力所不逮的事业的,正如他不会驾着一艘残破的船出海,正如他不会在身体残缺时参军入伍一样。因此,这也是可能的:一个生活一帆风顺的人,在他经历任何生活动荡之前,全身而退,此后专注于人文学术的研究,求得不受干扰的闲暇,以培育美德,而培育美德之事,是那甚至最为不问世事的人也能力行的事务。当然,这个人还是应该在他能力范围之内,惠泽他的众多同胞——如果没有这个能力,他也应惠泽一些人;如果连惠泽一些人都做不到,他还应惠泽他最亲近的人;实在不行的话,至少应当能惠泽他自己。因为当他使自己对他人有用时,他就是在从事公共事务了。正如那选择变得更坏的人,他们伤害的不仅是他自己,而且还伤害了所有那些与他相

---

① 伊壁鸠鲁学派认为,真理已经完全被伊壁鸠鲁发现了,所以不必"发展"。相反,斯多亚学派从不认为自己学派中的大师已经完全发现了真理,所以,这个学派中的人一直在探索、变化和发展中。

关的人，而如果他变得更好的话，这些人本可从他那儿获益的；同样，所有因惠泽他人而受赞许者，都是通过做出将有利于他人的行为而令他人受益的。

我们要知道，存在着两个王国——一个是巨大的、真正的共同国度，神与人都包括在内，在其中，我们不能只照顾到世界的这一隅或那一隅，而要以太阳运行的路线来衡量我们的公民身份界限；另一个是我们偶然降生于其中的国度。这可能是雅典王国，也可能是迦太基王国，或者是其他任何并不属于所有人而只属于某个特定人种的城市。有些人同时为两个国度提供服务——较大的和较小的，有些人只为较小的服务，有些人只为较大的服务。我们即使在闲暇中也能服务于这较大的王国——而且，我常常以为，在闲暇中我们能更好地服务于它，我们可以探索美德是什么，它是一还是多；它是自然，还是让人获取幸福的技艺；这个包容着海洋、陆地以及海洋和陆地内的各种事物的世界，它是唯一的被创造物①，或者主神已四处撒播了许多同类的系统②；万物由之形成的一切物质是连续紧密的，③还是分离的，其中虚空与固体物质混杂；主神是什么——他只是无所事事地注视着他的作品，还是指引着它的方向；他是在他的作品之外环绕着他的作品，还是渗透于它的全体之中；世界是永恒的，或者它只能算作可毁灭事物中的一种，只可存续一段时间。那么，沉思这些事物的人，他为主神提供了什么服务呢？他让主神的伟大作品不会没有见证人！

我们喜欢说，至善就是顺应自然而生活。自然生育我们为了两个目的——沉思与行动。现在让我证明第一个命题。然而关于这一点，我为什么还要说得更多呢？如果我们每个人独自思量一下，考虑他获取对未知事物的知识的欲求有多大，这种欲求是如何被各种传说激发起来的，

---

① 斯多亚主义的观点。
② 伊壁鸠鲁教导说，在无限的空间中存在着无数的世界。
③ 斯多亚主义否定虚空的存在，伊壁鸠鲁主义则相反，将虚空的存在当作其基本理论。

这一点不就已经得到证明了吗？有些人出海航行，忍受长途奔波的劳苦，也就只为了这唯一的回报，即发现某些隐秘遥远的事物；正是这种欲求，将各地的人们聚拢在一起来观瞻名胜；正是这种欲求，迫使他们探问幽闭的事物，发现更为隐秘的事物，求解历史之谜，聆听有关野蛮部族之习俗的传说。自然已赋予了我们一种好奇的性情，她完全了解自身的技巧与魅力，她生育我们就是为了做她的非凡部署的瞻仰者，因为如果她的那样巨大的、灿烂的、巧妙设计的、辉煌的、美丽的作品，这些不止在一方面而且在多方面都是如此壮美的事物，却只能向空寂处展示，那么她就会是徒劳无功的了。这样你就会了解，她对我们有什么希求，她不仅要我们观看她，而且要我们凝视她，看清她将我们摆放的位置。她将我们置于她的造物的中心，并赋予了我们遍览宇宙的视界；她不仅将人类造化为直立动物，而且为了让人类适合于对她自身的沉思，她还赋予他一颗位于身体之上的脑袋，并将脑袋安放在柔软的脖颈之上，为的是当群星升落之际，他可以跟随群星的运转，为的是他可以跟随天体的循环运动而转动他的脑袋。另外，白昼时分，有六大星群的运行路线指引方向，黑夜当中有另外的六大星群引路；自然让她自身完全展现出来，希望通过展现于人类眼前的这些奇观，她也能激起人类对其他事物的好奇心。因为我们并未看到它们的全貌，也没看到它们的整体，我们的视界只是开辟了一条探究它的道路，为获取真理奠定了基础，从而可让我们的探究由已知的事物通达未知的事物，发现某些较世界本身更为古老的东西——那边的群星是何时出现的，在几种分离的元素构成宇宙的各个部分之前，宇宙是什么状态的？什么原则将混沌未分的元素分离出来，谁指派了它们在事物中的位置，重的元素下沉而轻的元素上扬是出于它们自身的本性[①]，或者，在物质的活力和重力之外，

[①] 作为纯粹的唯物主义者，伊壁鸠鲁主义者教导说，世界的各大部分——地球、海洋、空气和以太——都由不同尺寸和重量的原子的偶然结合而形成，根据重力原则，较重的物质下沉，较轻的高升。

另有某种更高的力量①为它们中的每一个规定了法则，或者，那个理论是正确的：它试图证明人是神性精神的一部分；它试图证明群星的某些部分，就如火花一般降落到地球上，在一个不属它们自身的位置逗留不去。我们的思想将冲破天界的城堡，它不会满足于知晓已显露出的事物。"我要探查出"，它说，"这世界之外的情况——浩瀚的空间是无止无尽的，或者它也受其自身界限的圈裹；存在于外空的事物的外观如何，它是无形而杂乱的，在每个方向都占据同样大小的空间，或者它也被排列成某种精美的外观；它是紧密地附着在这个世界之上，还是与这个世界相距遥远并在虚空中旋转；一切生成的和即将生成的事物是由诸原子②构成，或者事物的物质是完全连续的，能够作整体上的改变③；到底各种元素间是互不相容的，或者它们之间并不相互对立，尽管它们互不相同却能和谐共存"。因为人类生来就要探究此类事物，所以即使他能用上其全部的时间，他拥有的时间也还是太短了；尽管他不允许任何时光被轻易地从他那儿夺走，尽管他不允许任何时光因粗心而被失落，尽管他以最吝啬的小心谨慎地使用他的时光，并且达到了人类寿命的极限，尽管命运之神没有毁坏自然赋予他的时光的任何部分，然而人类毕竟终有一死，他不可能掌握不朽的事物。因此，如果我将自己整个地奉献给自然，如果我成为了她的赞美者和信奉者，我就是在顺应自然而生活了。然而自然规定我二者都要做——既要活跃行动，又要有闲暇沉思。确实我二者都做了，因为即使是沉思的生活也是不乏行动的。④

"然而这也还是有所不同的"，你说，"你诉诸于沉思是否只是为了愉悦，除却无实际效果的完全的沉思，此外别无所求；因为那种生活也

---

① 斯多亚派是泛神论者，他们相信一个有智慧的世界创造者，并且在万物中都看到主神。他们将原初之火与神等同起来，四种元素依次在神性之热气中占据一定的比例。
② 伊壁鸠鲁的观点。
③ 暗指斯多亚主义的四种元素依固定的次序改变形态的理论。
④ 亚里士多德在《政治学》（4.7.3）中对此问题有过探讨。

是令人愉悦的，它有其自身的魅力"。为了回复这一点，我要说，这里确实有所不同，正如你以何种心态从事公众生活一样——你是否也总是操心人事，而从不抽空将目光从人事转到天界？正如只寻求财富却不关爱美德，不同时培养个性，乃是不好的；同样，只对工作抱有兴趣也是决不值得推崇的——因为所有这些事物都必须结合在一起，它们必须配合着前行——所以当美德被赶入无行动的沉思时，它就是一种不完美的、无生气的善，它永远不会将其所学付诸公开的实现。谁会否认道德应当通过公开的行为测试自己的进展？谁会否认，她不仅要考虑应当作什么，而且还要不时地加以应用，将她所想的变为现实？然而如果障碍不在贤哲自身——如果缺少的不是行为者，而是要做的事，那么你会允许他只是自娱自乐吗？贤哲是带着怎样的念头隐入闲暇的呢？他清楚地知道在那里他也可以做些让后代受益的事。我们的学派至少会说，就芝诺和克律西玻而言，相比于统领军队、担任公职、制定法律，他们成就了更伟大的事业。他们制定的法律并不只是针对一个政府的，而是针对整个人类的。因此，为什么此类的闲暇反而会不适合于善人呢？他借助于这种闲暇，可以治理后来的世世代代，他不是只对着少许人说话，而是对着所有国家的所有人，包括那些现存的和将要存在的人说话。简而言之，我问你，克里安特斯、克律西玻、芝诺是否按照他们的教义生活。无疑你会回答，他们恰如其教导人应该如何去活的样子生活。然而他们中没有一个人曾经统治过一个国家。你回答说："他们不具备一般而言让一个人管理公共事务的运气和职位。"然而，他们并非过着一种懒散的生活；他们发现了一条路径，使得他们自身的宁静比其他人的喧闹和辛劳对人类的贡献更大。因此，尽管他们并未担任公职，他们依然被认为在其中起了巨大作用。

而且，存在着三种生活，通常的问题是这三种生活中哪一种最好。一种生活致力于快乐，第二种生活致力于沉思，第三种生活致力于行动。我们曾经不依不饶地声称，在我们和那些秉持着不同目标的人之间，有着长期的论争与怨憎；让我们首先抛开这些论争和怨憎，而后来看看这三种生活，尽管它们名目不同，其后果却是一样的。因为那认可快乐的人并不是没有沉思，那认可沉思的人也不是没有快乐，同样，在生活中致力于行动的人也不是没有沉思。可是你说："某物是主要的目标或者只是其他主要目标的附属物，这其间有极大的差别。"是的，就算存在着巨大的差别，然而这一个却不能离开另一个而独存，那人不会喜爱沉思而没有行动，这人也不会喜爱行动而没有沉思，第三种人①——我们公认对其评价很差——也不会只是认同闲散的快乐。他认同的只是他自己可以通过理性使其稳定下来的快乐；因此，甚至这嗜好快乐的派别，也是要行动的。显然它是要行动的！因为伊壁鸠鲁本人就声称，如果他预见到他会因快乐而后悔，或者他能够以一种较轻的痛苦替代一种较重的痛苦，有时他就会从快乐中抽身出来，甚至会主动寻求痛苦。② 我说这些事情的目的何在呢？是为了表明所有人都是喜爱沉思的。有些人将沉思当作他们的目标。就我们而言，它是一个碇泊处，而非我们停泊的港湾。

而且我还要指出，根据克律西玻的观点，一个人有权过一种闲暇的生活；我并不是说，他可以忍受闲暇，而是说他会选择闲暇。我们学派拒绝容许贤哲完全认可任何一种政府。然而贤哲以何种方式通达闲暇又有什么要紧呢？不管是因为他不能找到任何政府，或者是因为任何政府都不能拥有他——如果这样一个政府根本无处可寻的话。而且，这种最挑剔的寻求者，永远也不会找到这样一个政府。我问你，贤哲应该将自己置于哪种政府之中呢？是雅典政府吗？苏格拉底就是在此被判死刑的；亚里士多德就是从此逃逸，以免遭受审判的；一切美德在此都受到嫉妒的挤压。你当然会说，没有贤哲愿意置身于这种政府当中。那么，

---

① 显然是个伊壁鸠鲁主义者。此文开头处的残句可能是某些此类争论的残余。
② 参看伊壁鸠鲁《自然与快乐：伊壁鸠鲁的哲学》，中国社会科学出版社 2017 年版，第 33 页。

贤哲会将自己置于迦太基政府之中吗？在其中总是充斥着各种派系，所有品行端正的人都会发现"自由"是他们的敌人，在其中正义和善良最受轻视，敌人受到非人道的残暴对待，而他们对待同胞却又像对待敌人一样。贤哲也会逃离这种政府的。如果我试图将它们——列举出来，我将找不出一个可以容忍贤哲的政府，或者一个贤哲可以容忍的政府。然而如果我们梦想的政府无处可寻，闲暇就开始成为我们所有人的必需品了，因为那有可能比闲暇更为可取的事物，根本就不存在于任何地方。如果有人说，所有人的最好生活就是航海，而后又说，我绝不能在海上航行，那里船舶遇难之事稀松平常，那里还经常会有突然降临的逆向风暴，它会将舵手席卷而去，我就会得出结论说，这个人尽管称颂航海，其实他是在禁止我出航。[①]

[①] 这篇文章的结尾显然有缺失。

致玛西娅的告慰书

玛西娅,① 假若我不曾知晓,你的心灵绝未沾染上女人天性就有的那种软弱,恰如绝未沾染上其他一切邪恶一样,假若我不曾知晓,你的品性堪称古朴美德的典范,我本不敢对你的悲伤提出批评——要知道这种悲伤,即使是男人也经常会沉迷其中难以自拔的呀。同样地,我也不会在这样一个不合宜的时刻,在命运女神作了如此可恨的安排之后,在她的裁决如此不公的情况下,心存说服你的希望,说服你忘怀对命运女神的抱怨。然而,因为你心灵的力量已是久经考验的,而你的勇气,在经历那样一次艰苦的磨难之后,也是众口交赞的,我才感到自己有信心。

众所周知,在处理你父亲的事情时,你是何等坚忍;你那样深情地爱着他,丝毫不亚于对你子女的爱,只有一点除外,你并未希望他会活得比你还长。然而,即便是这一点,我也还不能肯定;因为伟大的感情有时会不顾一切,它会试图打破自然法则。你尽你所能地拖延你的父亲奥卢斯·克列姆提乌斯·科尔杜斯(Aulus Cremutius Cordus)② 的死期;你的父亲当时已被塞扬努斯③的走狗重重包围,他已难逃奴役的厄运,在这种局势渐次明朗之后,你仍不赞成他的计划;但是,你承认了失败,在大众场合中你忍住了眼泪,咽下了悲泣;然而,尽管你强颜欢

---

① 玛西娅是皇后李维亚(Livia)的密友,育有四个孩子,两儿两女。玛西娅的儿子麦提里乌斯(Metilius)去世后,她的哀悼绵绵不绝,这引发了塞涅卡写下这封告慰书。

② 玛西娅的父亲是历史学家奥卢斯·克列姆提乌斯·科尔杜斯。他在公元25年发表了一部历史书,颂扬布鲁图斯(Brutus)并且把卡西乌斯(Cassius)说成是最后一位罗马人,结果受到塞扬努斯的两位食客撒特里乌斯·谢孔杜斯和皮那里乌斯·那塔的指控,科尔杜斯在元老院作了抗辩之后,回去绝食自杀。而后,元老们下令营造官焚毁科尔杜斯的著作,但还是有些抄本流传下来(参见塔西佗《编年史》第四卷,第34—35页)。

③ 塞扬努斯卒于公元31年,罗马朝臣,作为提比留斯的顾问而权势显赫。

笑，你的悲伤却是难以掩饰的——当然这些行为，是在至孝就是避免不孝的年龄做出的①。当形势改变，机会降临时，为了人类的利益，你让你父亲的才智重见天日，正是这种才智导致了他的死亡。你的所作所为就使他免于唯一真正的死亡；你将这位至勇的英雄用他的鲜血写就的书，复归于国家的馆藏。你父亲的大部分著作业已焚毁，所以你这么做对罗马的学术可谓是功绩卓著；因为你使历史以完整无损的形态传承下来，而历史的这一真实曾经令作者付出了最可宝贵的生命代价，所以你对子孙后代亦可谓是勋劳匪浅；还有，只要对罗马史实的学习还是有价值的——只要还有人愿意怀想先贤的事迹，还有人愿意详悉何谓罗马的英雄，还有人愿意知晓在塞扬努斯的淫威下，在众皆俯首、被迫引颈就枷时，何谓威武不屈，何谓思想、意志和行为的自由，你的父亲就将活在并将永远活在人们的心中，因此你对你父亲本人也做出了最大的贡献。你父亲因为两样最高贵的品质——雄辩和自由，险些陷于湮没，如果不是你将他解救出来，国家就会蒙受巨大的损失。现如今，人们手捧他的书籍，心中怀想他、尊崇他，他再也无惧于年华的流逝；相反，那些刽子手们——甚至就连他们唯一值得为人记起的那些罪行——很快就会湮没无闻。

你心灵的伟大是显而易见的，这让我不去顾及你的性别，不去注意你那因愁云一度笼罩，于是便经年累月显得忧伤的脸。你看！——我并不会蹑足靠近你，也不打算夺去你的任何痛楚。我甚至还唤醒你对过去苦难的记忆，我把同样沉痛的老疮疤展示了给你看，以便让你明白：即使如此深彻的创痛也必定能够痊愈。让其他人软语柔声地安慰你吧。我本人已决定向你的悲伤下战书。你的双眼业已疲倦——它仍在哭泣，然而恕我直言，你的泪水更多的是源于习惯而非悲伤——如果可能的话，你就用自己能接纳的法子止住你的悲伤吧；如果你做不到这一点，你也

---

① 即：不要指责父母。

要强行止住你的悲伤，哪怕这违背了你的心愿，哪怕你已把悲伤紧抱，仿佛抱住它就抱住了你失去的儿子。还能怎么办呢？一切办法都已证明是徒劳。你的朋友们的安慰，你的职高权重的亲友们的劝解，都已毫无作用。书籍（你对它的热爱是你父亲遗传给你的财富）再也不能宽慰你，甚至不能稍稍分散你的注意力，你对它们已是充耳不闻。甚至于时间，这个大自然的伟大治疗者，这个甚至可以消除莫大悲痛的治疗者，都已对你无能为力。整整三年过去了，你当初的惨痛却丝毫不减。你的悲痛绵延不绝且愈演愈烈——它徘徊不去，竟成了合法居留者，以至于你现在已羞于不去悲痛了。正如一切邪恶，除非当它们隐隐萌动之际就被粉碎，否则便会扎下根来；那样一种悲痛状态也是如此，它会自我折磨，最后从自身的痛苦中获得满足；不幸心灵的悲痛变作了一种病态的愉悦。所以，我本想在你悲痛初萌之际，对你实施治疗。当悲痛尚浅时，一剂较温和的药物便可抑制它的肆虐；而对病入膏肓的邪恶的斗争，就必须猛烈斗争了。就像对伤口的治疗一样——新鲜滴血的伤口易治，而当伤口已然溃烂，化作了可怕的脓疮，那就唯有烧灼术、刮骨术、探通术方能奏效。事实上，我不可能以温和体贴的方式去对付如此一种根深蒂固的悲痛；唯有将它彻底粉碎，才能对付得了它。

我明白，所有希求给人以劝诫者，都以箴言始，以范例终。然而，有时也应当对此常规作一变更；解决问题总要因人而异。有些人会受理性的引导，而有些人则只膺服于众多显赫的名字使人停止思考，惊于辉煌事迹的权威。我只要给你举出两个例子——你时代中两位最伟大的女性——其中一位任由自己沉沦于悲痛的洪流中，而另一位，尽管也遭受了同样的不幸，甚或有过之，却不让她的不幸长久控制自己，而是迅速恢复其心灵的常态。奥克塔维亚（Octavia）和李维亚，一位是奥古斯都的妹妹，另一位是奥古斯都的妻子，她们的儿子都撒手人寰——而这两个年轻人本来确定无疑都是要坐上皇位的。

奥克塔维亚失去了马塞卢斯（Marcellus）①。奥古斯都，他的舅舅和岳父，已经开始凭恃他，已经开始将帝国的重担交付与他——这是一个头脑敏锐、有指挥才能的年轻人，此外，他还具有富而不奢的品格，这使他博得了最高的赞美；他甘受困苦，厌恶享乐，随时准备承担他舅父可能希望交付与他，或者说希望建立在他身上的重担。应该说奥古斯都已经妥善选取了一个在任何重压下都不会下沉的地基。在马塞卢斯去世的岁月里，奥克塔维亚只知以泪洗面，悲伤不已，一切忠言她都充耳不闻；她一门心思只倾注于一件事情上，她甚至不允许自己稍有松懈。她在葬礼上的状态持续了她的整个生命——我不是说她缺乏振奋起来的勇气，而是说她拒绝振奋起来，因为她把丧失悲痛当作了第二次的褫夺。她不能容忍任何对她的爱子的描绘，她儿子的名字一次也不能让她听到。她憎恨所有的母亲，尤其对李维亚妒火中烧，因为从表面看，那本已落在了她自己身上的幸福，却拱手让与了别的女人的儿子②。从此，唯有孤独与黑暗与她为伴，她甚至从不以她的兄弟为念，她弃绝颂扬和纪念马塞卢斯的诗句③和其他一切文学上的赞颂。对所有形式的慰藉她都置若罔闻。她远离了一切习常的责任，甚至憎恶因她兄长的伟大而笼罩在她四周的耀眼好运；她让自己与世隔绝。尽管子孙满堂，她却不愿稍展她那悲戚的容颜；对于周遭所有的人，她只是怠慢冷落，尽管他们都还活着，她却认为她自己已一无所有。

李维亚也失去了她的儿子杜路苏斯（Drusus），他本来会成为一个伟大的皇帝，而且他已经展示了自己是个伟大的领导者。因为他已深入德意志，在那里树立起罗马的法则，而这一地区原来几乎无人知晓还有

---

① 死于公元前 23 年。马塞卢斯娶奥古斯都的女儿朱莉娅为妻，不久马塞卢斯即感染风寒（中毒？）而死。

② 奥古斯都膝下无子，他显然打算传位于马塞卢斯。马塞卢斯死后，他又选定李维亚的儿子，提比留斯（Tiberius）为继承人。

③ 维吉尔用其讲述埃涅阿斯和罗马的史诗《埃涅阿德》使马塞卢斯成为不朽的人物。

什么罗马人存在。杜路苏斯死于征战。他的战场上的对手,因他病体沉重而休战,以表对他由衷的敬意;这些对手也不敢要求得到他们的利益。杜路苏斯为国捐躯,在为他的逝世举行的各种葬仪上,他的公民同胞、各行省的人以及整个意大利的人都陷入莫大的悲痛之中,人们不断从城镇和附属地涌来,排成一条长龙,直将他的灵车护送至都城,使得这次运柩看上去更像是一次凯旋。他的母亲未能得到她儿子最后的亲吻,未能听到她儿子临死前深情的遗言。她伴着她的爱子杜路苏斯的遗体穿越那漫漫长途①,遍布整个意大利的数不尽的火堆在撕扯着她的心——因为每一处火堆似乎都让她感到再一次失去她的儿子。然而,一旦将她的儿子下葬后,她就将她的悲痛与儿子一同埋葬,以免自己的悲痛对恺撒不敬或对提比留斯不公,因为他们都还活着。在以后的日子里,她对其爱子杜路苏斯之名的颂扬从未尝有过止歇。她在种种私人和公共场合描述她的儿子,她最大的快乐就是谈论她的儿子和听别人谈论他——她活在对他的回忆当中。但是,如果让记忆成了一种对自己的折磨,那她就一定不会缅怀和珍视它了。

那么,这两个例子中,你认为哪个更值得称赞呢?如果你情愿跟从前者,那就会让自己脱离依然活着的人们;你将会无视于别人的孩子,无视于自己的孩子,甚至会无视于你为之悲泣的人;母亲们会把你当作一个不祥之兆;你会将体面正当的欢愉拒之门外,认为它们与你的苦境极不相称;因为憎恶白日之光,你就情愿在苦境中流连,而你最深切的怨憎对象将会是你的年纪,因为这样的年岁不能携你尽快奔赴死地;你展示给人们的将是:你既不愿活,又不能死——这是一个极不光彩的境地,也与你的品格有违(你的品格正因其择善而从的倾向而显得卓尔不群)。相反,如果你选取的是另一位最高贵女士的例子,从而展现出一种更为克制、更为高贵的精神,你就不会耽于悲伤,也不会以苦痛折

---

① 可能是指在奥古斯都的陪同下穿越自帕维亚(Pavia)至罗马这段路程。

磨自己。因为这是怎样一种疯狂、是多么荒诞啊！——因为不幸而惩罚自己，在现有的不幸之上又加上新的不幸！你整整一生都保持着的品行端正与自制，也应表现在这件事情上；因为即使在悲痛中也可以有节制冲和。至于那位完全配得上人们交口称颂的年轻人，你对他的思念应该总是能给你带来快乐；如果他像生前那样欢喜快乐地来到他母亲的跟前，那你就是把他安置在了一个更加适当的位置上了。

我也不会让你服从那些苛严的训诫，不会命令你用超人的方式忍受凡人的命运，让你就在葬礼的那一天拭干你的眼泪；我要做的是与你一起接受裁决，判定我们的意见分歧孰是孰非——悲痛是否应该深重而无止境。我并不怀疑你认作密友的朱莉娅·奥古斯塔（Julia Augusta）①的例子较另一例子更合你的口味；她召唤着你以她为榜样。当她处于最初的悲痛的激情中时，当这个激情的受害者正不顾一切、狂躁不安时，她主动向她丈夫的朋友哲学家阿利乌斯（Areus）求助；之后她也承认自己受益匪浅——她从这位哲学家那儿得到的益处，较从罗马人民那儿得到的要多，她本就不愿以她的这种悲伤感染罗马人民；她从这位哲学家那儿得到的益处，较从奥古斯都处得到的也要多：奥古斯都在痛失他的这一臂膀后，已是步履蹒跚，他的身体状况再也不堪担负他爱人的悲苦；她从这位哲学家那儿得到的益处，较从她的儿子提比留斯处得到的也要多；提比留斯操持那令举国悲泣的过早来临的葬礼时的尽心尽力，让她感到除了在儿子的数目上减少了之外，她儿子的死并未让她蒙受多大的损失。在我的臆想中，正是那个阿利乌斯走上前来，正是他开始向这个固执己见的妇人进言：直到如今，朱莉亚，至少就我所知——作为你丈夫的忠诚朋友，我知道的不仅仅是向公众发布的一切，我甚至还知道你心中的更为隐秘的想法——你想方设法地不让任何人对你有吹毛求疵的余地；不仅在大事情上，而且在最细微的小事情上，你都一直在警

---

① 即李维亚。按奥古斯都的遗命，她被列入朱莉娅家族。

86

醒自己，不要做出任何希求公众观点（这最坦诚的王者之判）宽恕的事。在我看来，那些身居高位者对诸多事务皆能宽恕包容，却不会因任何事务请求别人宽恕，这样的统治是最可钦佩的。在此事上，你也肯定会坚持你的原则：不做任何让你后悔的事，或做任何本可不这样做的事。

"而且，我恳求你，不要冷淡疏远你的朋友。因为你必定知道，他们所有人都不知如何是好——有你在场的时候，他们都不知道应不应该谈论杜路苏斯——因为他们既不希望因为对这么一位杰出年轻人的忘却而使他蒙冤受屈，也不希望因提到他而使你遭受伤害。当我们离开你的身旁，聚首一处之际，我们以这位年轻人应得的尊崇颂扬他的言行；而有你在场之际，对于他，我们就只能缄默不语。故此，你也就错失了一种巨大的乐趣——聆听人们颂扬你的儿子。我并不怀疑，如果有机会的话，你甚至愿意用你的生命作代价，将人们对他的颂扬一直延续下去。因此，接受人们对你儿子的谈论吧。不仅如此，你还要鼓励人们谈论他，你要乐意聆听人们对他的谈论与回忆；有些人在处于这样的灾难中时，会将不得不聆听别人的劝慰之言当作额外的不幸，你不要像他们一样将此当作一种恼人之事。事实上，你已经完全走向了另一个极端，忘却了命运中较好的方面，你只盯着它的较坏的一面。你没有将你的思绪转到你曾有过的与你儿子的愉快交谈和相聚上，你也没有多想想他的温柔的、孩子气的拥抱，他的学业上的进步；你只耽溺于命运的最后一瞬，仿佛命运本身还不够可怕，你还要竭力加上一切恐怖似的。我祈求你，不要贪图那有悖自然的名声——被视为最可怜的女人！你也要想到，当生命悄然平静地滑逝，处身幸福之中的人展现其本性的勇敢并非什么了不得的事；风平浪静的海洋、和煦的清风也展示不了舵手的技巧——灵魂必得遭受些坎坷困苦方可得到历练。因此，不要屈服——相反，你应牢牢立稳你的脚跟，仅在开初之际受些喧闹的惊吓，而后则能承担任何可能降临的重压。沉静的精神是对命运之神的最大藐视。"之后，他让她将精力贯注到她还活着的儿子身上，贯注到她那死去儿子的孩子们身上。

玛西娅，这里要解开的也是你的心结，阿利乌斯就坐在你的身旁；换个角色想想——他正在试图用这些话安慰你。玛西娅，就算从你那儿攫取的东西比任何母亲曾失去的东西都要多，那又怎样呢——我并非试图抚慰你或低估你的不幸。如果眼泪能够征服命运，就让我们涕泪横流吧；就让我们在痛苦中度日，就让我们夜夜无眠，在悲伤中憔悴吧；就让拳头雨点般地捶打滴血的胸膛，甚至就连脸庞也不要放过；如果悲伤有益，让我们毫不留情地将它发泄出来。然而，如果任何哀泣也唤不回死者，如果任何悲痛也改变不了那亘古不变的命运，如果死亡抓住任何东西就决不松手，那么，就让那徒劳的悲伤止息吧。因此，让我们为自己的船掌舵，不要让这种力量将我们扫出航道！让浪将舵从其手中卷走的、让帆听任风的掌控的、让船屈服于暴风雨之淫威的，这样的舵手是可怜的舵手；而那即使在船舶毁灭之际，海浪之势已是威不可挡，仍旧紧抓船舵决不屈服的舵手，才是值得称颂的。

"可是"，你说，"是自然造就我们为亲人悲痛的"。只要悲伤得适度，谁又说不是呢？因为不要说与我们的至亲者的永诀，就是与他们的离别，也会给甚至是最坚强的人带来不可避免的剧痛和折磨。然而，在自然为我们规定的悲痛上面，错误观念还加上了更多的东西。你只要看看，哑口的动物们的悲伤是多么的深情，然而又是多么的短暂。母牛的吼叫不过一两天而已，母马狂乱奔跑的时间也不会持续得更长；野兽在沿着被偷幼仔的痕迹追寻一番之后，在漫无目的地在森林中游荡，又一再地返回被劫的巢穴之后，便会在短时间内平息自己的愤怒；鸟鹊会高声长鸣，在它们的空巢周围狂躁不已，然而在一刹那间它们又会变得恬静从容，一如既往地飞行；任何生物都不会长时期地为其后代悲痛不已，除了人之外——他蓄养着自己的悲痛，其痛苦的程度不是他所感受到的，而是他想要感受到的。

而且，我们被悲伤压垮并非出于自然的意志，这不难理解。首先，你只要观察一下就会看到，尽管经历同样的丧亲之痛，妇人较男子所受的伤害更甚，野蛮人较温和文明者更甚，未受教育者较受教育者更甚。而所有人感受到的、从自然那儿获得其力量的激情都是一样的；因此显然的是不同强度的激情并非出于自然的意旨。只要是人，不分老幼、民族、男女，一样都会被火烧死；钢铁在所有肉体上都会展现出其切割的力量。为什么？因为它们各自都从自然获得力量，这种力量不会因人而异。然而不同的人，相应于他们的心灵受不同习惯的影响，对贫困、悲伤和野心的感受就不一样；正是错误的推断，引发了对不应惧怕事物的惧怕，使得一个人畏缩软弱。

其次，任何源于自然的东西不会因时间的流逝而衰减。然而悲痛却会因时间的流逝而淡化；尽管悲痛也可能会坚如顽石，它也会逐日攀升，而且不管我们付出了多少减轻它的努力，它仍会突然爆发，然而，平息其凶猛势头的最有效的力量仍然是时间——时间会让它淡化下去。玛西娅，即便你现在仍然沉浸于巨大的悲痛之中，但是看来你的悲痛已变得硬结一块了——它不再是开初的那汹涌的悲痛，而是持久和顽固而已；但是时间仍会一点一点地磨蚀它。任何时候，当你从事其他事情时，你的心灵就会得到舒解。事实上，你现在是在看护着你自己的悲痛；然而，在允许自己悲痛和控制自己悲痛间有很大的区别。依从你卓越的品性，不是仅仅预见悲痛的结束，而是努力实现它，那岂不是好得多！不要等到遥远的那天，直至你的悲痛甚至会违背你的意愿自行消逝。还是自愿地抛弃它吧！

"那为什么"，你问，"我们所有人都会为属于自己的东西悲伤不已，如果这不是自然的意旨让我们如此的？"那是因为，任何不幸，在它事实上的来临之前，我们从来不会预见到它；相反，在我们的想象中，我们认为自己是处于不幸之外的，我们走的是一条不易遭遇不幸的道路，我们不肯以他人的不幸为鉴，然而那不幸却是所有人的命运。那样多的殡葬由我们的门前经过，我们却从未念及过死亡！那样多的人过早离世，我们却在为我们的孩子精心筹划未来——他们会怎样穿上长袍（toga），① 怎样在军队服役、怎样继承他们父亲的家产！在我们的眼前那样多的富人突然间一贫如洗，然而我们却从未想过自己的财产也一样会转眼成空！因此，我们必然更加易于崩溃；或者说，我们根本没有防备；早已预见到的打击降临时不会那样剧烈。你所希望别人告知你的是：你站在种种打击的风口浪尖上，那刺穿别人的长枪却只是在你的周遭震颤！就仿佛你在攻坚某座城墙，或半副武装着在攀援有众多敌人把守的某个制高点，料想着自己会负伤，确知那在头顶盘旋的投掷物，还有石块、飞矢与标枪，都是冲着你自己的身体而来。一旦有人在你的身边或身后倒下，你会厉声嚷道："命运之神啊，你不会欺骗我的，你不会袭击我这样一个信心十足而又无所谓的人，我知道你打算的是什么；确实，你袭击了另外的某人，但你只是向我瞄准。"我们中有谁曾抱着自己会死的念头看待他的财产呢？② 我们中有谁曾敢于设想流放、短缺、悲痛呢？如果有人逼他考虑这些事情，有谁不会把这想法当作一个不祥的预兆加以抛弃，并请求那些灾祸转移到某个敌人的头上，甚至转移到他的不合时宜的建议者头上呢？你说："我认为不会发生这种事。"当你确知它是可能发生的，当你看到它已经降临到许多人的头上，你还认为有什么事是不会发生的吗？有句发人深省的警句说得极妙——甚至让人觉得它不是来自于舞台上：

　　一切发生在某个人身上的事，也可能发生在所有人身上。③

---

① 指罗马市民在成年（十四岁）后穿着的宽大长袍。
② 塞涅卡心中想到的可能是欧里庇得斯（Euripides）戏剧中描绘的特修斯（Theseus）的陈例，特修斯预见到并调适自己去应付命运的种种可能的变迁。
③ 共和国晚期的滑稽戏剧家普布利柳斯·西鲁斯（Publilius Syrus）的警句，他因格言而闻名于世。

那人失去了他的子女，你也可能失去；那人被判了死刑，你也岌岌可危。我们从未预见到过我们可能遭受的不幸，这正是我们遭受不幸时欺瞒和削弱我们的妄念。那事先已察觉到不幸来临的人，就抵消了厄运的损伤力。

玛西娅呀，一切在我们周遭熠熠生辉的这些幸运之物——孩子、荣誉、财产、宽敞的厅堂、充斥着不请自来的食客的门厅、盛名、出身高贵或貌美如花的妻子，还有其他一切取决于不确定和变化无常的机遇的事物——都不属于我们自己，而是借得的饰物；它们中没有一样是无条件地给予我们的。装点生活舞台的道具是借来的，它们必定要回到其所有者手中；其中一些在头天就要归还，有些在第二天；只有少数会伴你到终点。因此，我们没有理由趾高气扬，仿佛四周都是属于我们的事物；我们只不过是把它们当作借贷之物接纳下来。我们拥有的是使用权与享有权，而礼品的施与者才有权决定我们的保有期之长短。就我们而言，我们不定期地拥有我们的礼物时，要随时准备着，只要施与者一开言，我们就该无怨地奉还；对债主恶言相向者是卑鄙透顶的负债人。故此，我们应该爱所有的亲人，既爱那些因较我们年轻的缘故，我们希望活得比我们长的人，又爱那些因较我们年长而正当地恳求走在我们前头的人；然而，我们要常存这样的念头：我们不能有永远拥有他们的期望——不仅如此，甚至不能有长久拥有他们的期望。我们的心灵必须时刻警醒——必须记住：所爱者必将离去，不仅如此，他们已经要踏上旅途了。接纳命运之神赐予的一切吧，同时要记住这赐予之物是没有保障的。① 尽量抓住你的子女带给你的快乐，也要让你的子女以你为乐，而后决不流连；你并未得到这整晚的允诺——不，我给你的缓期已太久！——你甚至并未得到这一小时的允诺。我们必须加快脚步，敌人已经逼近到我们身后。不久这些同伴就都要各自飘零，不久呐喊之声就要

---

① 即：对命运之神赐予的事物的保有是靠不住的。

响起，这些同道亦要各奔东西。没有东西能免于掠夺；可怜的人儿呀，你不知如何在动乱中生活！①

如果你因儿子的死去而悲伤，你的怨怼就该回逆到他出生的时候；因为他的死亡在出生之际就被宣告了；他一出生就要走到这境地，这命运自其在母腹中就伴随着他。我们已步入命运之神的辖制之下，她的威力残酷又不可匹敌；我们只有如她所愿，承受应发生的和不应发生的事。她凶猛、无礼、残暴地虐待我们的肉体。对于有些人，她会将其置于烈火上烧灼，这可能是为了惩罚，也可能是为了治疗；对于有些人，她会用锁链将其绑缚，一会儿她将这权能交托给一个敌人，一会儿又交托给一位同胞；还有些人，她会将其赤身掷于汹涌的大海，当他们在海浪中挣扎完结之后，她甚至都不会将他们抛上海滩或岸边，而是将他们葬身于巨怪的腹中；对于其他人，当她用形形色色的病痛将他们耗损得疲惫不堪之后，还会让他们长期悬于不死不活的境地。她就像一位变幻莫测、性情暴躁、对其奴仆不管不顾的女主人，赏与罚都反复无常。

有何必要为人生的片断哀泣呢？整个人生就是让人洒泪的呀！旧痛尚未痊愈，新伤又要逼来。因此，你们妇人家，你们这些悲伤而不知节度者，尤其需要力行克制，要抗衡纷至沓来的悲痛，必须调动人类坦然面对困难的力量。而且，为何你对个人与全体的命运如此健忘呢？你生下来就是个有死者，你生下来的也是有死者。你不过是个脆弱易毁的躯体，时常遭受疾病的侵袭——难道你还指望从你那脆弱的身体里会生出什么经久不灭的东西来吗？你儿子死了；也就是说，他已完成了他的旅程，到达了终点。所有在你看来比你儿子幸运的那些人，甚至现在就在急奔这终点而去。所有这些在广场聒噪的人们、在剧院看戏的人们、在神殿祈福的人们，都在以不同的步伐迈向这终点；你喜爱敬重的人与你鄙视如尘灰者都一样。显

---

① 即：死亡威胁着所有人，唯有哲学家知道不去恐惧——唯有他知道怎样真正地去活。

然，这就是德尔斐神谕里的名言"认识你自己"① 的含义。人是什么？一艘轻轻一晃、微微一颠就会破裂的船。将你吹刮得四散漂流并不需要多么强劲的风；不管你撞在什么上面，毁灭的都是你。人是什么？一具羸弱易坏的躯体，连件遮蔽的物事也没有。在其自然状态下，它一无防备，需仰赖别人的帮助方能过活，命运之神的一切侵犯它都躲不了；当它将自己锻炼得肌肉发达了，又会成为所有野兽的食物，所有人的猎物；它是由软弱和不稳定因素构成的织物，仅在外部特征上妍妙迷人，却经不得严寒、酷热与辛劳，然而，只是懒惰闲散度日却又注定要朽坏；它害怕喂养它的食物，一忽儿它因缺乏这些食物而死，一会儿又因其过量而把肚皮撑爆；为了自身安全的缘故，它充满着焦虑与担忧，它艰难地呼吸着，却又只能无力地抓住这气息——因为突然的惊吓或意外降临的巨响都会让其消逝——它永远只是在看护着其自身的病态无用的不安状态。就它而言，唯有死亡才值得渴盼，难道我们对此还有什么可惊奇的吗？难道成功地毁灭它是那样一项艰巨的任务吗？对于它，嗅与尝、疲累与失眠、饮与食，以及一切对它来说必不可少的东西中都充斥着死亡。无论它走到何处，都可立即意识到其自身的脆弱；它只能忍受变化范围很小的气候，异乡的水域、一阵未曾经历过的风、最微不足道的缘由和不适，都可让它患病而恶心衰弱——自呱呱坠地之后，这可鄙的动物一直以来造成了多么巨大的骚乱啊！人类因为忘却了他那注定的命运，他希求的是怎样伟大的理想啊！他总在沉思着持久永恒的事物，为他的孙子们和曾孙们作打算，而就在他规划宏图大略之际，死亡也同时突然降临到了他的头上；甚至我们称为老年的东西，也只不过是短暂一瞬，只有少得可怜的几年。

但是你的悲痛——即使这悲痛也并非全无理由——告诉我，这悲痛

---

① 塞涅卡对镌刻在德尔斐神庙（Delphi）上的希腊名言的翻译，他有时把这句话归于希腊贤人，有时将之归于阿波罗（Apollo）本人。

是出于你自己的不幸，还是出于死者的不幸？在你爱子的离去中，你是因为"你从未从他那儿得到过快乐"的想法，还是因为"如果他活得长一些，你本可经历更大的快乐"的想法而悲痛呢？如果你的回答是：你从未经历过快乐；那么，你本应更容易忍受你的损失；因为人们对于未曾从中得到过欣喜快乐的事物，总是怀念得比较少。如果你承认，你已从他那儿获得了巨大的快乐，那么，你的本分就是：不要不忿于被收回的东西，而应为你曾经拥有的东西表示感恩。毫无疑问，仅仅是对他的抚养就已为你的一切操劳提供足够的回报了。总不至于那些精心抚养小狗、小鸟以及其他傻乎乎的宠物的人，都可以从看到和触到这些不能言语的动物中、从它们的讨好的亲昵举动中获得些许的快乐，而那些抚育子女的人却不能从抚育子女本身中获得抚育的回报。所以，尽管他的勤奋可能没有为你赢得任何东西，尽管他的细致可能没有为你保全任何东西，尽管他的智慧可能没有教会你任何东西，然而你的回报就在于：你拥有过他，你爱过他。

"可是"，你说，"这回报本可持续得更久，本可更加丰厚"。确实如此，然而相比于你从未拥有过儿子而言，命运毕竟待你不薄；因为如果我们可以选择——是仅有短暂的欢愉好，还是根本就没有欢愉好，那么对于我们而言，拥有飞逝的幸福总比根本没有幸福要好。你是更情愿拥有一个让人蒙羞的，徒然有着名分的儿子，还是一个具备你儿子的优良品质的、早慧的、早早地就知道尽职的、早早地就成为一个丈夫的、早早地就成为一个父亲的、早早地就尽心于各种公职的、早早地就成为一个领导者的，仿佛总在疾步前行的儿子呢？巨大而长久的幸福很少会降临到人的头上；唯有姗姗来迟的好运才会伴我们到终点。那不死的诸神，本就不打算将你的儿子长久地赐予你，它们把他赐予你，一开始就只规定了这么长的时间。所以你甚至不能这么说——诸神单单挑选了你，就是为了剥夺你对儿子的享有权。放眼看看众多你认识或不认识的人吧，你会发现随处都有比你遭受更大不幸的人。民众与王者都经历过你这样的不幸；甚至就连传说中的诸神①也不能幸免。我想，这就是为了让我们知道，即便是神也会毁灭；这种认识或许可以减轻我们对死者的悲悼。朝四周看看，我说，看看所有的人吧；你找不到一个悲惨到这步田地的家庭，以至于不能从比它更悲惨的家庭中获得慰藉。但是我绝不是那样轻视你的品质——苍天不容——以至于我相信，如果我将众多的哀悼者置于你的面前，你就能更加轻松地承担你自己的不幸。因别人同样不幸而得来的慰藉总带点恶意的味道。然而，我还是要列举一些其他人的例子。这与其说是为了向你表明，这种灾难经常会降临到人类头上——因为搜集人类必死性的例子是荒唐的——倒不如说是为了向你表明，有许多人通过平静地忍受厄运，而将它变得令人可以忍受。我将从一个最幸运的人开始。

卢西乌斯·苏拉②失去了一个儿子，然而那种境况既未削弱他对其同胞与宿敌的怨念和他的伟大的英勇力量，也未使得他看上去错用了他那著名的称号；③因为他在儿子死后仍冠上了这一称号，既不畏惧人们的憎恨——他的成功是以众人的不幸为代价的，也不恐惧于诸神的嫉妒——诸神的责难正说明苏拉是一个"幸运者"。尽管苏拉的品质问题人们有争议，然而，他高贵地拿起武器，又高贵地将它放弃。这一点，即便是他的敌人也会承认。④目前涉及的问题将是非常清楚的——即便是降临在最幸运者头上的灾难也并非灾难中之最。

希腊有位著名的父亲，⑤在献祭的当口，收到儿子阵亡的信息，而

---

① 显然，这里指的是半人半神，如赫拉克勒斯和狄奥斯库里（Dioscuri）。
② 罗马史上第一次全民内战（公元前88—前82年）的胜利者，而后任独裁官（公元前82—前79年），实施了著名的宪制改革，公元前82年年末自封幸运者的称号。
③ 在公元前81年为米特里达特战争（Mithridates）举行的庆功会上，苏拉将他的胜利归于诸神的眷顾，并给自己冠以"幸运者"（Felix）的称号。
④ 在苏拉与马略的斗争中，他表面上是元老院的卫护者，并"为了让祖国脱离暴君的辖治"而向罗马进军。完成使命后，他辞去其独裁官职务（公元前79年），不问世事。
⑤ 这则故事讲述的是色诺芬（古代希腊多产作家之一，以《远征记》影响最大），他的儿子格里卢斯（Gryllus）在曼提尼亚（Mantinea）的骑兵战役（公元前362年）中被杀。

他只是吩咐吹笛手肃静下来，将花冠从头上摘下，而后恰如其分地完成了祭仪的其余部分。然而，希腊人在这方面无法过分骄傲，因为罗马有一个祭司帕尔维鲁斯（Pulvillus），当时他正在卡比托奈山丘（the Capitoline）向神殿做供奉，当他还抓着门柱①时，得知了儿子阵亡的讯息。然而，他假装着没听见，并以规定的方式重复着大祭司在仪式上说的话；他并未让丝毫的呜咽之声打断他的祷告的进程。此时此际，儿子的名字在耳际鸣响，他却仍然恳求得到朱庇特的恩典。即便在这讯息到达的第一天，在这讯息的狂猛力量首次降临时，作为一个父亲，他都并未让它影响他在公众祭坛上的职责，影响他发布庄重的公告，难道你还认为那种悲痛是不可休止的吗？事实上，他与这显赫的献祭仪式是相称的，他配得上担当最高贵的神职人员——即便在诸神怒恼时，这个人也不会终止对诸神的敬拜！然而当他回转家门，泪水已然盈满了眼眶，他短暂地沉浸在和着泪水的恸哭之中，尔后，在结束了习俗允许范围内的对死者的哀悼仪式后，他又恢复了在朱庇特神庙时的神情。

保路斯②在取得最显赫凯旋的时候，曾将德高望重的国王佩尔塞斯（Perses）③镣铐加身，驱赶于自己的车前。就是他，将自己的两个儿子④交付他人领养，将留于身边的两个儿子亲手埋葬。当他交托别人抚养的其中一个就是西庇奥时，你认为他留在身边的会是什么样的人！罗马人在注视着保路斯如今那空荡荡的车座时并非全然没有感想的呀。⑤然而，他却向公众作了一次演说，感谢诸神允诺了他的祷告，因为他曾祷告说，如果嫉妒之神因他巨大的成功而要求有所回报

---

① 供奉仪式上的一个细节。
② 罗马领导第三次马其顿战役的统帅。
③ 马其顿王国的最后一位国王，公元前 168 年在皮德那（Pydna 第三次马其顿战役）中被保路斯打败，从此沦为阶下之囚。
④ 较小的一个，小西庇奥·埃弗里卡努斯（Scipio Africanus Minor），被西庇奥家族领养，因在第三次布匿战争中征服迦太基而闻名；另一个被费边·马克西姆斯（Fabius Maximus）领养。
⑤ 统帅的幼子通常随统帅一起坐于车内。

的话，就让他以自己的损失而非国家的损失来偿还这欠债。你看到他具有怎样高贵的精神了吗？他为失去自己的儿女而祝颂！他处于那样巨大的一次命运变迁之下，有谁比他更有权利深感悲愤呢？他在同一时刻失去了他的精神安慰与支柱。然而，佩尔塞斯却从未有幸看到过保路斯的悲伤。

然而，我现在为什么要让你看尽无数伟人的例子？我现在为什么要去寻觅那些不幸之人，仿佛寻觅幸福之人不会更困难似的？因为所有家人直至最后都一个不缺的家庭能有几个？有谁是不知愁烦的？随你挑选哪一年，看看这一年的地方长官。如果你愿意，我们就看看卢西乌斯·毕布路斯（Lucius Bibulus）①和盖乌斯·恺撒吧；你将会看到，尽管这两位同僚是心怀恶意的仇敌，他们的命运却没什么不同。

卢西乌斯·毕布路斯，一个善良却不算健壮的男人，他的两个儿子同时被害，埃及军队同时还对他们行了凌辱之事，故此，让他洒泪的事情并不仅仅是与儿子的死别。然而，因对同僚的嫉妒而在其任执政官的一整年期间都赋闲在家的毕布路斯，在听闻双重谋杀后的那天，却出来处理例行的公务。②有谁能只花不到一天的时间去悼念两个儿子？他对子女的哀悼结束得是那样地快——他为执政官的职务可是悲痛了一年呀。

盖乌斯·恺撒，在横越不列颠时（此时他甚至不能容忍海洋阻挡他成功的去路），听闻了他女儿③的死讯；随着朱利亚的离去，共和国的命运也就完结了。恺撒已清楚地看到，尼阿斯·庞培（Gnaeus Pompeius）不会平静地容忍任何人在共和国称"大"，他肯定会阻挡自

---

① 在此正确的名字应是马可·卡尔普尔尼乌斯·毕布路斯（Marcus Calpurnius Bibulus），罗马政治家，公元前59年与恺撒同任执政官，他与元老院的保守派一起反对恺撒的土地法，失败后赋闲家中，在其执政官任期的后八个月中闭门不出，唯一的公务就是发布反对恺撒政策的公告。在庞培与恺撒内战期间，他协助庞培与恺撒为敌。

② 他那时是叙利亚的总督（公元前51—前50年）。

③ 指朱利娅，庞培的妻子，公元前54年暴卒。她的死亡加速了恺撒与庞培的破裂。

己的前行，即使前行有利于双方的共同利益，庞培也会大为光火。然而，三天之内恺撒就重新担当起统帅的职责，恰如他所习惯的征服所有事情一样，他迅速地征服了他的悲痛。

我为什么要让你回想其他恺撒的亲人的丧亡呢？在我看来，命运之神有时是刻意迫害他们，其目的是通过表明：那些据说不仅是诸神之子的人，而且据说是注定要生育诸神的人，他们对自己的命运的掌控能力，也并不像他们掌控他人命运的能力那样大，从而可以对人类有所助益。当神圣奥古斯都失去了子辈与孙辈，后继无人时，他就通过收养来充填他那空荡荡的家室；他以一个已经把命运当作私人之事①的人的勇敢，承担起他的命运，而他最深的信念就是没有人可以对诸神抱怨。提比留斯·恺撒既失去了他的亲生儿子，又失去了他的养子②；可他本人只在讲坛上为自己的儿子③发了一篇祭文，他站在一览无遗的尸身之畔，尸身上只有一层帷幔遮掩，这是为了让最高祭司的眼睛不会径直看见尸体。当罗马人民痛哭之际，他甚至连面容也不曾更改。对于站在他身旁的塞扬努斯而言，他展示了一个他可以如何坚毅地忍受失去亲人的例子。

那些最为杰出的却也不能免于摧毁一切的厄运的人，你看该有多少啊——在他们身上同样也积聚了那样多的精神禀赋，积聚了那样多的公众和私人生活中的殊荣！可显然的是，灾祸的袭击是轮着来的，它一视同仁地摧毁一切事物，它驱赶着一切事物，将它们当作自己的猎物。它一个接一个地命令所有的人最终结账，无人可以逃脱因生于人世而应偿付的惩罚。

我知道你要说什么："你忘记了你是在安慰一个女人，因为你举的都是男人的例子。"然而有谁断言过，自然赋予女人以本性时是吝惜

---

① 暗指后来对奥古斯都的神化。
② 格马尼库斯（Germanicus），他的侄子（外甥）。
③ 杜路苏斯，于公元 23 年被皇帝的红人塞扬努斯毒死。

的，它将女人的美德只限制在狭窄的范围内？相信我，就美德行为而言，只要她们乐意，女人具备与男人同样的力量，同样的禀赋；当习惯于苦难与辛劳后，她们一样能够忍受它们。老天啊，我们说这话的时候是处在怎样的城市啊？在这里，卢克利希亚（Lucretia）和布鲁图斯①从罗马人头上卸下了独裁者的枷锁——我们将自由归于布鲁图斯，而将布鲁图斯归于卢克利希亚。在这里，克鲁丽亚（Cloelia）②勇敢地面对敌人与河流，因了她超群的胆识，我们也几乎将其列入豪杰的行列：克鲁丽亚跨于马上的塑像，矗立于这个城市最繁华地段的圣路上。当年轻的公子哥们坐在软垫上时，她如此前行，对致谢花花公子不啻于无情的嘲讽。这座城市中的妇女甚至都能骑马驰骋！但是如果你希望我举些勇敢承受亲人逝去的女人的例子，我是不会挨家挨户地去找的。我要为你举的是来自一个家族的两个科妮莉亚（Cornelia）的例子——第一位是西庇奥③的女儿、格拉古的母亲。她的十二个儿女都离她而去。其中有几位的出生和去世无足轻重，国人从来就不知道。但是提比留斯和盖乌斯，甚至就连那些否认他们之良善的人，也会承认他们是伟人，科妮莉亚不仅目睹他们被谋杀，而且目睹他们被抛尸荒野。可是她对那些称她为"不幸者"并试图安慰她的人说："我，生育格拉古兄弟的人，从不承认自己是个不幸者。"另一位科妮莉亚，李维乌斯·杜路苏斯的妻子，也失去了她的儿子，一位才干卓越、声

---

① 卢克利希亚，罗马美貌贞节的典范，遭独裁者塞克斯都·塔克文（Sextus Tarquinius）强暴；布鲁图斯率领愤怒的平民举行暴动，将独裁者赶出了罗马，独裁制自此废除。这一事件标志着共和国的建立（通常认为是在公元前509年）。

② 罗马早期的一位女英雄，伊特鲁里亚（Etruscans）王的人质，她泅水渡过台伯河，从伊特鲁里亚人手中逃脱，后赢得了罗马人与伊特鲁里亚王的尊崇，罗马人为其塑了一座骑于马上的雕像。

③ 指第二次迦太基战争（公元前218—前201年）中的英雄大西庇奥（Publius Cornelius Scipio Africanus Major），历史学家公认的罗马帝国的创建者。科妮莉亚是他的第二个女儿。科妮莉亚共生育了12个子女，但其中9个都夭折了，只留下了一个女儿和两个儿子。这两个儿子，提比留斯·格拉古和盖乌斯·格拉古一直是她的安慰和骄傲，她称这两兄弟是她的珠宝。格拉古兄弟发动了削弱元老院势力的土地改革。

名显赫的年轻人,① 他仿效格拉古兄弟实施土地改革。正当他有那样多的策略等待实施,正当他处于他的鼎盛时期之时,却被一位不知名的谋杀者刺死于家中。尽管她儿子的死过早来临却又报仇无望,然而,科妮莉亚在承担她儿子的死亡时所展现出的勇气,恰如她儿子在实施其律法时所展现的勇气一样。

玛西娅,如果命运之神已用她的枪矢穿透了西庇奥一家及这一家的母亲和女儿,如果她用她的枪矢袭击了恺撒一家,那么,如果她未让她的枪矢在你面前止步,难道你现在就不会原谅她吗?人生周遭伏着诸多形形色色的不幸;它们不会允许任何人处于长时期的宁静之中,甚至不让人短暂休战。玛西娅,你已生育了四个子女。众所周知,人群密集之处,射入一箭必会伤人——像你家那么多人,无法不遭嫉妒、安然无损地度过,这难道有什么令人惊奇的吗?然而你说命运女神对你尤其不公,因为她不仅横扫到你儿子,而且还专门把他们挑出来!② 但是,当你不得不与更有势力的人平分同样的命运时,你决不应该称这为不公;命运之神已经把你的两个女儿和她们的子女留给了你。而且,略去你早期的损失,即便是你为他如此深感悲切的儿子,命运女神也未将他完全从你那儿夺走;你还拥有他遗留下来的两个女儿——如果你是软弱的,她们就会成为你的巨大负担,如果你是勇敢的,她们就会成为你的巨大安慰。你要这样去想:无论何时,当你看见她们,就让你回想起你的儿子,而非你的悲伤!当农夫看到他的果树尽毁——全部被风连根拔起,或被狂烈的龙卷风扭裂破坏——他就会培育老树遗下的幼桩,并立即播种、植上幼枝,以替代死去的果树;不久(因为如果时间造成快捷迅速的破坏,它也会造成迅速快捷的新生)新树就会生长得比老树更加郁郁葱葱。你现在应该以你儿子麦提里乌斯的女儿替代你儿子的位置,

---

① 指马尔库斯·李维乌斯·杜路苏斯(Marcus Livius Drusus),公元前91年的护民官,最后一个试图用非暴力改革罗马共和国政府者。

② 玛西娅生有两儿两女,唯有女儿存活了下来。

让她们填补这空缺，用从她俩人那儿获取的安慰缓解你为一个人感受到的悲伤！然而，凡人的本性即是如此，他们会认为任何东西都不如失去了的东西那样令人愉悦；对失去事物的渴求会使我们对存留下来的事物过于不公。但是如果你愿意盘算一下的话，即便是命运女神如此愤怒的情况下，她对你仍然有多么仁慈，你就会发现她仍然为你留下了许多安慰的余地；考虑一下你的孙子辈和你的两个女儿吧。而且，玛西娅，你也应该这样对自己说："如果所有人的命运都与其行为相合，如果不幸从不纠缠好人，那我可能确实受到了侵犯；但是事实上，我看到的是：命运是不分好坏的，好人和坏人同样被命运抛来抛去。"

"可是这是艰难的"，你回答道："将儿子抚养至刚刚成年，正当他的母亲，正当他的父亲开始把他当作支柱和骄傲时，却失去了他。"谁会否认这是艰难的呢？然而这是人类共同的命运。你生下来就要走到这一步——失去、毁灭、希望、恐惧、令自己和他人不得安宁、既惧怕死亡又渴求死亡，而最糟糕的是，从不知道你生命的真正期限。

假设有个人打算出游锡拉库扎（Syracuse），就应有人对他说：首先你应知晓你未来旅程的一切惬意的和为人不喜的特点，然后再出发。让你心怀惊奇的可能有以下几点：首先，你会看到这座岛屿本身，它与意大利仅有一狭窄地峡相隔，但显然它曾一度与大陆相连；是海水突然间将它们分开。

将西西里岛与赫斯佩瑞亚（Hesperia）[①] 的边缘隔开。[②]

其次，你会看到卡律布狄斯涡旋（Charybdis）——因为你绕着这个想要吞噬一切的涡旋行进是可能的，它在传奇中是那样的有名——只要

[①] 西方之国，古希腊诗人以此称意大利，而古罗马人以此称西班牙。
[②] 参看维吉尔《埃涅阿德》，iii, 418。

不起南风，它就会安静地休憩着，然而一旦南面刮来狂风，它就会将船只吞进它那巨大深邃的无底洞。你会看到阿瑞托莎泉（Arethusa），这眼通常在咏歌中非常有名的泉流，泉水明亮闪烁，清澈见底，冰冷的泉水不断喷涌而出——也不知这儿就是泉水的源头，或者这泉水是来自于深埋地底①的河流，这河流在众多的海洋底下完好无损地穿梭，从未受过浊水的染污。你会看到一个海港②，在所有港口当中——不论是自然造就的为船只提供庇护所的港口也好，还是人工挖掘而成的港口也好——它是最为平静的，此处是如此安全，即便是最为狂烈的风暴，其威力也波及不到。你会看到雅典力量衰败的所在，好几千的俘虏曾被关在那里的那个天然监狱，③它是在坚硬岩石中掘挖出的深不可测的洞穴。你会看见这个伟大的城市本身，它占据的地盘比许多大都市所能夸口的还要广阔。这里的冬天是最温和的，没有一天不出太阳。但是，在获悉了所有这些事情后，你将发现，冬天气候的宜人会被沉闷而令人不快的夏季破坏殆尽。你会发现在那里有着暴君戴奥尼索斯（Dionysius），那个自由、正义和律法的破坏者，甚至在认识柏拉图④之后，他也仍旧迷恋权势，甚至在流放后，他也仍旧生活奢靡！⑤他会将一些人烧死，将一些人鞭打，他会命令将一些对他有轻微忤逆的人斩首，他还会要求一些男子和女子满足他的情欲，一次享受两个心感羞耻的受害者都几乎不能满足他的极度的无节制。现在，你已听闻了

---

① 在传说中，阿尔斐俄斯（Alpheus），一位阿卡迪亚（Arcadia，古希腊的一个区域）的河神，穿越海底追逐仙女阿瑞托莎直至遥远的奥尔底季阿（Ortygia）岛，为逃避阿尔斐俄斯，月神阿耳忒弥斯（Artemis）将阿瑞托莎变成了锡拉库扎的一眼泉水。
② 指锡拉库扎大海港。
③ 古代靠近锡拉库扎的采石场，曾被用来作为关押犯人的场所。所谓的"戴奥尼索斯的耳朵"如今是个著名的景点。
④ 狄翁（Dion）与柏拉图曾试图将戴奥尼索斯变成哲学王，这两个顾问在公元前366年都被戴奥尼索斯解职，公元前357年狄翁将戴奥尼索斯驱逐出他的王国，这位被废黜的统治者逃往罗克里（Locri）。约八年后狄翁遇刺，戴奥尼索斯重又获得了锡拉库扎的统治权；直至两年后希腊将军提摩勒昂（Timoleon）的到来才迫使戴奥尼索斯投降，退到科林斯（Corinth）。
⑤ 戴奥尼索斯被提摩勒昂逐出锡拉库扎后，据说仍在科林斯过着一种放荡的生活。

吸引你的事物，也听闻了令你反感的事物——那么，你现在要么就启航，要么就待在家里！"如果在作了那样一个警告之后，任何声称想踏入锡拉库扎的人，他除了有正当理由埋怨自己外，还能埋怨谁呢？因为他不是偶然碰上那些境况的，而是在完全知晓那些境况的时候故意走进去的。

自然对我们所有人说："我不欺骗任何人。如果你生养了儿子，他们有可能英俊，也有可能丑陋；或许他们生来就是个哑巴。他们中的某一个有可能会是国家的救星，同样，也可能是国家的叛徒。我们不能说这就是异想天开：他们会赢得极大的尊崇，以至于出于对他们的敬重，无人敢对你略有微词；然而你也要记住，他们有可能声名狼藉，以至于他们本身就会变成对你的诅咒。在此当然有这种可能：你的子女为你举行最后的葬仪，你的子女为你陈颂祷文；然而，你也应随时做好准备：亲自将你的儿子置于火葬的柴堆之上，不管他是少年、是成年，还是老年；因为年岁与此事无关，因为一切白发人送黑发人的葬礼都来得不是时候。"如果这些情况都已阐明，你仍旧要生养子女，你就不能责怪诸神；因为他们从未给过你什么承诺。

来吧，当你登临这整个人生舞台时，也想想这个意象。如果你正在考虑是否要去锡拉库扎，我已将那儿有什么东西会让你欣喜、有什么东西会让你愁烦都向你阐明；试想一下，我现在是在你初生之际给你忠告："你将要进入一座城市。"我会说："它为诸神与众人所共有——这是一座包容宇宙的城市，一座受永恒不变的法则约束的城市，一座支撑着天体的从不知疲倦的运转的城市。你将看到无尽星辰的闪耀，你将看到其中一颗用它的光辉沐浴着一切事物——这太阳，用它每日的行进划分出白日与黑夜，用它每年的行进均匀地分派着夏日与寒冬的期限。你会看到夜晚来临之际，月亮取代太阳的位置，当月亮遇见她的兄弟时，就从它那儿借来了青白的幽光，她一会儿藏匿，一会儿又整个地悬挂于大地之上，随着盈亏不停地变化着她的面貌，每次的面貌都与上次有所不同。你会看到五颗行星①沿不同轨道运行，它们试图阻止天球的飞速旋转②；这些星体的哪怕是极细微的运动都悬系着各个国家的命运，至大和至小的事件都被调适得与某个友善或不友善的星体的进程相一致。你会惊奇于天空中重叠的层云、飞泻的雨水、锯齿形的闪电、炸雷的轰鸣。当你的双眼业已餍足了天上事物的奇景，转而向下面的地球望去，另一番不同然而却也奇妙的景致将映入你的眼帘。在这个方向，你将看到一望无际的平原，在另一个方向你将看到巍峨的群山，山顶白雪皑皑，山峰直插云霄；你将看到来自同一源头却分往东西流去的溪流与河川，你将看到山峰起伏的树木和各种动物栖居其中的巨大森林，你将听到众鸟嘈杂的歌声合成的美妙谐音。你将看到位于不同地区的城市，利用天然屏障隔开的国家，这些国家有些位于山巅之上，另一些出于顾虑而建于河岸、湖泊和山谷之畔；你将看到需要人工培植的玉米田以及无须照看其长势的果园；你将看到缓缓流过低洼草地的溪流，迷人的海湾，内弯而形成港口的海岸；你将看到散布于深海之上的数不清的岛屿，它们打破了这大海的广袤无垠，点缀于大海之上。可是即便有那奇石异宝的闪光，以及那顺激流之沙冲滚而下的黄金，那从陆地中央、有时甚至是从大海中央冲天而起的燃烧着的火把，那环绕陆地、用它的三个海湾③隔断各国间之连续的、狂暴之际汹涌澎湃的大洋，又能怎么样呢？在此你将看到海水波涛汹涌，不断腾起巨浪，这并非出于狂风的激荡，而是由于尺寸超出所有陆地生物的游走的怪兽所致，这些怪兽中有一些生性懒惰，故只在另一只怪兽的带领下④游走，而另一些则轻快灵敏，其迅捷尤甚于全速前进的划手，还有一些在将海水鲸吞入肚之后，

---

① 指水星、金星、火星、木星、土星。
② 天球被认为是环绕着地球自东向西运转的。
③ 玛克罗比乌斯（Macrobius）详细明了地中海、红海与波斯湾、里海。地球被认为是海洋环绕着的一座岛屿。
④ 普林尼（Pliny）说一条名叫穆斯库鲁斯（Musculus）的鱼为鲸鱼做此项工作。

又将它们猛然喷出，给那些航行经过的人带来灭顶之灾。你将看到航船在此无望地寻觅陆地；你将看到厚颜无耻之人无所不为，而你自己也会既是巨大计划的旁观者，又是参与者；你会学习与教授技艺，其中一些用于维持生计，一些用于美化生活，其他的则用于调节生活。然而，在那里同样也有无数的灾患，无数身体与心灵的毁灭，战争、抢劫、道德败坏、船舶失事、气候与身体的异常、为最亲爱者的不合时宜的悲痛、死亡——这死亡是来得轻易，还是受尽了痛苦与折磨，无人能够预知。现在你自己慎重思量，对你作的选择细细权衡；如果你要观赏这些奇景，你就必须经历这些苦难。"你的回答是你选择去活吗？答案当然会是这样——而且，作进一步思量后，你也许不会陷入这种状态，在此状态中，遭受任何损失都会让你痛苦！活着，而后，按你已经接受的协议活着。"但是"，你说，"没人征求过我们的意见"。然而我们父母为我们考虑过了，他们在知晓这些人生协议的情况下，将我们抚养长大，以接受这些协议的。

可是，我们现在还是回到慰藉的主题上来吧，让我们考虑一下，首先，必须治愈的是怎样的创痛；其次，以什么方式治愈它。悲痛的泉源之一是对我们对逝去的人的渴望。然而显然的是，这种渴望本身是可以忍受的；因为，只要我们活着，我们是不会为那些缺席的人和即将缺席的人洒泪的，尽管他们在我们眼中消逝的同时，他们给我们带来的一切乐趣也将随着消逝。因此，折磨我们的是一种观念，一切的恶都只有我们料想得那样大。治疗的办法掌握在我们自己的手中。让我们作如是想，死者不过是缺席罢了，让我们自欺一下；我们将他们送上了征途，我们只是让他们走上了前头，很快我们就要跟上去的。

悲痛的另一泉源是这样一种观念："再也没人保护我，再不会有人让我免于轻视。"如果我可以使用一种绝不可信却是真实的慰藉之言的话，我要说，在我们这座城市，无儿无女者所能产生的影响力，较因失去子女而丧失的影响力更大，过去通常对老年人来说是一种伤害的孤单,现在却导致了那样大的权力,以至于有些老年人假装憎恶他们的儿子,要与他们的子女脱离亲子关系,他们通过自己的行动,将自己变成无儿无女者。① 可是我知道你会说:"我自身的损失并不足道;因为那为失去儿子而悲哀恰如为失去一个奴仆而悲哀的父母,那在失去儿子时仍有心思考虑儿子之外的其他事情的父母,是不值得安慰的。"那么,玛西娅,是什么烦扰着你呢?——是你的儿子已经死去这件事实,还是他没有长寿这件事实呢?如果是他已经死去这件事实,那么你过去就总是有理由悲哀的;因为你一直就知道,他终究是要死的。

你要想到,死后就再也没有了厄运的折磨,那使得下界在我们看来十分可怖的传闻不过只是谎言,对死者而言,并没有什么黑暗、监狱、烈焰、忘川②在那儿等着,那里也不会有什么审判席、囚犯,在那种无限的自由中也不会再度出现什么暴君。一切的一切不过只是诗人们的想象,他们用毫无根据的恐怖事物让我们苦恼。死亡是一切痛苦的解脱,它是我们的不幸难以逾越的界限——它让我们回复出生之前所处的平和状态。如果有人要怜悯死者的话,那他也必得怜悯那些尚未出生的人。死亡既非善亦非恶;因为唯有那些是个事物的东西才能成善或成恶。而那些本身就是虚无并将一切事物归于虚无的东西,并不能将我们交付于好运与厄运之域;好运与厄运必须有某个可以作用于其上的物质事物。命运之神抓不住自然已经放逐的事物,那已成为非存在的人也不可能再悲惨。你的儿子已经超越了这些界限,唯在界限之内才有受奴役的苦境;伟大而恒久的恬静已接纳了他。再也没有对短缺的担忧让他苦恼,让他苦恼的东西:来自富贵的焦虑,欲求的刺痛,通过肉体的欢愉让灵魂陷入苦痛的事物,都不存在了;他再也不会羡慕旁人的好运,他自己的嫉妒之心再也折磨不了他,也没有责难再去烦扰他那毫无听觉的双

---

① 暗指流传甚广的通过谄媚获取遗产的恶俗。一些希图通过未结婚者与无儿无女者的遗嘱获利的人,会极力讨好这些鳏寡孤独者。

② 冥府中五条河流之一,人饮其水,就会忘却过去的一切。

耳；他再也不用警觉着将降临于国家和他个人头上的灾难，也不用为将来心神不安，悬念着遥不可测的结果，这些结果总是以更有甚之的不确定性回报我们。他最终拥有了一处寓所，没有东西可以将他从那儿赶走，在那里也没有什么东西能让他恐惧。

哦，那些不把死亡当作自然最可宝贵的发明来赞颂和期盼的人，他们对他们的苦难是怎样的无知啊！不管死亡是摒弃了荣华，还是拒斥了灾难、是终结了老者的餍足与疲倦，还是带走了仍对更加幸福的事物怀有期望的花季少年，或是召回了还未抵达人生更为艰苦阶段的青年，它是所有人都要抵达的终点；对许多人而言它是解脱，对有些人而言它是祈愿的实现，而对于那些还未祈求死亡，死亡就降临其身的人，死亡给予他们的则是莫大的恩惠！死亡让奴隶得到解放，尽管他们的主人不情不愿；死亡开启了俘虏的镣铐；它把那被专制权力关禁于监牢的人救离了牢笼；被放逐者的眼眸和心灵总是系念故土；但是死亡会向他们表明，一个人葬身何处都一样，如果命运之神没有公正地分配共同利益。尽管人们生来具有同等的权利，它却让一个人受另一个人的统治，但是死亡会让一切平等。这就是死亡，在它来临之后，无人再需服从别人的意志；这就是死亡，在它的统治之下，没人会再去留意那微不足道的财产；这就是死亡，它向一切人开放；这就是死亡，玛西娅，这就是你的父亲曾那样急切渴求的死亡；这就是死亡，我想，是它使得我的出生没有成为一种对我的惩罚，是它使得我在面对即将来临的厄运时没有倒下，是它使得我的灵魂有可能平安无恙，仍旧归自己做主：我有一个最后的避难所。我看到那边的刑具可不止一种，不同的人发明了形形色色的折磨人的器具；有人将他们的遭难者倒悬，有人刺穿遭难者的私处，其他人将遭难者的臂膀摊开于绞刑架上；我看到了绳索，看到了鞭笞；所有的肢体、所有的关节，都有各自折磨它的器具！但我也看到了死亡。那儿也有嗜血的仇敌与妄自尊大的同胞；然而在那边我同样看到了死亡。如果一个人厌倦了束缚，只要轻轻一跨他便可步入自由之境，这样的时候，奴役也就不再是苦难了。哦，生命，因了死亡的缘故，我要热切将你拥抱！

想想看，适时的死亡给予的利益有多大，有多少人因为活得过长而受到损害！尼阿斯·庞培，王国的荣誉和支柱，如果在那不勒斯（Naples）就被疾病夺去了生命，他就将会作为罗马人民的毋庸置疑的领袖死去。而事实上，正是这非常短暂的延期将他从他的顶峰地位摔了下来。他目睹他的军团被屠杀，从元老院充当第一线的那次战役中，① 他看到——一个多么可悲的幸存者！② ——作为指挥官的他仍然活着！他看到他的刺杀者，一位埃及人，他将他那曾对胜利者而言神圣不可侵犯的躯体，付与了一位奴隶，③ 即便他能够安然无恙，他也会后悔他的逃脱；因为对于庞培而言，唯有靠某位国王的恩赐才能活下去，还有什么事情比这更卑贱的啊！

如果马尔库斯·西塞罗在逃脱喀提林刺杀的那时就倒下了——当时喀提林针对的不仅是他，而且是他的国家，如果他作为共和国（共和国因他而获得了自由）的救星倒下了，如果他紧跟在他女儿④后面就死了，那时他甚至可能会幸福地死去。那样他就不会看到有人拔剑夺去罗马公民的性命，不会看到暗杀者们瓜分受害者的财物，这些人最终甚至以自己的生命为代价杀害了那些受害者，不会看到一位执政官的战利品在公众拍卖会上出售，不会看到公然订立的有预谋的谋杀，不会看到抢劫、战争、掠夺——那样多的新喀提林们！

如果马尔库斯·加图（Marcus Cato）在处理完王室的遗产后⑤从塞

---

① 塞涅卡在此只是夸大了事实。
② 即，庞培本人在那场决定性的法萨卢斯战役中幸存了下来（公元前48年），并活着看到恺撒成为了罗马世界的统治者。
③ 正当庞培在登陆埃及的当口，埃及国王指使杀手刺杀了他。
④ 图莉娅（Tullia），死于公元前45年。
⑤ 指托勒密王留下的遗产，公元前58年加图抵达岛屿实施吞并后不久，托勒密王即自杀身亡。加图本人于公元前46年在恺撒胜利后自尽于赛普色斯（Thapsus）。

浦路斯返回时被大海吞没,甚至他所带来开销内战费用的钱财也随同他一起沉没,难道这对他而言不是一件喜事吗?至少随他而去的还有这些——对于无人敢在有加图在场时厚颜无耻地胡来的确信!事实上,因为获取了短短几年的缓刑,那位生来不仅为了个人的自由而且是为了国家的自由的英雄,被迫逃离恺撒而投靠于庞培的麾下。

因此,对你的儿子而言,尽管他的死来得早了一些,然而死亡并未带来什么祸害;相反,死亡让他免去了各式各样的灾祸。

"然而",你说,"他逝去得太快太早"。首先,假设他活了下来——就算给他人类所能有的最长的寿命——毕竟他又能再活多少年呢?因为我们生来毕竟只能存活极短的时间,命中注定我们不久就要为另一个获得租期的人让位,所以我们把生命视为在旅馆中的短期逗留。在时间令人难以置信地飞逝中,我竟然还能说"我们的"生命吗?算算城市存在了几个世纪吧;你就会明了甚至那些以长寿自夸的人也实在活得并不长久。所有与人相关的事物都是短暂易逝的,在无限时间中根本就没有它们的一席之地。这个有着城市、人民、河流和环形海域的地球,如果用宇宙来衡量,我们可能只能将它当作一个点;我们的生命,如果与全部时间相比,相对而言甚至还算不上一个点;永恒之域要大于世界之域,因为世界就是在时间界限内反复更新①自身的。那么,通过延长那尽管我们在其上加上许多,然而却仍然与"无"相差无几的寿命,我们又能获得什么呢?我们存活的时间只在一个方式上是足够的——即如果它是足够的!你可能会向我说起一些长寿的、以高龄而闻名的人,你可能会说他们每个人活到了一百一十岁;然而,当你转念考虑永恒时间,如果你将你所发现的一个人存活的时间与他不存在的时间相比,你会发现,在最长的寿命与最短的寿命之间的差别实在微乎其

---

① 暗指斯多亚主义的循环大火理论,通过循环大火,现存的宇宙被破坏,而后创造过程又重新开始。

微。而且，你儿子本人已经到了离去的年纪了；因为他已活到了他需要活的年纪——对他而言也没什么未了之事。就人而言，什么时候算老年并不是整齐划一的，确实，动物也是如此。有些动物在十四岁的年纪便已精力衰竭了，他们最长的寿命也不过是一个人的第一段时期；每样事物都被赋予了不同的存活年限。没有人会过早离去，因为他存活的年限恰如命中注定要活的年限。每个人的界线都已经画好了；一旦这界线已然标出，它就总会留在那里，没有什么努力或恩惠可移动它分毫。请这样来想想这事吧——孩子的失去符合一种既定计划。他生活过了，并活到了规定的年限。①

所以你绝不要用这样的思虑烦扰自己："他本可活得更长。"他的生命并未受到缩减，偶然性在寿命问题上也从未插过足。命运之神兑现了她向每个人的允诺；而后她继续走自己的路，她既不会在曾经作出的允诺上另加一星半点，也不会从上面削减什么东西。恳求与挣扎都是徒劳；自呱呱坠地的第一天起，每个人都将只能得到他名下的数量。自从首次见到光线的那天起，他就走上了死亡的征途，他时刻在向死亡靠近，加于他的青年期的年岁要从他的整个生命中扣除。我们都陷入了这样的迷途，认为唯有那些已到老年并已经开始走下坡路的人在趋向死亡；然而事实上，最早的幼儿期、中年期，生命的每个阶段都在朝那个方向前进。命运之神在他的岗位上辛勤劳作；他让我们意识不到自己死期将近，从而能够更轻易地从我们身上窃走生命，死亡就隐匿于生命的名义之下；幼年变少年，少年变青年，老年又将壮年悄悄移走。如果你能恰当地估量我们的收益的话，就能看出它们其实不过是损失。

玛西娅，你埋怨你儿子没有活到他本可活到的年纪吗？你又怎么知道活得更长对他而言是否更为可取呢？你又怎么知道那样的死亡对他是否有利呢？你在今天能找到一个这样的人吗？他被赋予了那样一种幸福

---

① 维吉尔：《埃涅阿德》，10.472。

的好运，这种好运坚不可摧，以至于任凭时间流逝，他仍一无所惧。人类之事飞逝易变，在我们的生命中，没有哪一部分像赋予我们最大欢愉的那部分一样脆弱易毁，因此，在好运的巅峰时刻，我们就应该祈求死亡，因为在生命的一切动荡混乱中，除了过去之外，任何事情都是不确定的。你的儿子形容如此俊美，在这样一个自甘堕落的城市的虎视眈眈之下，他凭了对贞洁的高度尊崇，保有了他的纯洁无瑕——你又怎能确信，他能逃脱这城市里的诸多弊病，从而直至老年都保有他本性的无瑕的美丽？想想灵魂的无数的污点吧！因为即便是高尚的本性，也难以将他们青年时期赋有的热望一直保有至老年，相反，他们的热望会经常转向；他们或是陷入放荡之境，从而开始玷污他们早日的光辉显赫，这种放荡来得愈迟，因此便愈加不光彩，他们或是完全沉溺于口腹之欲的境地，吃喝之事成了他们首要关注的对象。另外还有烈火、房屋崩塌、船舶失事，还有外科医生的手术带来的苦痛——他们从你的身体中取骨、将整个手臂伸入你的内脏、让你感到无限痛楚地诊疗你的私处。除了所有这些之外，还有流放——你的儿子当然不会比茹提利乌斯①更加无可指责！——以及监牢——你的儿子当然不会比苏格拉底更加明智！——还有穿透心脏的自杀之剑——他当然不会比加图更加圣洁！如果你考虑所有这些可能性，你就会了解，最被自然加以善待的，正是那些她将其早早移入安全之境的人，因为生命中必然会有些诸如此类的刑罚。是的，没有什么像人的生命那样具有欺骗性，没有什么像人的生命那样不可靠。天知道！如果生命不是在我们对之并无认识的情况下被赋予我们，我们中没有谁会把它当作礼物接受下来。因此，如果最幸福的命运就是不要降临到这世上，我想，等而次之的就是拥有短暂的生命，而后经由死亡迅速回复到原初的状态。②

---

① 他在公众生活中的坚定与诚实导致了他的毁灭（公元前 92 年）。
② 参见索福克勒斯（Sophocles）《俄狄浦斯王在克洛罗斯》（*Oedipus Col*）1225s9。

回想那对你而言曾那样惨痛的时刻，塞扬努斯将你的父亲当作赏赐送交给了他的附庸撒特里乌斯·谢孔杜斯（Satrius Secundus）。① 塞扬努斯的恼怒是因为你的父亲不能默默忍受塞扬努斯置于我们的脖子上，更不用说忍受他向上爬了，于是大胆地抗议了几次。塞扬努斯被投票通过获得了塑建其雕像的荣誉，他的塑像将被树立于庞培剧院中，这剧院被大火焚毁后，提比留斯才刚将它重建好。科尔杜斯大声呼喝："现在这剧院是真的毁了！"怎么！当想到一座塞扬努斯的雕像被置于尼阿斯·庞培剧院的废墟之上，一个不忠的士兵的雕像却被树立在纪念一位最伟大的统帅的处所中，从而沾上神圣光芒——难道这还不让人义愤填膺吗？这同时也将塞扬努斯的指令②神圣化了！那些除了对自己友善之外对所有人都野蛮残暴、以舔食他人鲜血为生的最凶猛的走狗们，③ 开始在那个已身陷囹圄的伟大者④的四周嗷嗷乱叫。他能做什么呢？如果他希求活下去，他就不得不向塞扬努斯恳求；如果他希求死去，他就得向他的女儿恳求。二者都是残酷的。于是他决定瞒着他的女儿。因此，在沐浴之后，他试图进一步衰减他的体力，他回到他的卧房，跟人说他将在那里用午餐；而后，他遣退奴仆，将部分食物抛出窗外，为的是显出自己已用过餐的样子；然后，他以在房里已吃得够多为托词，拒绝进食晚餐。第二天、第三天，他做了同样的事；到了第四天，他身体的极度衰弱将事实暴露了出来；于是，他将你揽在臂弯里说："我最亲爱的女儿，除了这件事之外，在我整个一生中，我从没向你隐瞒过任何事，可是我已踏上了死亡之途，而现在我已几乎走到中途了；你不能也不应该唤我回去。"而后，他命人将所有的灯都熄掉，让自己埋在深沉的黑

---

① 见塔西佗《编年史》第四卷，第 34 节。
② 即，塞扬努斯要求处决科尔杜斯的理由得到了认可。
③ 指那些告密者，或那些无耻的政治上的控诉者，他们是塞扬努斯的工具。
④ 指科尔杜斯。

暗中。当他的意图为人所知时，那些人全都欣喜雀跃，因为这些饿狼①的尖爪终于骗取到了它们的猎物。在塞扬努斯的唆使下，科尔杜斯的控诉者们来到执政官的审判席前，抱怨他们的受害人快死了，并要求执政官们阻止那件正是他们强加于他身上的事情；他们强烈地感觉到科尔杜斯要摆脱他们！他们争论的伟大问题是：一个被控诉的人是否失去了去死的权利；当这件事情仍在争论中时，当他的控诉者们还在第二次提起申诉时，科尔杜斯已经获取了他的自由。玛西娅，难道你没有看到，当时代险恶之时，出乎意料袭击我们的是怎样巨大的命运变迁吗？你为你的亲人之一不得不去死而哭泣吗？他是在几乎不被允许的情况下死去的。

将来的一切都是不确定的，而且能确定的只是一切会变得更糟。不过，这一点是可以肯定的：那些迅速从人类事务中解脱出来的灵魂，因为它们携有世俗废物的分量较轻，所以最易找到通达上界诸神之途。因为在变得冰冷麻木之前，在还没有被世俗之物彻底染污之前，它们就获得了解脱，所以它们能够更加轻盈地飞回到存在之源，能够更加便当地洗去一切的污秽与瑕疵。伟大的灵魂在驻留于肉体中时是找不到快乐的；它们渴求前行，冲破它们的羁绊，它们在这些狭隘的框界里焦躁不已，因为它们习惯于在高处遍历宇宙，从高处轻蔑地俯视人类的事务。因此，柏拉图②才会疾呼，贤哲只是一门心思地求死，他渴念它，冥思它，因了这种热望，贤哲终其一生都在追求超越之物。

尽管你的儿子仍然是个青年，你却从他身上看到了一个老年人才有的智慧，一颗可以战胜一切感官快乐的、洁白无瑕的心灵，一种获取财物时毫无贪念的、获取荣誉时却不夸耀的、获取快乐时却不过度的精神；告诉我，玛西娅，看到这些，你还认为你会长期拥有保他安全无损

---

① 仍指那些告密者。
② 参见柏拉图《斐多》，64A。

的好运吗？任何事物，一旦臻达完美之境，也就接近终点了。完善的德行总是匆匆逝去，很快就会从我们的眼前消失；早早成熟的果实，它们的末日不会太久。火焰发的光越是明亮，它熄灭得也就越快；坚固难烧的木头燃起的火焰，烟雾腾腾，只有微光闪耀，所以才会更加长久，在同样的条件下，缓缓地供给它燃料，它就能持续燃烧。人类也是如此——他们的精神越是耀眼，他们的日子就越短；因为当没有增长余地之时，毁灭也就临近了。法比亚诺斯曾讲述道——事实上我们的父母也见过他——罗马曾有一位男孩，他有一个高个成年人那样高；然而这个男孩很快就死掉了；而所有明智的人预先都曾说过他很快就会死去，因为人们不可能指望他活到他已抢先一步到达的年纪。所以事实是——充分的成熟是即将来临的毁灭的先声；当成长停止，末日也就临近了。

尝试着用他的德行，而不要用他的年纪来对他作一估价，你就会发现他已活得够长了。当他还是个被监护者的时候，直到十四岁，他都处于其法定监护人的照管之下，而他的母亲对他的监护则终其一生。尽管他拥有了自己的家庭，他却不愿离开你的家庭，在大部分孩子都不能忍受父亲的监管的年纪，他却坚持要求他母亲的监管。作为一个年轻人，尽管从他的体形、长处、当然还有身体的力量来看，他生来就适于军营生活，然而他却拒绝服兵役，为的是不离开你。玛西娅，你想一想，一个与子女分开居住的母亲见到她子女的机会有多么稀少；想想那些儿子在军队服役的母亲失去了多少与儿子相聚的岁月，她们可一直是在焦虑中度日的呀；你就会发现，这段你未遭受任何损失的时期已被大大延长了。你的儿子从未离开过你的视线；另外他还以一种卓越的能力在你的眼皮底下修完了所有的学业；如果不是谦逊的品质阻碍了他的话，这种能力肯定会让他堪与他的外祖父比肩（就许多人而言，谦逊的品质会悄然地阻碍他们的发展）。尽管他是个拥有人类罕见美貌的年轻人，并被那样一大群的女人——这些腐化男人者所包围，他却从来没有屈从过任何人的愿望；当她们中有些人竟然厚颜无耻地向他献殷勤时，他羞愧地满脸通红，仿佛中了她们的意都让他犯下了罪恶。正是这种品性的纯洁，使他从少年时起就显得配得上担当祭司的职务；他母亲的影响无疑是有帮助的，然而，除非应试者本人是优秀的，否则甚至是母亲的影响也会没有分量。在记起所有这些美德时，你应该仿佛又将你的儿子拥入了怀中！他现在有了更多的闲暇与你相处，现在再也没有任何事物将他从你身旁唤走；他再也不会使你焦虑，再也不会给你带来任何痛楚。你可能从你那么优秀的儿子处感到的唯一悲痛就是你曾有的悲痛；其他的一切现在都已不受偶然性力量的支配；如果你知道如何享受你儿子带给你的快乐，如果你开始领悟他真正的价值所在，你所拥有的就只有欢愉。只有你儿子的外貌——一个非常不完美的近似表象——毁坏了；他本人是永恒的，现在他已进入了一种好得多的状态，去掉了一切外在的拖累，只剩下他自己。我们看到的这身体的覆盖物、骨骼、肌腱、罩在我们身上的皮肤、这张脸、这双为我们服务的手，以及我们人类的其他包装物——对于我们的灵魂而言，它们只是锁链和黑暗。因了这些事物，灵魂被破坏、扼杀、染污，被囚禁于错误之中，这些事物使灵魂远离了其真正的和自然的领域。灵魂一直在与这肉身的重负搏斗，试图避免被拽回去而陷入沉沦；它总是试图飞升至它曾由之降落的那个地方。当它由尘世的呆滞的混乱中脱身，而达于对纯净明亮的事物的洞察时，那儿就有永恒的宁静在等着它。

因此，你没有必要急急来到你儿子的墓前；躺在那儿的是他的最卑微的部分，它们是生命中的烦恼之源——骨骼、尸体是他的组成部分，只不过像衣服及其他身体保护物是他的组成部分一样。他是完整的——没有将他自己的任何东西留下，他已然消逝，整个地脱离了这尘世；当他净化自己、脱除因他在俗世的存在而黏附于他身上的一切瑕疵污秽时，他曾短暂地滞留在我们的上空，而后他就高飞而起，迅速地加入那些神圣灵魂中去。一群圣洁的人热情地接纳了他——西庇奥们、加图们，以及与那些蔑视生命、通过服毒找到自由的人，也就是你的父亲，玛西娅。尽管在那里,一切相互亲近,你父亲仍会将他的外孙留于身边,而你的儿子则会欣喜于新找到的光芒,你的父亲教导你儿子邻近星体运动的知识,快乐地激发他去探索自然的奥秘,不是通过推测,而是经由经验获得对所有这些事物的真知;恰如一位异乡人对引导他游览一个不熟悉的城市的向导心存感激,你的儿子在探索天体事物的缘由时,也会对一位指导他的长辈心存感激。他吩咐你儿子也看看远在下方的尘世之物;因为回忆一切已留于身后的事物是一种愉悦。因此,玛西娅,你是否总是那样行事,仿佛你知道你的父亲和儿子在注视着你呢——他们已非昨日你所了解的他们,而是高高在上的存在物,驻留在最高的天国。持有低浅庸俗的想法为那些已变得更好的亲人哭泣是叫人羞愧的!他们在自由无限的永恒之域四处漫步;没有居间的海洋阻拦他们的去路,也没有高山、无路的山谷、西尔特斯(Syrtes)① 的多变的浅滩;那里的每条路都是平坦的,因为自身迅速敏捷又没有滞碍,所以他们能够轻易地透过星体物质,依次地与它混合。②

因此,玛西娅,设想一下你的父亲(他对你的影响并不亚于你对你儿子的影响)正从天国的城堡向你说话,他使用的不是他为内战悲叹时的腔调,不是他本人永久放逐那些发起放逐者时的腔调,而是那种适宜他的更为高贵的状态时的更为高贵的腔调,他说:"唉呀,我的女儿,你还受制于那无休止的悲痛吗?为什么你要生活在那样一种无知当中,以至于相信你的儿子没有受到公正地对待呢?是因为他抛弃了所有的家产,只身安全而完整地返回到了他的祖先这里吗?你难道不知道那摧毁一切事物的命运之神掀起的风暴有多强劲吗?你难道不知道,她

---

① 西尔特斯由其自然条件而得名。当风刮起来使得海上波涛汹涌时,波浪就会冲刷起泥沙和巨大的石块,这样一来,西尔特斯的地貌也会随风而发生变化。西尔特斯这个名字就是从这个"冲刷"的意思来的。

② 在斯多亚主义的自然哲学中,灵魂是炽热的物质,它与神圣之火是同一的;星体同样也是炽热的和神圣的。这句冗长的话看来表示的意思是:净化后的灵魂与星体合一。

只对那些与她有着极少关联的人才会显得温和宽容吗？你难道还需要我向你指出那些国王的名字吗？如果死亡能更早地将这些人从可能降临的灾难中带走，他们就会是最幸福的人。或者你要我向你说明，甚至罗马的领导们，如果能让他们减几年寿的话，他们的伟大也就可以丝毫无损了？或者你要我指出那些有着最高贵的出身和声名的英雄的名字？他们平静地弯下颈项，接受士兵长剑的砍剁。你再回想一下你的父亲和祖父，你祖父被异国的刺客谋杀；我自己因为不能忍受任何人对我的支配，绝食而死——我以此表明，我正如我在自己的作品中看上去的那样勇敢。在我们的家庭中，为什么那个有着最幸福的死亡的成员反倒受到最长久的悼念呢？我们齐聚一处，免却了那包裹着你的漫漫黑夜；我们在你那里找不到任何像你所以为的可欲之物，找不到任何高尚之物，找不到任何荣耀之物，你所有的一切都是低劣、沉重、恼人的。看啊，我们生活在极少的一批卓越之士中！我还有什么必要说，这儿没有敌对军队间的狂暴争斗，没有彼此都要摧毁对方的舰队，没有人们构想中的或计划周详的弑亲者，没有终日争吵不休的广场？我还有什么必要说，这里没有秘密。所有的意愿都是不加遮掩的，心灵都是敞开的，我们的生活向所有人开放展现，即将来临的一切进程和事物都在我们的眼前排列？"

"编撰发生于宇宙最遥远地区①的一段时期②中的一小撮人的历史，这曾是我的乐趣。而现在，我却可以综览无数个世纪，可以了然无数时代的演替和接续，可以洞悉各个年代的整体排列：我可以目睹未来王国的兴衰、伟大城市的毁灭、海洋的新的入侵。如果共同的命运可以成为对你的思慕之情的一种慰藉，你就应知道，没有任何东西一直驻留在它现在所在的位置，时间会摧毁一切事物，将所有事物带走。不仅人类会

---

① 即地球，它与说话者所处的天堂位置相距甚远。
② 科尔杜斯是共和国时代的赞美者。

117

成为时间的受愚弄者——因为就受命运之神掌控的领域而言，人类只占了多么小的一部分啊！——而且各个地域、国家及宇宙的绝大部分都是如此。时间会夷平整座山峰，它又会在另一个地方用新的岩石垒起新的山峰；它会让海水干涸，让河流改道，通过隔断各国间的联络，时间还会破坏人类间的联系与交流；在其他地方，时间会用巨大的深坑将城市吞没，会用地震将城市摧毁，此时深深的地底下会喷出一股瘟疫似的蒸气；它还会用洪流淹没居民区，因为地球上的洪水泛滥，一切生灵都会被戮杀，而在大火之际它会让一切有死之物都被烧焦和焚毁。当世界消逝的时刻来临，以便这个世界又可以开始它新的生命的时候，这些事物会用自己的力量将自身毁灭，星体之间会相互碰撞，这个世界中的一切规则排列着的熠熠生辉的炽热物质会在一次共同大火中燃烧殆尽。当上帝认为最好还是重新创造一个宇宙时，即便是分享了不死性的神圣者的灵魂也要消逝——在崩塌的宇宙当中，我们也会作为一个微小的部分加于这巨大的毁灭之上，从而重新变回我们以前所是的元素。"

玛西娅，你的儿子是幸福的，他已知晓了这些秘密。

致波里比乌斯的告慰书[*]

---

[*] 此文的开端佚失了某些部分。因兄弟亡故而成塞涅卡告慰对象的波里比乌斯(Polybius),是一位在克劳迪乌斯治下财势显赫的释奴。他曾经做过皇帝的文学顾问(studiis)(见苏伊托尼乌斯《罗马十二帝王传》,第五卷,第28节),担任处理写给皇帝的请愿书的翰林职位(libelis)。

用巨石建造的城邦和纪念碑，如果你把它们与我们的生命相比，可谓是持久的了；可是，如果你以自然法则的标准来衡量它们，又是易朽的，因为自然会毁坏一切事物，并使它们回复至起始状态。经凡人之手造出的事物，难道有什么是永远不朽的吗？世界七大奇迹，以及后世雄心勃勃之辈建起的更为奇妙的杰作，人们都终将看到它们被夷为平地。所以事实是——没有什么东西是永久的，甚至几乎没有什么东西是长久的；此物以一种方式崩坏，另一物又以另一种方式崩坏，尽管崩坏方式不一，然而一切有始之物同样必有终结。

甚至有人认为就连世界也有毁灭的可能，而（如果你认为这不是渎神不敬的念头）这包容着诸神和人类之一切作品的宇宙，有一天亦将分崩离析，陷入远古的混沌与黑暗中。既然连这个宇宙也终将毁灭（尽管无处可容宇宙陷落），那么，任何为个体的生命而哭泣者，任何为迦太基、努曼提亚（Numantia）、科林斯的废墟而感伤者，任何为一切或许比这些城邦还要宏伟的其他城邦的陷落而哀悼者，该有多蠢啊；任何因为命运之神（尽管终有一天她将犯下这样悍然的大罪）竟然没有放过他而对命运之神抱怨不已的人，该有多蠢啊！是谁作出了那样傲慢自负的臆断，竟然希望这毁灭一切事物的自然法则，单单饶恕他和他的亲人，竟然希望这甚至威胁着世界本身的自然法则，单单让某一个家庭免于毁灭？因此，一个人如果能想想：降临到他头上的事情在他之前的所有人都经受过了，而所有在他之后的人，也必将经受，那么就会感到莫大的安慰。在我看来，自然让一切事物都逃不脱最不堪忍受的东西，这正是为了给人们以安慰：尽管命运是残酷的，然而却又是一视同仁的。

再者，如果你能反省到，你的悲痛，无论是对于你为他的离去而悲痛的人，还是对于你自己，都不会带来任何好处，这对你的帮助必定不菲；因为你是不会乐意去延长那无益的悲痛的。如果我们可能通过悲痛而成就任何事情的话，因为我自己的命运①与你的命运实有相惜之处，我是不会拒绝为你掬无尽的同情之泪的；我甚至会从因我个人的灾祸而滴尽泪水的眼眶中挤出一些泪水，只要如此一来便可对你有所助益。为何迟疑呢？让我们一同恸哭吧；我甚至还会提出自己的控诉："哦，在所有人看来都极不公正的命运之神啊，迄今为止，你似乎一直都是珍爱这个人的，因为，多亏了你的缘故，他才机缘凑巧地赢得了那样多的尊崇，这让他的成功没有惹来嫉妒。可是现在，在恺撒还活着的时候，你却用他可能遭受的最大不幸来惩治他；你在对他进行方方面面的彻底勘察之后，你发现唯有在这一方向上，他才暴露在你的箭矢之下。因为你还能给他什么其他的伤害呢？你本应攫去他的钱财吗？可他从来就不是钱财的奴隶；即便是现在，他也仍旧视钱财如粪土，尽管他谋取钱财的机会是那样地多，钱财给他带来的好处，从未超出过藐视钱财的能力给他带来的好处。你本应夺走他的朋友吗？可是你知道，他是那样讨人喜爱，以至于他可以轻易地以其他人替代他失去了的朋友的位置；因为在所有我曾见过的宫廷显赫之辈当中，我似乎发现他是唯一一位这样的人，交他这样的朋友，不仅会给所有人带来好处，而且更是他们的一种愉悦。你本应败坏他的好名声吗？可是就他而言，这名声已有那样牢靠的基础，甚至连你也难撼动分毫。你本应损害他的健康吗？可是你知道，他的心灵通过人文学术的研究已变得那样坚强——因为他不仅在书堆中长大，而且就出生在书堆中——以至于它能不受一切身体之痛楚的影响。你本应夺去他的生命吗？可是这一伤害仍是多么微不足道啊！他

---

① 塞涅卡是在科西嘉岛（Corsica）写这封信的，当时他在克劳迪乌斯治下被流放到这个地方。

的声望已确保了他的天才的一生会很长很长;而他本人确立的目标就是:他应该让他的更好的部分①持存下去,他应该通过创作雄辩的巨著让自己超脱必死的运命。只要学问还能得到些许的认同,只要拉丁语的力量和希腊语的优美还将继续存留,他就将因他本人的堪与那些巨人相媲美的天才(或如果说得谦虚些:他的全身心的投入),而与那些伟大天才一同留名。因此,命运之神啊,你已然发现,这是你可给他以巨创的唯一方式;因为一个人愈是优秀,他就会愈加频繁地遭到你的袭击——你这个不加分别地发泄怒火的、即便在仁慈之际也让人战栗的命运之神啊。对你而言,让他免于那样一次伤害是多么轻而易举的事——这个人过去一向是你施恩的对象呀,可你这次却不按惯常的方式随意地施恩与他。"

如果你愿意,在这些诉状上,让我们再加上更多的控诉理由——这位英年早逝的年轻人自身的品质。他是无愧于做你的兄弟的。你,无论从哪方面讲,都是一个最值得敬重的人,对你而言,一个配不上做你兄弟的人,根本就不能成为你悲伤的理由。所有人都可为他的品质作见证;他并不愿沾你的光,人们对他的称颂皆是针对他本人的。他身上没有什么东西是你不乐于赏识的。确实,即便是一位稍次的兄弟,你也会善加对待,然而就他而言,你的自然的情感,因为找到了适当的对象,就愈加淋漓尽致地展现了出来。他从不以伤害他人来让人感受到他的力量,他从未因为你是他的兄弟去威胁过任何人。他以你的谦逊为榜样塑造自己,他一直记得你是你家庭的怎样的骄傲,你为你的家庭担负的是怎样的职责;而他也是胜任这一职责的。无情的命运之神啊,你对于美德总是那样不公!在你的兄弟尝到自身的幸福之前,他就被从幸福中带走了。我知道,我只是拙劣地表达了我的愤慨;因为巨大的悲痛是难以表达的。可是如果言辞能起什么作用的话,就让我们再次一起抱怨吧:

---

① 即他的精神。

"哦，命运之神啊，你那样地不公，那样地残暴，你到底是什么意思呢？是对于你先前的仁慈的迅速反悔吗？你猛烈地攻击这家兄弟，你以那样一种残酷的掠夺伤害那样可爱的一群人，这是怎样一种残暴？你打算拆散那样一帮水乳交融的令人钦佩的年轻人（其中没有一个人可以离得开他的兄弟，而你也毫无理由把其中一个从他们中带走）吗？或者，你想表明经受了各种考验的正直无瑕全无用处吗？传统的质朴，难道也全无用处吗？当有无限机会获取无限财富时，却仍能保持自制，难道这也全无用处吗？对学问的诚挚而坚定的爱，难道也全无用处吗？一颗免除了一切罪恶的污点的心灵，难道也全无用处吗？波里比乌斯悲痛不已，因为受到他的一位兄弟的命运的警醒，他害怕这样的命运会落在其他兄弟身上，所以他甚至害怕别人安慰他的悲痛。这是何等的羞耻啊：尽管恺撒对波里比乌斯恩宠有加，他却悲伤不已，痛苦难当！哦，不羁的命运之神啊，显然你的目的就在于此——你要表明无人能够受人保护而从你这里逃脱——是的，即便是受恺撒的保护也不行。"

我们还可以继续不断地谴责命运之神，可是我们却没有能力改变它。它残酷无情地矗立着；没人可以用指责撼动它，没人可以用眼泪、恳求影响到它；它不会饶恕任何人，也不会对任何人动恻隐之心。因此，让我们止住悲泣吧，那毫无用处；与其说悲伤能将死者带回到我们身边，不如说悲伤会先行将我们与他们联结在一起。而如果悲伤只会折磨我们而不会帮助我们，我们就应该尽快地将它弃于一旁，将心灵从其空虚的慰藉中，从在悲伤中求得的一种病态的愉悦中召唤回来。因为除非理性止歇住我们的眼泪，命运是不会那样做的。

来吧，向你的四周看看，审视一下所有的人——到处都有没完没了的十足让人悲泣的理由。累人的贫穷让这个人每天都要劳作，永无止歇的野心又在侵扰另一个人；这个人在为他的财富担惊受怕，过去他曾经衷心祈愿获得这笔财富，而现在，愿望的实现却又让其苦不堪言；落寞在折磨着这个人，而围在门口的人群又在折磨另一个人；这个人因为他有儿女而哀伤,那个人又因为失去儿女而悲悼。泪水才刚止歇,令人悲泣的事情便接踵而至。难道你还不明白,自然允诺给我们的是何等样的生活——她宣告人类呱呱坠地后的第一项行为就是哭泣?① 我们就是在那样的开端中出生的,以后整串的岁月也都与那样一种开端相合。我们就那样度过我们的一生,因此,对于这件我们必须如此频繁去做的事情,我们应当有所节制;当我们回首大量伤痛时,即使我们不应将泪水禁绝,至少我们也应对其有所警戒。对于那种我们对之有着频繁需求的东西,我们最需精打细算。

而且,这也将给你不小的助益——如果你细想一下,你为他而悲痛,但是他却最可能因为你的悲痛而不快了;因为他或者不希望你受苦,或者不知道你在受苦。因此,这样一种奉献毫无道理,因为如果你为他悲痛,而他没有知觉,② 悲痛就没丝毫助益;如果他有知觉,你的悲痛也是令他不快的。我可以大胆地说,在这整个广袤的世界里,根本就没有一个引你的泪水为乐的人。你应当好好想想。难道你认为,你的兄弟对你有那样一种无人表露过的意向,即希望你退出日常职责——不再为恺撒服务——以便通过自我折磨损害自己吗?这不可能。因为他所给予你的,总是对一位兄弟的应有的爱,对一位父母的应有的尊敬,对一位上司的应有的殷勤;他希望你怀念他,却不希望给你带来苦痛。因此,你为什么要选择在苦痛中憔悴呢?这种苦痛,是你的兄弟也希望消绝的呀,如果死者有知的话。如果是其他任何一位兄弟,对他的善意,我似乎可能还有些许的不确定,对于所有这些事情,我也可能会存疑,并说:"如果你的兄弟希望你受无尽泪水的折磨,他就配不上你的这份

---

① 卢克莱修提供了这一古老口头禅的著名例子。另外参见莎士比亚(Shakespeare),《李尔王》(*King Lear*),第四幕,第六场:
　　当我们生下地来的时候,禁不住放声大哭,因为我们来到了
　　这个尽是些傻瓜的大舞台上。
② 伊壁鸠鲁主义者教导说,灵魂会随肉体的消灭而消灭。

情谊；如果他并不希望如此，就停止这令双方都感到苦痛的悲伤吧；一位无情的兄弟不应该以这种方式受人的哀悼，一位有情的兄弟不想以这种方式受人的哀悼。"可是就你的兄弟来说，他的手足之情已得到那样明确的证实，以致我们完全可以肯定，看到他这次的不幸让你悲痛难当，看到他这次的不幸以任何方式给你带来忧伤，看到他这次的不幸，竟然还给你那最不应当承受如此巨大创痛的双眼带来因涕泪不止而生的病痛和衰竭，都是最令他苦痛的事。

然而，为了抑止你对那些毫无助益的泪水的爱恋，最为有效的是这种想法——你应通过勇敢承担命运之神的不公，以便为你的兄弟们作出表率。这就是伟大的将军们在灾难期间行事的方式——他们刻意装出快活的样子，通过佯装快活来掩饰不幸，以免士兵们也会同样变得怯懦起来（如果他们看到了领袖已精神崩溃的话）。你现在也必须做同样的事情。你要装出一副可掩饰你的情感的表情，而且，如果你能做到的话，就将你所有的悲痛统统地抛弃；如果你做不到，也要将它埋藏在心里，不要让它显露出来，并尽力让你的那些兄弟们都来效仿你（你在做的一切，在他们看来都是对的，你的表情可赋予他们勇气）。对他们而言，你应该既是他们的慰藉，也是他们的慰藉者；可是，如果你沉浸在你自己的悲痛中的话，也就难以抑制他们的悲痛了。

还有，这也许这也会让你免于过度的悲痛——如果你提醒自己，你所做的一切，没有一样可以保得住密。公众舆论已经分派给了你一个重要角色；你必须维系它。一大群慰藉你的人都环绕而立，他们要探查你的内心，察看它在面对悲痛时拥有多少力量，察看你是否只知道如何熟练地应对幸运，或者你也能勇敢地承担不幸。他们会密切盯视你的双眼！拥有更多的自由的人更容易隐藏自己的情感；你却不能自由地拥有任何秘事。命运之神已将你置于强光之下；所有人都会知道，你在你的这一创伤之下的行为举止——在遭受打击的那一刻，你是放下了你的武器，还是坚守住了你的阵地。从前，恺撒的宠爱把你提到了一个较高等级，你的文学追求也已提升了你。一切庸俗的、低劣的东西都与你不相宜。然而还有什么事情比放纵自己、让自己在悲痛中彻底毁灭更为卑贱和软弱呢？尽管你与你的兄弟们拥有的是同等的悲痛，你却不能拥有与他们同等的自由；有许多事情，是其他人对你的学识和品质形成的评价所不允许你去做的——人们要求于你的有许多，期许于你的也有许多。如果你希望能随意做任何事，你就不应将所有人的注意力都集中到你身上；事实上，你必须实现你许诺下的一切事。所有那些赞颂你的天才的成果的人，所有那些阅读了你的大作的人，所有那些不需要你的伟大却需要你的天才的人，都在注视着你的心灵。因此，当你做下任何与你要做一个贤人与学者的声言不相称的事情时，他们都会后悔曾经仰慕过你。你不能过度悲伤，而这也不是唯一一件你不能做的事情；你不能一直睡到白日时分，或者从公务的烦琐中逃离到那乡间憩息的闲暇中，也不能出国旅游寻欢作乐，来振作你那因在负有烦琐职责的岗位上持续地守护而疲惫不堪的躯体，或者让你的心灵沉浸于各式各样的表演中，或者按照你自己的意愿安排你的日程。许多事情，隐藏在拐角里卑下潦倒之徒可以做，你却不能做。巨大的幸运，就是巨大的奴役。你不能由着你的意做任何事情。你必须倾听无数人的声音，有无数的陈情书[①]必须要处理；从世界各地聚集到此的大堆事务，必须由你仔细斟酌，以便它能以适当的次序引起最为显赫的君王的关注。我说，你不被允许去哀泣。为了你能聆听偌多的哀泣者——为了你可以拭干那些身处危难之中并希求从恺撒的仁慈中获取宽恕的人的泪水，你必须拭干你自己的泪水。

迄今为止，我的提议涉及的只是比较温和的治疗法，不过它们对你还是会有帮助的；可是如果你打算忘却其他一切事情——那就想想恺撒

[①] 波里比乌斯的翰林职位的任务是处理写给皇帝的陈情书和请愿书，并以皇帝的名义起草回复。

吧。想想对他的浩荡皇恩的报答，你欠下的是怎样的忠诚、怎样的勤奋；尔后你就会明白，你不能在承载的负担下弯腰，就像他①不能弯腰一样——如果真有像神话里讲述的那么一个人，他的肩膀擎起的是这片天空的话。即便是恺撒本人，这个一切事情都可做的人，也因同样的原因，有许多事情不能做。他的不眠保障了所有人的酣睡，他的辛苦护卫了所有人的安逸，他的勤奋换取了所有人的消遣，他的操劳赢得了所有人的休憩。在恺撒把自己献给茫茫世界的那一天，他就把自己从自己那儿夺走了；他甚至就像是永不停歇的、一直在轨道上运行的行星，从不能作稍许的停留，或为自己做任何事情。所以，在某种程度上，同样的需要也加在了你的身上；你也不能关心自己的利益或你的书籍。既然恺撒拥有着整个世界，你就不能浸于或欢愉，或悲痛或任何其他事情中；你应当把整个自己都献给恺撒。此外，因为你总是声称，恺撒对你而言比你自己的生命还重要，那么在恺撒健在之际，你抱怨命运之神就是不对的。只要恺撒还活着，你的亲人就活着——你就一无所失。你的双眼不仅不应有泪水，而且甚至应该是欢乐的；在恺撒身上维系着你的一切，他代替了所有的人。在他健在之际，如果你放任自己为任何事情流泪，你就缺乏对你的好运的感激之情；然而这与你通情达理的、忠心耿耿的性情是完全相违的。

此外，我还要为你开一服虽然不是更为有效，然而却更适用于私下使用的药方。每当你回转到你的家中之际，便是你的悲痛侵袭之时。因为只要你所景仰的人在你的眼前，悲痛便没有接近你的机会，恺撒主宰着你的一切；然而一旦你离开了他，悲痛就像找到了一个良机，它便埋伏着等待你的孤寂，悄悄地乘虚而入你的心灵空虚。所以，你没有任何理由让你的一丁点的时间脱离文学的影响。到那时，就让多年来受到你虔诚地挚爱的书籍来报答你吧，到那时，就让它们要求你充当它们的大

---

① 即，擎天神阿特拉斯（Atlas）。

祭司和爱慕者吧，到那时，就让荷马与维吉尔（人们对他们的感激之情不亚于对你的感激之情，而你希望能让更多的人知道他们①）经常与你做伴吧；你交由他们去保护的时间实在是安全的。而且，尽你所能地去编写一部恺撒行传吧，这样，由他宫中作家写的传记就会引发千秋万代各种关于他的传记。因为就历史的塑造与写作而言，恺撒自己将为你提供最好的素材和模型。

我不敢进一步催促你这么做：以你特有的才能，去整理伊索（Aesop）的故事和寓言——这一任务，是罗马的英才至今也未曾尝试过的。②对于一颗遭受如此沉重打击的心灵，如此迅速地着手这种较为轻松明快的文体，确实是件艰难的事；然而，如果心灵能够从较为严肃的作品转到这些要求相对不那么严格的作品，你就可以把这种转变当做心灵已经重获其力量并再次回归自身的证据。因为前者所论述的主题的严格性，会使那依旧在受苦的、苦苦挣扎的心灵分散注意力；而对那必须舒展着额头去思考的后者，除非心灵已经完全回复了其本来的和谐，否则心灵就不能持续下去。所以，你的任务的第一步，将是关注更为严肃的主题，让你的心灵得到艰苦的历练，尔后，再以较为轻松的主题去缓解心灵的紧张努力。

还有一种极大的慰藉方式是：如果你经常反躬自问："我是在因自己的缘故而悲伤，还是在因逝者的缘故而悲伤？如果是因自己的缘故，那么这一系列的情感便是无益的。我的悲伤的唯一合理之处也许是其高贵性，但是当它考虑个人利益时，也就开始背离了兄弟之爱了；就一个好人而言，在为兄弟悲伤时却精打细算，这是最不适宜的了。

如果我是因他的缘故而悲伤，我就必须确定在以下两种观点中，哪一种是正确的。如果死者毕竟已毫无知觉，我的兄弟就已经脱离了人生

---

① 波里比乌斯已经把荷马史诗翻译成了拉丁文，把维吉尔的诗歌翻译成了希腊文。
② 塞涅卡忽略了这样一个事实：在提比留斯治下享有盛名的菲德洛斯（Phaedrus）已经把伊索的寓言变成了拉丁诗。

的一切不幸并且回复到了他出生前所处的状态,而且,因为他已经免除了一切不幸,所以他一无所惧,一无所求,一无所苦。那么,我居然为了一个永不再悲伤的人不止不歇地悲伤,这是多么愚蠢啊!然而,如果死者毕竟还保有某种知觉的话,那么此刻我兄弟的灵魂由于已经从长期禁锢中解脱了出来,终于成为了它自己的支配者和主人而狂喜,将享受自然的奇观,将从它所处的更高的位置俯视芸芸众生,能够更加靠近凝视那些神性事物①(灵魂曾经长期徒劳地寻求着对它们的解释)。所以,对于那个或者幸福或者不存在的人,我为什么要在对他的思念中憔悴下去呢?为一个幸福的人悲伤是嫉妒,为一个不存在的人悲伤,是愚蠢。"

或者是这种想法导致了你的悲痛——正当巨大的幸福降临到他头上时,他却无缘消受?然而就在你念念不忘他已然失却的诸多事物时,他也应想想,这里还有更多他再也无须惧怕的事物。愤怒折磨不到他,疾病侵袭不到他,疑忌困扰不到他,那总是对他人的成功充满敌意的啃啮人心的嫉妒攻袭不到他,他将不会因担惊而心神不安,他将不会因随时改变其恩宠的命运之神的反复无常而提心吊胆。如果你细细地考量,他逃脱的东西多过他失去的东西。他将享用不了财富恩惠,也享用不了宫廷的特权——他自己的连同你的一道;他再也不会接受恩惠,也不会施与恩惠。难道你认为,他会因为失去了这些东西而不幸,或者会因为没有错失它们而幸福吗?相信我,一个不需要好运的人,相比于一个好运就要落到他头上的人,会更加幸福。所有那些以其华丽然而欺骗的诱惑来取悦我们的事物——金钱、地位、权势,以及人类在其盲目的贪婪下艳羡不已的其他许多东西——只会给它们的所有者带来忧烦,在旁观者的心中激起嫉妒,最终也会毁了那个它们为之增光添彩的人;它们更多的是一种威胁,而非一件善物。它们不可靠又不确定,从来就不能被人

---

① 在许多斯多亚主义者的教导中,天体与诸神是同一的。

幸福地拥有；因为纵使不应为未来发愁，然而仅仅对巨大幸运的维持，就是让人忧心忡忡的。如果我们打算相信一些对真理有着更加深刻的洞察的人，整个人生都是一场折磨。一旦陷入了这片深不可测的、动荡不已的海洋，这片随着变换的潮汐涨涨落落的，一会儿以好运的突然降临将我们举起，一会儿又以更大的损失将我们冲下并一刻不停地将我们抛来抛去的海洋，我们就再也无法固定地待在一个地方；我们在高处晃荡，被到处抛掷，彼此碰撞，有时还会遭到毁灭，并时刻为毁灭而忧虑；对于那些航行在这片海洋（它风暴频频，而每次的暴风都能影响到它）上的人而言，除了死之外，根本就不存在什么港湾。所以不要妒忌你的兄弟现在的状态——他在长眠。最终他自由了，最终他安全了，最终他成就了不朽。他离开了继续活着的恺撒和恺撒的所有子孙，他离开了继续活着的你和你们二人的兄弟。当命运之神仍旧站在他的近旁，以她慷慨的双手施恩之时，在她还没来得及对她的恩惠作任何改变之前，他就离开了她。他现在在空旷无疆的天空中狂喜着，他已从一个卑俗的沉沦的地方，急速飞升到那个地方（不管它是什么），那个地方会用其热情的拥抱，接纳那些从桎梏中解脱出来的灵魂；他现在在那里徜徉，他以极度的狂喜，勘察自然的一切福祉。你错了——你的兄弟并未失去白日之光，相反，他赢得了更加纯粹的光明。去那里的路对我们所有人而言都是一样的。我们为什么要为他的命运哀悼？他并未离开我们，而只是走在了前头。相信我，在死亡这种命运中存有巨大的幸福。我们确定不了任何事情——甚至确定不了一整天的事情。在真理的昏暗不明之处，有谁能够预言，死神是要存心伤害你的兄弟呢，还是想要谋划他的幸福？

请在所有事物上保持公正。这种想法也必将给你慰藉——你并未因为失去了一位兄弟，便受到了什么不公的对待；相反，因为你能那样长久地拥有和享受他的挚爱情感，你其实是蒙受了恩惠。不尊重赠予者对赠品的支配权的人，是不公的；那不将他所获得的一切当作是收益，却将他所归还的一切当作是损失的人，是贪婪的。那将欢愉的终结称作一种不公的人是忘恩负义者；那认为除非幸福就在眼前，否则幸福就毫无愉悦可言的人，那不能也从过去的幸福中找到慰藉、不感到逝去的幸福因为无须担忧其终结而更加稳固可靠的人——这人便是一傻瓜。那认为他只能从他现在拥有的和看到的事物中获得愉悦，而把他曾经享有的这些同样的愉悦当作虚无的人，他把他的愉悦限制得太狭窄了；因为所有的愉悦都会迅即离我们而去——它流淌不息，飞速消逝，在几乎还未来临之前便已远去。所以我们的思绪必须转向已然逝去的时光，我们必须记取一切曾经带给我们愉悦的事物，我们必须对它进行反复地咀嚼；对愉悦的回想比现实的愉悦更加持久可靠。那么，就把这当作你最大的幸福吧——你曾经拥有一位杰出的兄弟这件事实！你没有理由去想着你本可再拥有他多长的时间——相反，你应该去想你曾经拥有了他多长时间。自然把他给予了你，恰如她给予其他人以他们的兄弟一样，然而却不是作为一件永久的财产，而是作为一宗借贷；在她看来最适合时，她就会收他回去；引导她行事的，不是你已经充分拥有了他，而只是她自身的法则。如果有人因他不得不偿还借来的钱财而气愤——特别是那种他无须付息使用的钱财——难道他不会被人认作是个不义之人吗？自然把生命赋予了你的兄弟，她同样也把生命赋予了你。如果她要求你的兄弟早点偿还她的借贷，她只不过行使了她自己的权利；错并不在她，因为她开出的条件是众所周知的；错误倒在人类心灵的贪求，人类的心灵经常忘记了自然是什么。除非有人提醒，人类的心灵从来就不记得他们自己的命运。因此，为了你曾经拥有过那么一位好兄弟，为了你曾有机会享有他而欢欣吧；尽管这段时间比你所希望的要短暂，还是把它当作极大的好处吧。细想起来，拥有他是最令人愉悦的；失去他，也是人类的命运。如果一个人因为未能足够长时间地享有兄弟之乐而悲伤，却不因为那样一种幸福毕竟曾经属于他而欢欣，没有什么事情比这更不和洽的了。

"可是，"你说，"他被出其不意地从我身边夺走"。所有人都被他自己的轻信所蒙蔽，在涉及他的所爱时，他更是刻意忘却人类必死的命运。可是自然已经昭示，任何人都逃脱不了她苛严的法令。每天，相识者与陌生人的葬礼都在经过我们的眼前，可我们却视而不见，我们只把那种事件（对于它的来临，整个人生一直在警示我们）当作突发的。因此，这并非命运之神的不公，而是人类心灵的悖逆，因为心灵对一切事物的不知餍足的贪婪，故恼怒于离开一个它仅仅被有条件地允许来到的地方。当某人听闻爱子的死讯，却发出这样的堪与一位伟人相称的话语："当我生下他时，我就知道他是要死的。"① 这样的人不知要正直多少。我们根本无须惊奇，那样一个人的儿子，是个能够慷慨就死的人。他并未将爱子的死讯当作一件怪事；因为既然一个人的一生，不过是段通向死亡的旅程，他会死，这又有什么值得惊奇的呢？"当我生下他，那时我就知道他是要死的"，他说。而后他还说了几句甚至表现出更大智慧和勇气的话语："正是为了死亡，我才养育了他。"我们所有人被养育大，都是为了这个目的；所有降临人世者，注定都是要死的。所以让我们为将要被赋予我们的一切欢欣吧，当我们接到偿还的要求，就让我们把它还回去吧。命运女神这次逮住这个人，下次又逮住另一个人；她不会漏掉任何人。那么，就让心灵随时做好准备，让它永远不要惧怕一切必然发生的事情，让它总在预想可能发生的一切事情。

我有何必要向你讲述将军们及他们的后裔？我有何必要向你讲述那些因担任多次的执政官职务或因为累累战功而闻名，现已完成了其职责的人？所有的王国连同它们的国王，臣民连同他们的统治者，都已魂归九泉；所有的人，甚至可以说所有的事物，都在为他（它）们的末日做准备。他们并非全都有着相同的结局，生命会在这个人的事业中途抛弃这个人，它也会在另一个人事业刚刚起步时离开那个人，它还会在另

---

① 这里和后面的引文选自恩尼乌斯（Ennius）的悲剧《特拉墨》（*The Telamo*）。这里指的是特拉墨的儿子，死去的亚甲克斯（Ajax）。

一个人垂垂老矣，已到油尽灯枯、急于辞世时，才不情不愿地放开他；这个人在一个时间死去，另一个人在另一个时间死去，然而我们所有人却都在向着同一个地方行进。我不知道，究竟是对必死性的法则一无所知更加愚蠢，还是拒绝遵从这一法则更加狂妄。

现在，让我们转向那些因你的天才的努力而闻名的诗篇，你用那样精湛的技巧将它们变成了散文，以至于尽管它们的诗歌形式已不复存在，却依然保有其所有的魅力（因为你已经那样出色地完成了将它们从一种语言转换成另一种语言的这一最艰巨的任务，以至于它们的一切优点都一道进入了这另一门语言当中）——随你的愿，挑选这两位作者中的任何一个，你将发现，在他们的作品中，没有一本未曾提供无数人生变迁的例子，没有一本未曾提供无数出人意表的不幸的例子，没有一本未曾提供无数因这种或那种原因让人汹涌泪水的例子。读吧，用你在强有力的话语中表现出的巨大气势诵读吧；突然的中断、诵不出言辞的气势，都会让你觉得羞惭的。千万不要让这种事情发生：所有把你的作品当作典范来尊崇的人，都会奇怪那样一副轻易崩溃的精神，怎能写出那么有力而深刻的作品。

你不如从折磨你的思绪，转到你所拥有的众多可提供给你巨大安慰的事物上来，看看你的令人敬佩的兄弟们，看看你的妻子，看看你的儿子；对于这份不公正的惩罚，命运之神已经用他们所有人的生命来向你寻求和解。你有许多人的挚爱情感可以依靠。你让所有人都以为，你为一个人而生的悲痛，比这许多可为你提供安慰的事物都重要。让自己从这种羞耻中走出来吧。你知道，他们所有人都和你一样，一直在受着折磨，你也知道，他们拯救不了你——非但如此，就他们而言，他们甚至希望你能拯救他们；他们的学识比你少，他们的承受能力也就比你小，而你也就越加必要勇敢承担这共同的不幸。而且，与许多人分担悲痛，这本身就是一种安慰；因为，如果悲痛被散发到众人当中，留下给你的那一份必定就小。

致波里比乌斯的告慰书

我还将不停地让你反复想到恺撒。在他统治这个世界时，在他展示用恩惠保卫这个帝国比用武力要强出不知多少时，在他掌管人类事务时，你对任何损失都不必担心；在这一泉源中，有着你充足的防护、丰厚的慰藉。振奋起来吧，每当你泪水盈眶，就让你的双眼注视在恺撒身上；一看到他那极度的伟大和他的神性的光辉时，泪水就会干涸的；他的卓越会令双目晕眩，以至于它们看不到其他任何东西，只会一直盯着他本人不放。他，这个你日夜看到的人，这个你一直景仰着的人，必须充满你的内心，你必须请他来支持你对抗命运之神。而且，他的仁慈是那样的伟大，他对所有追随者的亲切的厚待是那样的伟大，我毫不怀疑，他已经在你的这个伤口上涂上了许多止痛药：我毫不怀疑，为了抑止你的哀伤，他已供应了许多事物。而且，即使这些事情他一样都没做，对你而言，难道看到和仅仅想到恺撒，这本身不是立即就可以成为最大的安慰吗？但愿诸神和诸女神能把他长期借给人间！但愿他的成就堪与圣奥古斯都的比肩！但愿他能比圣奥古斯都还长寿！只要他还活在人世上，但愿他就不会知晓他家中有人会死！但愿他能用长长的论证推荐他的儿子①为罗马帝国的王，但愿他能证明他是他父亲的同僚，而不是他的继承人！但愿我们迟一些知道他的族人要为他祈求天堂！

哦，命运之神，不要让你的手触及到他，除了你对他施恩之外，不要在他身上展示你的力量吧。就让他治愈长期病痛困苦的人类吧，就让他将所有因以前国王②的疯狂搞得乱七八糟的事物归于原位吧！但愿这轮照耀着渊薮深陷、暗无天日的世界的红日，永远生辉！但愿他为德国带来和平，但愿他能开发英国，③ 为他父亲的胜利和新的胜利再次庆贺！而在他的诸种美德中占据首要地位的仁慈，将燃起我的希望：我

---

① 这里指的是麦瑟琳娜（Messalina）的儿子布列塔尼库斯（Britannicus）。克劳迪乌斯真正的继承人是他的继子尼禄。
② 指疯狂的卡里古拉。
③ 克劳迪乌斯统治的主要成就是征服英国（公元43年）。

135

也必将目睹他的诸多美德。因为他在贬抑我时，并未下决心对我永不录用——不，他甚至从来就没有贬抑我；相反，在我遭到命运之神的侵袭，即将倒下时，他抑制了我的跌倒；在我正陷入毁灭时，他用他那神性之手的抚慰力量，令我轻柔地落下；他为了我向元老院恳求，他不仅给了我生命，他甚至为我求得了一条命。① 让他关照这事吧——让他按照他的意旨考虑我的案子吧。要么他的正义会判定这是好的，要么他的仁慈会使这事成为好的；不管他判定我是无辜的，还是他希望我是无辜的——在我的眼中，二者都同样展示了他的仁慈。同时，我自身之悲惨遭遇的最大安慰，就是看到他的仁慈广布于整个世界；因为即使在我被流放的这个偏远角落，他的仁慈也让许多多年来陷于身败名裂之下的人重见天日，让他们的冤情重新大白于天下，我并不担心我是唯一的那个被他的仁慈所遗漏的人。然而毕竟是他本人最清楚应当拯救每个人的时间；就我而言，我将努力做到不让他羞于拯救我。哦，恺撒，你的仁慈多么神圣，它让你治下的流放者，比新近在盖乌斯治下的王子们生活得还要安宁！他们不会心神不安，也不会时时刻刻以为会有刀剑相加，不会因看到每艘船的来临而抖缩；有了你，他们不仅可以限制命运之神的残暴，而且抱有命运之神会更加仁慈祥和的希望，而不管她实际如何。人们应当知道，那些霹雳确实是最公正的，它们甚至会让它们曾经严惩过的人敬拜它们。

所以，这位堪称全人类之普遍安慰的王，如果我没完全弄错的话，已经让你的精神重新振作了起来，他已经在那样严重的一个创口上敷上了更加有效的药物。他已经在各方面激励了你；凭借他的博闻强记，他已经向你提供了所有能够把你的心灵带到一种宁静状态的范例；他已用他惯常的雄辩，将所有圣贤的告诫置于你的面前。所以，没有人能比他

---

① 塞涅卡遭遇不幸的这些细节，并不为人从任何其他来源知晓。他遭放逐的原因一般认为起于他与卡里古拉的臭名昭著的姊妹朱莉娅的密谋。

更好地将安慰者的这些能力集于一身。言辞，一旦由他说出，就好似神谕，具有非凡的力量；他的神性的威严，会让你的悲痛的一切锋芒得到消解。那么，就试想他如此对你说："在命运之神挑选出来进行剧烈的伤害折磨的人当中，你并非是唯一的一个；在整个世间，没有一个家庭，也从来没有一个人，没有供其哀悼的对象的。我将略过大众的例子，这些例子，尽管它们分量较轻，但却也是不计其数的——我将让你把注意力集中到纪事表①和国家编年史上来。你看到所有这些摆满了恺撒家族的大厅的半身像了吗？所有这些人，都是以曾有某些不幸降临到他们亲人身上为标识的；所有那些其荣耀足以令时代增辉的人，或者因对亲人的渴念饱受折磨，或者他们的亲人因对他们的渴念而承受最痛苦的心灵煎熬。"

"我有何必要提醒你记起西庇奥·埃弗里卡努斯呢？在他本人流放期间，却获悉了他兄弟的死讯。这位把他的兄弟②从监狱中抢夺出来的兄弟，却不能从命运之神那里夺回他的兄弟。埃弗里卡努斯的兄弟之爱向所有人彰显了他对平等权有多么蔑视；③ 因为，就在他把他的兄弟从法庭传唤人的手中解救出来的那一天，他（尽管没担任公职）还干预了一位保民官的多项举措。然而正如他在为他的兄弟辩护时一样，在为他的兄弟而悲痛时，他也展现出了其精神的同样伟大。我有何必要提醒你记起西庇奥·艾米里安奴斯（Scipio Aemilianus）④ 呢？他几乎同时看到他父亲的胜利和他两位兄弟的葬礼。然而，尽管他当时不过是位少

---

① 高官历年的记录，如特使年表（*Fasti Consulares*）。
② L. 科尔涅利乌斯·西庇奥·阿撒阿提库斯（L. Cornelius Scipio Asiaticus），在他公元前190年征服叙利亚（Syria）的安提奥库斯之后，被控收受了国王的贿赂，挪用了付给政府的钱。
③ 即，政府的共和形式。
④ 这是个被收养的西庇奥，论出生是伊米里乌斯·保路斯（Aemilius Paulus）的儿子。保路斯在公元前167年战胜了马其顿的珀耳修斯（Perseus）。他的两个年纪较小的儿子，一个在他胜利的前几天死去，另一个在他胜利后的几天也死去了。这位西庇奥，人们更熟悉的是他的称号"小埃弗里卡努斯"，他在公元前146年摧毁了迦太基。

年,甚至可说是个男孩,他却以与一位大丈夫相称的无畏勇气,承受住了那次在紧接保路斯的胜利前后降临到他家中的突然不幸,他始终坚信,西庇奥不会让罗马城失望,迦太基也不会比罗马城更长久。

"我有何必要提醒你记起两位卢库里(Luculli)?他们之间的纽带,唯有死亡才将之打破。我又有何必要提醒你记起庞培一家?残酷的命运之神甚至不允许他们在一次灾难中共同死去。首先,塞克斯都·庞培就比他的姊妹①活得更长,因了他姊妹的死,将罗马人紧密联系在一起的和平纽带断除了,他同样比他杰出的兄弟活得更长,命运之神把他的兄弟高高举起,目的只不过是把他的这位兄弟从顶点掼下,这个高度并不亚于她把他的父亲掼下来的高度;然而,即便在这次不幸之后,塞克斯都·庞培还经受了不少重压,其中不仅有悲痛的重压,还有战争的重压。因死亡而隔绝的兄弟的例子,比比皆是,不可胜数——不只如此,人们几乎还从未见过有什么兄弟是一起老去的。可是我将只限于列举我自己的家庭的例子。谁会如此缺乏情感和判断力呢?谁会在知晓命运之神甚至垂涎恺撒一家人的眼泪时,却为命运之神将悲痛带给其他人而抱怨。

"圣奥古斯都痛失了他亲爱的姊妹奥克塔维亚。即便是他,这样一个自然预定其上天堂的人,也不能免除悲恸的命运——非但如此,他还受到种种亲人丧亡的侵袭,当他计划好让其外甥当继承人时,却又失去了他。我不去逐一枚举他的不幸,简而言之,他失去了他的养子,②他的子女,他的孙子,当他逗留在人间之中时,没有谁的遭际比他的遭际更能显明他更像一个凡人了。然而,他那颗可以承担所有事物的心灵,亦勇敢地承担了这许多深切的痛楚,圣奥古斯都作为胜利者,不仅高居于异国之上,而且高居于悲痛之上。

---

① 从下文看,塞涅卡似乎混淆了塞克斯都的姊妹庞培娅与恺撒的女儿、老庞培的妻子朱莉亚。

② 首先是马塞卢斯(Marcellus),后来是朱莉亚的丈夫 M. 阿格里帕(M. Agrippa)。

"盖乌斯·恺撒,圣奥古斯都的孙子,我的伯祖,在他刚成年时,便失去了他深爱的兄弟卢西乌斯(Lucius);作为罗马青年之王,[①] 就在他准备帕提亚战争(Parthian War)期间,失去了年岁相当的另一位'王'。相对于他后来的身体创伤而言,这种心灵上的创伤要沉痛得多;可是他极其正直勇敢地将二者都承担了下来。

"当我的伯父提比留斯·恺撒正在拓展德国的偏远疆域,令最凶残的部落臣服于罗马的威权之下时,却失去了他的弟弟,也就是我的父亲杜路苏斯·格马尼库斯(Drusus Germanicus),此时他把弟弟抱在臂弯,印上最后一吻。然而,他不仅控制住了自己的悲恸,同时还要求他人控制住悲恸;当整支军队不仅悲不自胜,甚至心神涣散,要求受人爱戴的杜路苏斯的遗体归为己有时,他强制军队遵守罗马的哀悼方式,并且下令,不仅要在战斗中,而且也要在悲恸中遵守戒律。然而,如果他没有首先止住自己的眼泪,他就难以止住他人的眼泪。

"我的祖父马克·安东尼,这个除他的征服者之外堪称首屈一指的人物,正当他整顿国家秩序时,正当他作为三雄联盟的成员之一,[②] 看不到任何人在他之上——更确切地说,除了他两个同盟者之外,看到所有人都在他之下时,却听闻他的兄弟被处决的消息。哦,不羁的命运之神啊,你把人类的不幸当作了怎样的消遣儿戏!就在马克·安东尼登基为王,手握其国人的生杀大权时,他的兄弟却正被下令处决!然而那样的惨痛,马克·安东尼却以与他曾经忍受其他一切不幸时同样崇高的精神忍受了下来,而这就是他的哀悼——以二十军团[③]的鲜血祭奠他兄弟的亡灵!

"然而还是让我们略过其他一切例子,对其他的死亡闭口不谈吧,

---

① 骑士们赋予这些青年的荣誉称号。
② 公元前43年由屋大维(Octavius)、安东尼、雷必达形成的联盟。
③ 指他在公元前42年的腓力比(Philippi)打败了卡西乌斯和布鲁图斯领导的共和国军队。

即便是我自己,命运之神也曾让我两度感到丧失兄弟的惨痛,她知道我曾有两次可能会受到伤害,然而她也知道我是不可征服的。我曾痛失我的兄弟格马尼库斯,我是怎样地深爱他,所有那些知道挚爱的兄弟是怎样地深爱他们的兄弟的人,肯定都会理解;然而我压制住了我的情感,我既没丢下一件一位友爱兄弟应做的分内之事,也没做下一件君王不宜的行径。"

因此,相信这些都是国父为你举的例子吧,相信他已向你表明所有东西如何在命运之神面前都不是神圣不可侵犯的吧,即便是那些神灵出没的家庭,她也敢于让其历经丧亡之苦。所以,让所有人都不要惊奇于她的任何残虐或不义之举;这个残虐成性的命运之神甚至如此频繁地摇撼英雄之位,所以,在她袭击私人家庭时,她怎么会去考虑正义或自制呢?尽管我们尽情指责她,尽管我们不仅自己抗议,而且代表所有人抗议,她也不会因此而改变;她仍会弃所有恳求和所有抱怨于不顾,我行我素。命运之神在处理人类事务时向来如此,也永远都会如此。从来她就是无所不敢为,以后她也是无所不敢为;她会怒气腾腾地踏过一切场所,仿佛这一直就是她的习惯,有着伤害癖的她,甚至敢于踏入途经诸神庙宇的房屋,① 她会以悲痛作服饰去装扮获得殊荣的门庭。如果她还没有决心彻底毁灭人类的话,如果她还会眷顾罗马的称号,但愿我们可以用共同的祈愿,获取她的这一特许——这位被赐予人类堕落之地的王被她奉为神圣,就像所有人都尊奉他为神一样!就让她从这位王那里学会宽恕吧,就让她宽厚地对待这位最仁慈的王吧!

所以,你应该将你的目光转向这些人——我刚刚作为已上天堂者或即将上天堂者提到的那些人——并平静地顺从命运之神,她现在也正要向你发起攻击了。这种攻击,即便是那些我们凭他们的名起誓的人,也不能幸免;只要一个人模仿众位英雄是可能的,在忍受和克服悲痛方

---

① 可能是指帕拉廷(Palatine)皇宫两旁立有庙宇这件事实。

面，你就必须模仿这些人的坚毅。尽管在其他事情上有着等级和出身的重大差别，但所有人都可获致美德；一个人只要相信自己与美德相称，美德就会相信没有人是与她不称的。毫无疑问，你最好是模仿这些人——他们尽管对自己不能免除这种厄运感到愤慨，然而却判定在这方面把他们放到与其他人同样的水平上，并非不义，而是必死性的法则；他们不会以过多的悲痛和愤怒，也不会以一种软弱的和女人气的方式，去忍受降临到他们头上的厄运；因为感受不到不幸不能算是人，而不去承担它也算不上有男子汉气概。

然而，既然我已经把恺撒家族的所有人都匆匆过了一遍（命运之神已经从这一家族中攫走了许多的兄弟姊妹），我就不能忽略一个应该被从恺撒家族除名的人，一个自然作为人类的毁灭和羞耻而生产出来的人，一个彻底地糟蹋和毁灭这个现在已被最仁慈的君王的恩惠重新缔建起来的帝国的人。在失去了他的姊姊德鲁塞拉（Drusilla）后，盖乌斯·恺撒，一个以奢侈的方式纵情悲痛一如其纵情放荡的人，逃离出其同胞的视线和圈子，不去参加其姊姊的葬礼，不去向她献上例行的祭文，而是躲到他在阿尔巴（Alba）的别墅里，试图以骰子戏、赌盘和其他诸如此类的令其无暇他顾的低俗游戏，来缓解其因姊姊去世而感到的深刻悲痛。这对帝国是怎样一种羞辱啊！赌博便是一位为其姊姊而哀悼的罗马国王的安慰！就是这位神经质的、反复无常的盖乌斯，有时任由他的头发胡子疯长，有时又把它们剪个精光，漫无目的地沿着意大利与西西里海岸游荡，他从来就不明白他是希望他的姊姊受人哀悼，还是受人敬畏，在他为了纪念他的姊姊而修建庙宇和神龛①的整个期间，他会对那些没有表现出足够悲痛②的人施加最严酷的刑罚；这都是因为他在承受不幸之打击时缺乏自制，也正是因为这种自制的缺乏，在因幸运

---

① 摆神像的地方。
② 即，他们已经接受了她是神的化身的观念，没有把她当作一位死者来哀悼。

而趾高气扬时,他便得意忘形。但愿每个有男子气概的罗马人都不要学他的样——他要不就以不合时宜的娱乐排遣他的悲痛,要不就以可耻的怠忽和卑劣助长这种悲痛,要不就以给别人带来苦难这种最不人道的慰藉求取解脱。

可是,你却无须改变你的习惯,因为,你确实已经教会了自己去热爱那些研究,这些研究既能最适当地提升幸运,又能最轻易地减轻苦难,同时它们既是人类最伟大的装饰品,又是人类最伟大的慰藉。所以现在就更专致地潜心于你的研究吧,现在就把它们作为你心灵的壁垒将你自己包围起来吧,为的是悲痛无从找到通达你的突破点。而且,你还可以通过在作品中表达哀思,去延长人们对你兄弟的追忆;因为在人类的成就中,这是唯一一件风暴不能损伤、时间的流逝不能毁坏的成就。所有其他成就,不管是那些石头和大理石块垒叠而成的,还是竖立在又高又大的土堆上的,都不能赢得长时间的记忆,因为它们本身也是要毁坏的;可是天才的名声是不朽的。你就慷慨地把你的天才用到你兄弟身上吧,通过你的天才让人们铭记他的名字吧。相对于以一种徒劳的悲痛去哀悼他而言,通过你的不朽的天才去令他永存,这样会更好。

就命运之神本身而言,即便眼下在你面前为她辩护是不可能的——因为她所给予我们的一切在你看来都是可憎的,这仅仅因为她从你那里夺走了一样东西——然而一旦时间的流逝让你变成一位更加公正的法官,为她辩护仍然是必要的;因为那时你就能恢复对她的好感了。因为她为了抵消这一不公,已经提供了许多东西;为了弥补这一不公,她还将赋予你许多东西;实在讲来,就是这件她现在已经取走的东西,也是她本人施与的。因此,不要再以你的天才与你自己对抗吧,不要再助长你的悲痛吧。你的雄辩,有可能令实际上微不足道的东西显得紧要尊贵,也可能降低事物的重要性,将重要的事物变成只是微不足道的东西;然而还是让这种雄辩在其他情境下保持它的前一种力量——眼下还是让它全力给你安慰吧。然而即便是到了此刻，你也应考虑这是否不会是多余的；因为自然需要我们有些悲痛，可是超出这些悲痛之外就是虚荣心的结果了。我从来就不会要求你连一点点的悲痛也没有。我清楚地知道，有这么一些人，他们的智慧与其说是勇敢，不如说是严苛，他们否认贤哲会悲痛。① 然而在我看来，这种事情从来就不可能发生在这种不幸上；如果他们真能对这种不幸无动于衷的话，命运之神就会逼他们放弃自己狂傲的哲学的，会逼迫他们承认事实，即便这违背他们的意愿。只要理性能够除去悲伤中过度的、多余的东西，她就已经成功地完成了她的任务；任何人都不能希望或要求理性能够让我们感受不到丝毫的悲痛。还是让她维持一种中道吧，这种中道既不像那种漠不关心的状态，也不像那种疯狂迷乱，它会将我们保持在这样一种状态，这种状态是一颗充满深情的而非一颗神志失衡的心灵的标志。让你的眼泪流淌吧，可是也要让它们止歇；让你的胸膛发出最深沉的叹息吧，可是也要让这叹息有个尽头；你要能支配你的心灵，以便既能赢得贤哲又能赢得兄弟们的赞赏。要让你自己以经常回想起你的兄弟为乐，你要既愿在你的谈话中经常地提起他，又愿通过不断的回忆去勾勒他的形象。所有这一切，只要你是快乐地而非涕泪涟涟地想他，你就能够做得到；因为心灵如果一想到某个主题就悲哀，那它就会从这个主题面前退缩，这是自然而然的。想想他的谦逊，想想他在人生之事上的机警，想想他做事的勤奋，想想他对诺言的信守。向其他人详陈他的一切言行吧，你自己也要回想他的这些言行。想想他过去是怎样的，想想如果他还活着，人们可能会希望他变成什么样。因为对于那样一位兄弟，什么承诺都能实现。

我已尽我所能地以一颗因长期不用而衰朽迟钝的心灵，将这些事情串在了一起。如果它们在你看来配不上你的智慧，或者不足以疗治你的

---

① 那是较为严苛的斯多亚主义者的学说。

悲痛，请理解一个被自己的不幸紧紧攥住的人是如何不能从容地安慰他人的吧，请想想拉丁词语是如何不会自动浮现在这样一个人脑中的吧，此人耳中时刻充满着野蛮人的粗俗聒噪，而这些粗俗的聒噪，即便是一个相对比较文明的野蛮人，也会感到苦恼不堪的。

致母亲赫尔维亚的告慰书

我那世上最好的母亲呀,我常常产生去信慰问你的冲动,[①] 然而每次我都遏制住了这一冲动。促使我如此大胆地想要慰问你的原因是多方面的:首先,当我想到即使不能止住你的悲泣,至少可以拭去你的眼泪时,我就觉得应该先把自己的一切灾难撇在一边;而且,我深信,如果我先从我自己的不幸中站起身来,我就会有更多的力量去让你振奋。此外,我担心命运之神尽管已被我击败,却仍有可能征服我的某个至爱亲人。因此,在捂住自己的重创的同时,我尽力匍匐前行,为你包扎伤口。另外,又有一些原因让我暂缓实施我的意图。我知道,在你的伤痛剧烈如初之际,我不应该触动它,以免恰恰是我的安慰之辞,却触发或加剧了你的伤痛。因为就像对付身体上的疾病,不适当地施用药物是最为有害的。于是,我一直都在等待,直到你的悲伤的强度自行减退,悲伤带来的痛楚也因时光的流逝而淡化,渐渐可以经得起治疗;我一直都在等待,直到你的悲伤可以经得起触碰与处置。此外,尽管我翻阅了所有的著述[②],这些著述都是最著名的作家为镇抚和抑止悲伤而作,可我却未能找到一部,是作者本人在亲人们为他哀叹之际,却去慰解亲人们的;于是,在这样一个前所未有的处境中,我迟疑了,我害怕我的言辞起到的作用可能不是慰藉,反倒是雪上加霜。而且,一个从自己的棺椁中探出头来安慰他的亲人的人——他又何必

[①] 塞涅卡从他的流放之所写了这封信,试图减轻他的母亲因他遭受的不幸而感到的悲痛。看来塞涅卡的母亲在孀居后一直与她的父亲住在西班牙。不过在塞涅卡被放逐之前不久,她曾经到过罗马。

[②] 如克朗托(Crantor)的著作《论悲伤》;西塞罗也写过《告慰书》(Consolatio)。所以这是一种古代已成定规的文学类型。

要说些新奇的话语，却不去利用那些普通平常的安慰形式！但是，所有过度的悲痛，其巨大程度必然会攫走措辞的能力，因为它常常甚至会把声音都哽噎住。然而我仍然要尽我所能尝试一番，这并非因为我对自己的雄辩信心十足，而是因为，我自己有能力充当安慰者这一简单的事实本身，就相当于最有效的安慰。我希望，对我有求必应的你当然也不会拒绝——尽管一切悲痛都是顽固的——让我为你的悲痛立一界限。

你看，因为你的纵容，我应承一件多大的事情。我并不怀疑，我对你的影响力比你的悲伤要大，尽管对不幸者而言，悲伤的影响力最大。所以，我不能立即与你的悲伤交战，我首先会赞成它，放任它的滋长；我还会揭开所有已经愈合的疮口。可是有人会说："召回早已隐退的不幸？当心灵连一种悲痛都难以承受时，却让它把它的一切悲痛尽收眼底，这是哪门子的慰解？"可是让他想想，任何时候，当疾病已然恶化到那种程度，以至于治疗也不能抑止其恶化的势头，那么，它们通常就得以逆向的方法加以疗治。所以对于患病的心灵，我会把它的一切苦痛、一切悲惨的形容都展现出来；我的意图不在于以温和的手段去疗治它，而是要烧灼它、祛除它。那么我会赢得什么呢？我会让一颗曾经战胜过那么多苦痛的心灵，羞于再去为了一块躯体上的创伤悲痛，这块创伤不过是因为它的伤疤而特别醒目罢了。所以，让那些人不断地哭泣呻吟吧，让那些人在微不足道的伤害面前昏厥过去吧，他们娇弱的心灵在长久的幸运之下已经是不堪一击了；可是让那些长年饱受磨难的人，以坚定毅然的决心，忍受那些甚至最为巨大的打击。时常发生的不幸，将给饱受磨难的人带来幸福，它最终会让那些频频遭受灾难袭击的人坚强起来。

巨大的灾祸频频落在你的身上，命运之神从未给过你任何喘息之机；甚至就连你出生的那天，命运之神也不曾放过。你一生下来就失去了母亲,甚至可以说,在你呱呱坠地之时,你就成了一个弃儿。① 你在一位继母的膝下长大,然而,你以亲生女儿才有的那种纯孝至爱促使她成为了一位亲生的母亲;尽管即使要使一位继母成为一位好的继母,每位小孩甚至都要付出巨大的代价。我最深爱的舅舅,② 一位优秀且非常勇敢之人,正当你翘首期盼他的归来时,你却失去了他;而命运之神似乎唯恐将她的残虐分割开来,便会减轻她的残虐似的,三十天不到,你又不得不为至爱的丈夫下葬。正是他,让你成为拥有三个孩子的骄傲母亲。这一突然的噩耗,是在你的哀悼才将结束。你所有的孩子都不在你的身畔时来临的。你的不幸似乎都被有意集中于那一时段,为的是让你的悲伤连个依靠的东西都找不到。我暂且略过你曾经历的数不清的危险。数不清的恐惧,尽管它们对你的侵袭不止不歇。然而就在不久前,三个孙儿又弃你而去,你取回了三个孙儿的尸骨。在埋葬我的儿子(他在你的拥吻中死去)不到二十天内,你又听闻我被流放异地。这次的不幸,是你未曾经受过的——为生者而悲痛。

在所有曾经深入你体内的创伤中,这最近的一个,我承认,是最沉痛的;它不仅撕开了外部的皮肤,而且插入了你的胸膛和要害。然而恰如新兵受了一点小伤也会哇哇乱叫,他们面对外科医生的双手比面对刀剑时战栗得还要厉害,而老兵尽管伤势沉重,却平静地、一声不吭地让人洗净他们溃烂的躯体,仿佛身体的这些部分不是他们自己的,所以,你自己现在也应该勇敢地接受疗治。还是不要痛哭叫嚷、悲形于色吧,妇人们往往都吵吵嚷嚷地用这些方式来发泄她们的悲痛;因为如果你至今尚未学会如何承担不幸,那么,那样多的苦难对你的磨炼也就成枉然的了。我现在看上去是在无所顾忌地疗治你了吧?我没有讳言你的任何一次不幸;我已将你的一切不幸都堆放在你的面前。

---

① 指罗马的习俗,根据这习俗,一个新生儿除非得到其父亲的承认,否则就要受死。
② 是赫尔维亚的舅舅还是塞涅卡的舅舅,在此不清楚。

我已经在大刀阔斧地疗治你；因为我已下定决心征服你的悲痛，而不是蒙混过关。而且，如果我首先就能表明，在我这样的境况下，我所有的一切，都不足以让任何人称我为悲惨者（更不用说会让那些与我相关的人因我的原因而不幸了）；其次，如果我转而能够向你证明，那完全决定于我的命运的你的命运，也并非充满苦痛，那么我想我就能够征服你的悲痛了。

首先，我将着手证明你的慈爱所急于听闻的——我没有在承受什么不幸。如果能够的话，我将阐明，你的慈爱促使你想象着在压迫我的那些境况，并非是不堪忍受的；然而，如果你不可能相信这些，无论如何，如果我能表明，处于这些通常会令他人感到悲惨的境况下，我仍旧是幸福的，那么我也会对自己更加满意一些。你不要去相信他人对我的传言；你根本就无须受那些无根据的猜测的烦扰，我自己就告诉你，我并没有不幸福。如果我再加上说，我甚至不可能变得不幸，你可能就会更加放心了。

我们本就生在将于我们有利的境况中，只要我们不完全屈从于它们。按自然的设计，我们要生活得幸福，并不需多么了不得的装备；我们每个人都可创造他自己的幸福。外部事物何足道哉，在两个方向上，它们都没有太大的影响。幸运不会令贤哲扬扬得意，灾祸也不能令他灰心丧气；因为他总是尽可能地完全依赖自身，从自身中求得一切喜乐。那便会怎样呢？我是在说我是一位贤哲吗？绝非如此；因为如果我能做此申言的话，那么我就不仅否定了我是不幸福的，而且也将声称我是所有人中最幸运的，我已被带到了主神的邻近处。而事实上，是我逃到了那能够缓和一切痛楚之所，我已经把自己交托给了贤哲，因为我还未坚强到足以自助，我就到其他人的阵营中[①]——显然地，是到那些能够轻而易举地保护自己和他的跟随者的人的阵营中——寻求栖身之处。他们

[①] 即斯多亚学派。

命我时刻警醒，恰如一位值勤的兵士，他们命我早早预见到命运之神将发起的一切袭击和侵害。她的袭击，唯有在突如其来时，才会重重落下；那总是料想到她的来临的人，则能轻易地抵拒她。因为敌人的到来只能击倒那些疏于防范的人；而那些在战争来临之前，就已从容备战的人，因为已经全副武装，所以就能轻易地抵拒首次的冲击，而首次的冲击往往是最为猛烈的。我从不信托命运之神，即便在她现出和平意图之时；她至为殷勤地加于我身上的种种福祉——钱财、公职和权势——我将它们都存贮到一个所在，以便她能在不惊动我的情况下取回。在它们与我之间，我保持着一段长长的距离；所以她只是从我这儿取走它们，而非撕扯走它们。一开始就不受命运之神的笑脸欺骗的人，没有一个会被胸怀敌意的她压垮。那些恋慕她的赠仪，仿佛这些赠仪便是他们自身的永久所有物的人，那些希图因这些赠仪而受人敬重者，一旦他们那空虚愚蠢的心灵（这种心灵对一切稳定的快乐都一无所知）失去了这虚假易变的快乐，他们便匍匐在地，悲痛不已；可是那不因幸运而趾高气扬者，当幸运转为灾祸时，也就不会因此而崩溃。其坚定不移的品质已是久经考验的人，在面对两种境况时，都能保持其心灵的英勇不屈；因为就在置身幸运中时，他就将证明自己经受厄运的力量。因此，我从来就深信，在那些大多数人祈求的事物中，并不存在真正的善；另外，我也总是发现，那些事物尽管在外部着上了鲜艳诱人的色彩，而里面则空空荡荡，没有一样东西可与其外观相匹配。而在那些所谓的"不幸事物"当中，我现在也未发现大家所臆想或感到那么可怕无情的东西。"流放"这个名称，因其具有一种打动人心的力量和大众的共同看法，在如今的人们听来非常冷酷，使听者觉得它是某种令人绝望的诅咒。正因如此，那些人作出流放的判决，然而贤哲在很大程度上已将这些人的判决取消了。

因此，让我们将多数人的判断置于一旁，不管他们有什么理由相信这种判断，他们不过受事物最初的外观所左右罢了。现在让我们来考察一下,流放是什么。它是处所的一种变更。我不会显出要削弱流放的力量和减损流放所具有的最不利因素的样子,我承认,这种处所的变更也会带来一些害处——贫穷、耻辱和蔑视。这些事情我以后再谈;同时,我想考察的第一个问题是:单单处所上的变更会带来什么不快之事。

"被驱逐出自己的国家是令人难以忍受的",你说。可是你来看看这密集的人群,罗马尽管广袤,它的房舍却也几乎容他们不下;这些人中的大部分现在都已离开自己的祖国。事实上,他们是从自己的城填和属地、从世界各地聚集到此的。有些人因野心来到这里,有些人因公众信托的责任来到这里,有些人因肩负特使的职责来到这里,有些人因为想要寻求一个便利的作恶沃土,受奢华的驱使来到这里,有些人因渴求深造来到这里,有些人因遐迩闻名的景观来到这里;有些人受友谊的吸引来到这里,有些人因为看到展示其才能的广阔天地,受工作机会的吸引来到这里;有些人拿他们的美貌来出售,有些人拿他们的雄辩来出售——每种人都一窝蜂似地挤到这个既肯为美德又肯为邪恶出高价的城市里来。你把他们都喊过来,问问他们每个人:"你来自何方?"你将发现,有过半的人都是离开故土来到这座城市的,尽管这真的是个非常伟大而美丽的城市,可却不是他们自己的城市。而后他们又会离开这个在一定意义上可以说是属于所有人的城市,从一个城市行进到另一个城市;所有城市都会有大比例的外来人口。游历了以其宜人的环境和有利的位置吸引众人的城市,遍览了那荒凉的处所和不毛的岛屿——西阿苏斯(Sciathus)和赛里婆斯(Seriphus),吉阿鲁斯(Gyarus)和柯苏拉(Cossura)①;而后你将发现,没有一个流放之地是无人自愿在其上流连的。有什么地方能像这块岩石②这样贫瘠、四面都这样陡峻呢?有什么地方的资源能比它更为贫乏呢?有什么地方的人民能比它更为野蛮呢?

---

① 马耳他(Malta)附近的一个小岛,其他是爱琴海上的孤立小岛。
② 塞涅卡的流放地,科西嘉岛。

有什么地方的地势能比它更为高低不平呢？有什么地方的气候特征能比它更为恶劣呢？然而在这里居住的外地人比本地人还多。因此，单单处所上的变更，绝非一种苦难。即便这样一个地方，也能吸引一些人离开故土来到这里。我发现有些人说，自然在人的心中植入了某种不安定因素，正是这种不安定因素促使人们试图改变其寓所，找寻新的家园；因为他被赋予了一颗善变不安的心，这颗心不会在任何地方驻留；它来回变动，它的思绪会飞到一切已知和未知的地方——它是一个漂泊者，不安于宁静，唯有在新的场所中才最幸福。如果你考察了它最初的根源，对此你就不会感到惊奇了。它并非由重浊的地球上的物质构成，它是远处天空之精神的降落；而天上的事物在本性上就是不停运动的，它们总是逃离，在最飞快的道途上被驱策着前行。看那普照世界的行星；它们中没一个是静寂不动的。太阳不停地滑行，持续地改变位置，尽管它与宇宙一同旋转，然而却依然向着与世界本身的运动方向相反的方向移动，它匆匆穿过黄道十二宫从不停留；它的运动从无休止，而它则从一个位置换到另一个位置。一切行星永远都在旋转和飞逝；恰如自然的神圣法令所颁布的，它们被从一个位置带到另一个位置；在每个年份的固定期间，它们完成自己的环行后，又要重新开始它们来时的路线。那么，如果存有这种想法：由与这些神性存在物完全相同的元素构成的人类心灵，会被旅行和家园的变更所烦扰，而主神的本性却从持续的和最为迅疾的运动中求得喜乐，或者，如果你愿意，也可说是求得它的继续存在，这该是怎样的愚蠢啊！

来吧，现在将你的注意力从神性事物转到人类事务上来；你将会看到，整个部族和国家的居所都是已改变过的。我们为什么发现希腊的城市位于野蛮人国家的正中心？为什么印第安人和波斯人当中会有马其顿语存在？塞西亚（Scythia）和所有住满了凶狠难驯的部族的辽阔区域，却出现了位于黑海海岸上的希腊人的城镇；没完没了的寒冬肆虐，居民的如其气候般暴戾的性情，并未妨碍人们寻求在那儿安上他们的新家。

一大群的雅典人居留于亚洲；米利都城（Miletus）向各个方向源源涌出的大量人口塞满了七十五城①；被下游海域冲刷过的整个意大利海岸变成了一个大希腊；亚洲声言托斯卡纳人②归她所有；提尔人住在非洲，迦太基人住在西班牙；希腊人③挺进了高卢，高卢人又挺进了希腊④；比利牛斯山脉并未阻挡住日耳曼人⑤的去路——这群躁动不安的人通过无路的、不为人知的区域一直前行，妇女、儿童和上了年纪的老人也随同跟在后面。有些人在一个地方安顿下来，并非是出于他们的选择，而是因为长期的颠沛流离已让他们精疲力竭，所以顺便就在最近的地方安顿下来；其他人则通过武力赢得居留异地的权利；有些部族，因为想要发现一些不为人知的地域，却遭大海吞噬；有些人因衣食短缺，困顿难行，于是就在那个地方落下脚来。

并非所有人离开他们的故土，寻找新的家园，都出于同样的缘由。有些人，因为敌人的武力摧毁了他们的城市，于是便从中逃离了出来，他们失去自己的故土后，被抛入了一片陌生的土地；有些人因国内的争斗被逐出；有些人出离，为的是缓解人口过剩带来的过度拥挤的压力；有些人被迫离开，因的是瘟疫，或一再的地震，或土壤的贫瘠带来的某种不堪忍受的短缺；有些人则因的是名过其实的肥沃海滨的诱骗。不同的人，因了不同的原因，被迫离开他们的家乡。然而至少这一点是显然的——没有一个人留在了自己的出生地。人类不停地前冲后奔；在这个辽阔的世界，每天都有一些改变。新城已然奠基了，新的国名诞生了，而从前的名称则被抹去了，或因与一个更强大的国家合并而失落了。可

---

① 如黑海上或黑海附近的阿比多斯（Abydos）、托密（Tomi）、昔齐库斯（Cyzicus）、奥德修斯（Odessus）和埃及的瑙克拉提斯（Naucratis）等。
② 通常认为，伊特鲁里亚人来自吕底亚（Lydia）（希罗多德：《历史》，第1卷）。
③ 指下面提到的福西亚人（Phocaeans）。
④ 公元前3世纪高卢人在实施多次侵略之后，停在了小亚细亚的盖洛格雷西亚（Gallograecia）或加拉提亚（Galatia）。
⑤ 塞涅卡看来将这些人与格尔提伯里安人（Geltiberians）混同起来了，是这些人在早期从高卢穿越至西班牙。

是，人们的所有这些迁徙——它们不是大规模的流放是什么？我为什么要拉着你绕上一整个大大的圈子？我有何必要援引帕塔维乌姆（Patavium）的那个创建者安特诺（Antenor），以及在台伯河岸树立起阿卡迪亚人的权威的伊万德（Evander）？我为什么还要提及狄俄墨得斯（Diomedes）和其他人？胜利者和失败者都一样，他们都因特洛伊战争而散居于异乡。事实上，罗马帝国本身，如果要追溯的话，它的创建者就是个流放者——一个从他被占领的城市逃离的流亡者，受对征服者的恐惧的驱使，他带着他的一小撮人民，试图寻觅到一片遥远的土地，而命运把他们带到了意大利。反过来，这些人又在每个行省建立起了多少殖民地！罗马人不管征服了哪里，哪里就是他们的居留之所。为了以他乡作故乡，志愿者们欣然地报上他们的名字，而老人也走下祭坛，跟随殖民者们去往海外。此事无须列举更多的实例；然而我还是要加上一个近在眼前的例子。就是这座岛屿。一直以来，其上的居民也在频频变动。更不用说那些久远的年代掩盖着的更为古老的事实了，现在居住在马赛（Marseilles）的希腊人，在离开福西斯（Phocis）后，① 最先落脚的就是这座岛屿。是什么东西迫使他们离开这里，现在还拿不准——是此地气候的恶劣，还是势力强大的意大利近在咫尺，或者是这片海域没有港口的特征；从他们就定居于高卢当时最原始、最野蛮的人群当中这件事实来看，显然的是，当地土著的凶猛不是他们离开此地的缘由。后来利古里亚人（Ligurians）又进驻到了这座岛屿，西班牙人（Spaniards）也来了，正如习俗的相似性所表明的；因为岛上的居民与康塔布里安人（Cantabrians）佩戴的是同样的头罩和同类的脚饰，他们有些语言也是相同的；然而只有极少数的岛民，因为与希腊人和利古里亚人的交往，他们的语言在整体上已经丧失了其本地的特征。再后来罗

---

① 马赛的居民来自小亚细亚的福西亚（Phocaea）（见希罗多德《历史》第1卷，第165节），而非来自希腊的福西斯。

马公民的两个属地的居民被遣送到了这座岛屿上，其中一个是马略遣送来的，另一个是苏拉遣送来的；这样一块贫瘠而刺丛繁茂的岩石，其上的居民却更换了那么多次！简而言之，你几乎找不到任何一块这样的土地，其上的本地人口一直居住到现在；所有地方的居民都是交杂着聚集一处的。一个人跟随着另一个；这个人唾弃的，那个人却又垂涎觊觎；把另一个人驱逐出故土的，反过来又被别人驱逐。命运女神颁布的法律乃是：没有什么东西的命运是始终不变的。罗马人中最有学问的法罗（Varro）认为，除去流放的其他一切弊病之外，单单处所上的变更会被丰厚的补偿所抵消——即，不管我们到哪里，我们必定会在那里找到相同的自然秩序。马尔库斯·布鲁图斯（Marcus Brutus）认为这就足够了——即那些被流放的人可以携带他们的美德一同前往这一事实。即使一个人可能认为，在此考虑的这些因素，单个看来，并不足以为流放者提供足够的安慰，然而他还是得承认，当它们合于一处时，就具有无上的力量。因为我们失去的东西是多么微不足道啊！不管我们到什么地方去，有两样最好的东西会随同我们前往——整全的自然（universal Nature）和我们自身的美德。相信我，这就是伟大的宇宙创造者的意图，不管这个创造者是谁，不管他是一位全能的主神，还是设计了海量作品的无形体的理性，或是以均一的活力渗透于一切从至小到至大的事物中的神性精神，或是命运之神及彼此相连的不可改变的因果链条——我要说，这就是他的意图，即，在我们的所有物中，唯有最没价值的东西才会落入他人的控制之下。一个人的最好的一切，都处于他人的权能范围之外，他们既不能把它给予这个人，也不能将它从这个人那儿取走。自然所创造的最伟大最美丽的苍穹，以及苍穹的最辉煌的部分，即考察和探询这一苍穹的人类的心灵，是我们自己永久的财产，只要我们自己还将继续存在，它们也就会与我们同在。因此，让我们毅然决然地以无畏的脚步快速向境遇指引的任何方向走去，让我们穿越任何一块土地。在这个世界上，找不到一块流放之地；因为在这个世界上，没有任何事物不适于人类。① 从地上到天上，不管你向着哪儿凝望，主神的王国和人类的王国之间，隔着的总是一段不变的距离。因此，只要我的双眼还能看见令它们从不厌倦的景观，只要我能看得见太阳和月亮，只要我可以注视其他的行星，只要我能探寻它们的起落、周期、它们运行快慢的原因的踪迹，只要我能看得见无数的星体在整个夜空闪着微光——它们有些处于静寂之中，而其他一些还未开始伟大的行程，而是在它们自身的区域中盘旋，有些突然间射出，有些以星星点点的光芒蒙蔽我们的眼睛，仿佛它们正在陨落一般，或者飞逝而过，残留的光线在后面拖起长长的尾巴——只要我能与这些事物同在，只要一个人可以被允许与天体存在物联系在一起，只要我可以让我的心灵永远指向高空中这类事物的景观，对我而言，行走在什么样的土地上，这又有什么要紧呢？

"可是"，你说，"这片土地长不出果实累累的或合人心意的树木，浇灌这片土地的水槽，没有巨大的或可供航行的河流与它相连；它生产不出其他国家所需的任何产品，它的产品几乎不敷自家的居民所需；此地既开采不到昂贵的大理石，又无金脉银脉可寻"。然而，在俗世之物中求取愉悦的心灵，实在是狭小的；心灵应该转向天上的事物，它们在任何地方看去都完全相同，在任何地方看去都同样光彩夺目。同时，我们必须记住，俗世之物，因为它们的被虚妄地、错误地认可了的价值，断绝了人们对真正的善物的观看。富人的柱廊伸得越长，城堡建得越高，豪宅延展得越是宽阔，避暑的洞窟掘得越是深邃，宴会厅的屋顶越是赫然地耸现，天国便越是从他的视野中隐去。厄运已将你抛入了一个乡村，在那里最奢侈的庇护所只是一座茅屋吗？如果你能勇敢地耐受它，只是因为你知道这是罗慕路斯（Rumulus）②的茅屋，那么，你确实展现了一种可鄙的精神，给了自己卑劣的慰解。你毋宁这样宣告：

---

① 斯多亚派的世界之城的教义。
② 相传是罗马城的创建者和第一任国王，母狼哺乳的两个婴儿之一。

"这不起眼的茅屋,我想,美德也是有权进驻的吧?当公平、节制、智慧、正义、对一切责任的适当配额的理解,以及对神与人的知识,都可在那里见到,那么它立即就会变得比任何神庙还要庄严。可以聚如此伟大之美德于一堂的地方,没有一个是狭窄的;对于一个可与如此美德同行的人,没有什么流放是令他苦恼的。"

布鲁图斯在他的一部论美德的作品①中说,他看到流放至米提勒涅(Mytilene)的马塞卢斯。② 其生活的幸福程度已达人性的极限,对人文学术的研究兴趣也空前地高涨。所以布鲁图斯补充道,当他打算告别马塞卢斯回罗马时,他感到是他自己要被流放,而不是他将马塞卢斯留在留放之地。作为一个流放者,却赢得了布鲁图斯的赞许;与作为执政官赢得国民的赞许相比,马塞卢斯那时是怎样受到人们的更多肯定啊!那让任何人因为要与一个流放者别离而感到自己是个流放者的人,该是怎样的一个人啊!一个连布鲁图斯(布鲁图斯本就是他的亲眷加图也不得不尊崇的人)都由衷尊崇的人,该是怎样的一个人啊!布鲁图斯还说,盖乌斯·恺撒也曾乘船越过米提勒涅,因为他不忍看到一位落难的英雄。因公众的陈请,元老院确实保证召回马塞卢斯。③ 其时,所有元老院成员是那样急切和悲伤,以至于他们那天的感受看来都与布鲁图斯一般,他们不是在为马塞卢斯恳求,而是在为他们自己恳求,以免他们因为没有马塞卢斯的陪伴而成为流放者;但在布鲁图斯不忍别离马塞卢斯的那天,在恺撒不忍见到被流放的马塞卢斯的那天,马塞卢斯获得的东西要多得多!因为他是如此幸运,以至于拥有了二者的证言——布鲁图斯因离别马塞卢斯而悲痛,而恺撒则因此而羞愧!尽管马塞卢斯是位伟大的英雄,然而难道你会怀疑,马塞卢斯也经常以诸如此类的想法鼓舞

---

① 这是献给西塞罗的。
② 马塞卢斯,恺撒的死敌,在庞培兵败于法萨卢斯(Pharsalus)后,他退回到了米提勒涅。此人曾于公元前51年任执政官。
③ 此事发生于公元前46年,然而马塞卢斯在回家的途中于比雷埃夫斯(Piraeus)被刺。

自己，以坚韧地忍受他的流放吗？"仅仅远离故土并非不幸。你已如此深参典籍，所以你当知晓，对于贤哲，随处是故乡。再则，那个驱逐你的人——在接下来的十年里，他就不会离开故土吗？确实，他离开的理由是帝国的扩张。然而尽管如此，他毕竟是离开故土了。看啊！现在他就要前往危险重重的非洲了，因为那儿战争又要抬头；他就要前往西班牙了，因为西班牙又在重新积蓄已被粉碎的武装力量；他就要前往背信弃义的埃及了——简而言之，他就要前往全世界了，为的是待机摧毁那些曾被摧毁的帝国。先处理哪件事呢？先对付哪一块呢？这位受胜利之害者，将被遍地驱赶。让各个国家去尊崇景仰他吧，而你只要拥有布鲁图斯这样一位崇拜者，就可心满意足地生活！"

如此一来，马塞卢斯就已高贵地承受了流放，处所的变更并未给他的心灵带来一丁点的变化，尽管生活的困苦随同着他。所有还未被颠覆一切的贪婪和奢侈搅到心神错乱的人，都知道在流放中并不存在什么可怕的灾难。因为一个人要维持生计，所需的份额是多么地少啊！一个人如果多少有些长处的话，谁会连这点份额都得不到呢？就我自己而言，我知道我所失去的，不是财富，而是"杂务"。肉体的需求是微小的。它只需免遭饥渴冻馁之苦；如果我们还要觊觎此外的任何事物，那么我们费力去满足的，就不是我们的需求，而是我们的邪恶。我们无须遍寻各大海洋的深处，无须屠杀没有说话能力的动物来充塞我们的肚腹，无须到远洋之滨去费力获取贝类生物——让诸神降灾到这些可怜虫头上吧，这些人的奢靡已然超出了一个帝国的界限，激起了太多的嫉妒！他们想用比斐西斯（Phasis）还远的地方捕来的猎物，去充填他们那自命不凡的厨房，他们恬不知耻地从还未对罗马实施报复的帕提亚人那里获取——鸟类！他们从世界各地搜罗所有已知的和未知的东西，来取悦他们挑剔的味觉；他们的肚子（因不知节制而虚弱不堪）几乎留存不住的食物，都是从远洋掠取来的；他们吐出他们吃下的，又吃下他们吐出来的，他们甚至都不屑于去消化洗劫全世界才准备好的宴席。一个人如果对那些东西嗤之以鼻,贫穷于他能有什么害处?一个人如果对那些东西垂涎三尺,贫穷甚至可以成为他的一种助益;因为他在不由自主中被治愈了,而如果他甚至在强迫之下也不想接受治疗,那么,至少在得不到那些东西的那一段时间里,他也只能表现出不想得到那些东西的样子。在我看来,自然生出盖乌斯·恺撒来,只是为了展示:极度的邪恶,有了至高权力的协助,能够达到什么程度,这个人一天的饮食要花费一千万塞斯特斯[①];尽管所有人都绞尽脑汁来帮他,可他还是想不出一餐花掉三个行省进贡来的钱财的法子!只有看到昂贵的食物才有食欲的人,他们是多么不幸啊!这些食物,并非因为它们独特的风味,或可口好吃,才变得昂贵起来,而是因为它们的稀有,还有获取的难度。否则,如果人们愿意恢复其正常心智的话,要那么多照顾肚皮的技艺做什么?要商贸做什么?要摧毁森林做什么?要洗劫深海做什么?每一片地域,自然都置放了一些食物,它们全都触手可及,可是人类,恰如瞎了眼睛一般,他们毫不理会它们,却满世界游走,当他们只需一点点花费就可缓解饥饿时,却要穿越重洋,花高价去激发他们的饥饿。人们不禁要问:"为了什么你才出航?为了什么你才武装你的同伙,去对付他人和野兽?为了什么你才疯疯癫癫地来回奔跑?为了什么你才在财富之上堆累财富?你确实应该记得,你的躯体有多么的微小!当你只能拥有那么一点点的时候,你却欲求得那样多,这难道不是疯狂和最狂野的精神错乱吗?你可以增加你的收入,扩展你的疆域;可是,你永远扩大不了你肚子的容量。尽管你的事业可以昌盛,尽管战争可以给你带来大量的益处,尽管你可以聚集各地搜罗来的食物,可是你却没有地方贮藏你的积蓄。为了什么你才搜罗那么多东西呢?我们的祖先当然是不幸的——他们的美德,直至今日还在支撑着我们的邪恶,他们亲手准备食物,他们以地为床,他们的屋顶上没有金制的东西闪闪发光,他们的神庙也没

[①] 古代罗马的货币单位。

有奇珍异宝的闪烁。所以,在那些日子里,他们会庄严地凭着泥塑的神像起誓,而那些祈祷者仍会回到敌人那里,[①] 宁死也不愿失信于人。而我们的执政者,[②] 在倾听萨姆奈特人(Samnites)的使节谈话的时候,还在他的炉边忙活,用他自己的双手,用他那曾经多次给予敌人以重创,并曾将月桂花环[③]放在卡比托奈山丘的朱庇特膝上的手,煮制那种最便宜的食物——这个人当然不如我们记忆中的阿皮休斯(Apicius)[④]活得幸福,就在这座城市,就在这座哲学家们曾被作为'青年的败坏者'而被驱逐出去的城市,作为一个小菜馆里的烹调技术老师,阿皮休斯用他的教导染污了这个时代。"了解一下阿皮休斯的结局是值得的。当他在厨房上花费了上亿塞斯特斯之后,当他在每次的狂欢作乐中,把皇帝的众多赏赐和朱庇特神殿的岁入吃得一干二净之后,当债务缠身之时,他平生第一次不得不开始检查他的账目。他算出他只剩下了一千万塞斯特斯,因为考虑到如果要靠这一千万过活的话,他将生活于极度的贫苦之中,于是他服毒自尽。可是,如果一千万都被认作贫苦的话,那么他的奢侈有多么惊人啊!认为钱财的数量而非心灵的状态才是重要的,这将是一种怎样的愚蠢啊!一千万塞斯特斯竟然使得一个人战栗不已,这样一笔其他人祈求获得的钱财,他却用毒药使自己从中逃离!对于一个沉浸于欲望中而不可救药的人,他这最后的一饮确实是最健康的。当他不仅以他那豪华的宴饮为乐,而且还到处夸耀时,当他标榜他的邪恶时,当他把公众的注意力都吸引到他的挥霍无度上时,当他诱惑那些年轻人(这些人即便没有坏榜样的教唆,也会迅速无师自通

---

① 指的是罗马的将军和政治家雷古勒斯,第一次迦太基战争(公元前264—前241年)中的英雄,公元前255年被迦太基人擒获,根据传统,雷古勒斯要被囚禁于迦太基,除非他作为和谈的代表才能回到罗马,此即所谓凭誓获释。到罗马后,据说雷古勒斯力劝罗马元老院拒绝迦太基人的提议,而后遵从他的誓言回到迦太基受死。

② 马尼乌斯·克里乌斯(Manius Curius),因战胜萨姆奈特人、萨宾人(Sabines)和皮洛士(Pyrrhus)而出名。

③ 这是胜利者的特权。

④ 提比留斯时代的一位臭名昭著的美食家,因塞涅卡的记载而变得尽人皆知。

的）师从自己时，那时他就已经在饮食毒药了。这就是那些人易犯的错误：他们不以有其固定边界的理性为标准来衡量财富，而以邪恶的、蕴涵有无限欲望的生活方式为标准来衡量财富。没有东西会满足人的贪欲，然而即便很少的量，也就足敷自然之所需了。因此一个流放者的贫困并不会带来任何艰辛；因为没有一个流放的处所会贫瘠到那种程度，以至于不能为一个人提供足够的给养。

"但是，"你说，"流放可能会让他缺衣少屋"。他对这些事物的欲求，也只是以他必需的程度为限吗？如果这样的话，他就既不会少了容身之所，也不会少了蔽体之物，因为蔽体之物与食物一样，并不需要花费我们多大的气力。自然不会让人连获取他的必需之物都那样艰难。但是，如果他欲求的是在浓厚的染料中浆成紫色的、镶嵌着金线的、饰以各种颜色和样式的图案的衣物，此时他的贫穷，就不是自然的错，而是他自己的错了。即使你把他所失去的一切都还给他，也不会带来任何益处；因为那需要恢复其原来状态[①]的人，他对他所觊觎的一切的缺乏，比作为一个流放者对他曾经拥有的一切的缺乏更甚。如果他欲求的是熠熠生辉的桌台，上面有着金制的容器，有着可用古代技艺家的名头去夸耀的银盘，有着因少数人的狂热癖好而变得昂贵的铜器，如果他欲求的是大群的让宽敞的房屋也变得拥挤不堪的奴隶、因喂养过度而撑得肥肥沉沉的兽类、来自各国的大理石材做的桌面——即使他把所有这些东西都积聚全了，也难满足他那贪求无厌的灵魂，恰如当一个人的欲望不是源于需求，而是源于心中的腾腾欲火时，多少数量的饮品，也不足以灭除那人的干渴；因为这不是干渴，而是疾病。这一看法并非只就钱财和食物而论才是真的。所有不是源于需要，而是源于邪恶的短缺，都具有同样的特征；尽管你积聚了许多东西，这些东西非但不会终止，反而只会助长欲求。因此，那将自己保持于自然界限之内的人，不会感到贫

[①] 即回到他的故土。

穷；而那超出自然界限之外的人，即便他拥有无限的财富，贫穷却会一直追赶着他。即便是流放之地也能提供出必需品，然而即便是天国也提供不出过剩的东西。是精神让我们富足；这精神随我们一同来到流放之地，在最荒凉的旷野中，因为找到了维持身体存在所需的一切，精神本身就在对自身善的享有中流溢。这种精神毫不顾念钱财——在这方面它与不死的诸神分毫不差。那些未受教育的、在肉体的负累下沉沦的人类精神，它们所尊崇的事物——珠宝、金银、锃亮的巨大圆桌——所有这些都是俗世的无用之物，而那未受染污的精神，因为知晓自身的本性，故不会对这些事物生出恋念之情，因为它本身就是轻飘而不受阻碍的，故只待从肉体中解脱出来，便会高翔于九天之上。其间，因受了肢体的滞碍，受了肉体的重负的禁锢，故它只能在倏忽的闪念中，尽其所能地略览天体事物的概貌。所以，这种精神从来就不会因流放而苦痛，因为它是自由的，与诸神同源，它在所有地域与所有世代都自由自在；因为它的思虑遍及宇宙，它可潜心于一切的过去和未来。这可怜的肉体，这灵魂的牢狱和羁绊，被四处抛掷；惩罚、掠夺、疾病都可对它任意施为。但是，灵魂本身是神圣的，是永恒的，没有什么能攻击得到它。

但是，请不要认为我只是利用哲学家的箴言贬低贫穷带来的不幸；除非一个人总想着贫穷是不堪忍受的，否则就没人会感到它难于负担。因为你想一想，首先，穷人在人口中占的比例要大得多，然而你会发现，他们一点也不比富人更悲伤或焦虑；而且，我倒常常以为，穷人还更幸福，因为烦扰他们心灵的事物更少。让我们略过几乎可称得上贫困的富人，来谈谈真正的富人。他们像穷人的场合真多啊！如果要出国，他们就必须减削他们的行囊，任何时候当需要加快行程时，他们就要解散他们的大队仆从。那些在部队里服役的人——因为军营的纪律就是禁止一切奢侈——他们能随身携带的是其财产的多小一部分啊！在特定的时间和地点，他们不得不在真正的需求方面与穷人持平；不仅如此，当他们厌倦起财富来，他们甚至会择出某些日子在地上进餐，使用土制的器皿，避免使用金制和银制的盘子。疯子哟！——这些他们总是惧怕的状态，他们有时甚至又会去渴求它。哦，那些受对贫困的恐惧折磨的人，却为了取乐的缘故，去模仿贫困。蒙蔽他们的，是怎样的心灵的愚昧、怎样的对真理的无知啊！就我自己而言，任何时候，当我回想古时的伟人时，我便羞于寻求任何对贫穷的安慰，因为在现时代，奢侈已经达到了那样一种程度，以至于流放者携带的财物比古代首领的遗产都要多。众所周知，荷马有一个奴隶，柏拉图有三个。严格而刚健的斯多亚学派的创建者芝诺一个也没有。有什么人会说这些人生活穷苦呢，除非说话者想显示自己是个多么大的可怜虫？作为贵族与平民间的调解人的门尼涅斯·阿格里帕（Menenius Agrippa），因为为国家带来了和平，于是公众捐款为他下葬。当阿提利乌斯·雷古勒斯（Atilius Regulus）忙于击溃非洲的迦太基人时，给元老院写信说，他因为忙于国事，农田都荒芜了；于是元老院颁布，只要雷古勒斯没回家，他的农田就由国家代为管理。尽管没有奴隶，他却让罗马人民变成了他的劳工，难道这还不值得吗？西庇奥的女儿们，因为她们的父亲什么都没留给她们，于是国库为她们出嫁资。确应如此啊！因为西庇奥总是强迫迦太基人进贡，罗马人民正好也向西庇奥进贡一次，这再公平不过了。哦，那些少女们的丈夫，有罗马人民做他们的岳父，该有多幸福啊！有些人的女儿过着舞台的生涯，结婚时有着上百万塞斯特斯的嫁资，而西庇奥的孩子们则有元老院做她们的监护人，她们从元老院获取大量的铜币①做嫁资，你认为那些人比西庇奥更幸福吗？当她有着那样一种卓越的血统，有谁还能鄙视她的贫穷呢？当连西庇奥都短了嫁资、雷古勒斯都少了受雇者、门尼涅斯都缺乏葬礼费用时，一个流放者还能因遭受任何短缺之苦而愤愤不平吗？就所有这些人而言，他们短缺的东西，都被充满莫大敬意地提供了，而非因为他们有这种需要。因为有了像这样的一些人做辩护者，

---

① 在早期贸易中，价值单位是一磅铜。

所以，贫穷的原因不仅是无害的，而且是令人喜爱的。

对于这一问题，有人可能会回答道："你为什么要巧妙地将这些事物分开呢？这些事物，如果被分割开来，是可以忍受的；如果合在一处，那就难以忍受了。如果你只是变更你的处所，那么处所的变更就是可以忍受的；那甚至不需与其他事物结合也能轻易摧毁精神的贫穷，如果不伴随耻辱的话，也都可以忍受。"对于这个试图以不幸的集合体来吓唬我的人，我将不得不以如下的话语作答："如果你有足够的力量应付任意一段时期的命运，你也就会有足够的力量应付命运的全体。当美德一度曾经锻炼过你的心灵，它也就能确保让心灵不受来自任何方向的伤害。如果贪婪，这个人类最强大的诅咒，已经控制不了你，那么野心也就奈何你不得；如果你不把你的末日当作一种惩罚，而是当作自然的法令，当你一度曾经抛开对死亡的恐惧，你就再也不会惧怕其他任何事物；如果你认为，人类的性欲，其目的不在肉欲的满足，而在人类的延续，当你一度曾经逃脱这一植根于你的要害之上的隐秘的破坏性因素的强力时，其他一切欲望都会对你毫发无损，从你的身边掠过。理性不会依次摧毁各种邪恶，它的方式是一锅端；胜利是一劳永逸地获得的。"你认为有哪位贤哲——一个完全依赖自己的人，一个超拔于俗众意见的人——会受耻辱的影响呢？可耻的死亡甚至比耻辱还要糟糕。苏格拉底是面带那种他过去独自击溃三十僭主时①的神情走进监狱的，因此他甚至也就使监狱失去了一切耻辱的色彩；因为没有一个监禁苏格拉底的场所，看上去可能会像个监狱的。有谁会变得对真理的观念如此无知，以至于认为马尔库斯·加图在行政官职位和执政官职位竞选中的双重失败，对他是耻辱呢？相反，是行政官的职位与执政官的职位，才蒙受了耻辱；加图的参与竞选，反倒是为这两样职位增了光。一个人除非率先自己轻视自己，否则就不会被别人轻视。一颗无耻卑鄙的心灵才易受那

---

① 这一事件见柏拉图《申辩篇》，32c；色诺芬尼：《回忆苏格拉底》，1，2，32。

样的凌辱；然而一个勇于直面最残酷的命运的人，一个勇于颠覆曾将他人压垮的邪恶的人——可以说，正是此人的不幸，为他冠上了荣誉的光环，因为我们的本性就是如此，那在逆境中坚强不屈的人，才最能激发我们的景仰之情。

  在雅典，当阿里斯德岱斯（Aristides）[①] 被引领着就死时，所有遇见他的人都掩面悲叹，感到这不仅是一个正义的人，而且是正义本身在被处死；可是，还是有个人向着他的脸上唾吐。一个嘴巴干净的人绝不敢这么做的。因此，他本可对此事愤愤不平的。然而他只是擦了擦脸，微笑着向陪同他的官员说："提醒那个家伙，下次再不要那样无礼地张开他的嘴巴。"这是将羞辱加于羞辱本身之上。我知道有些人会说，没有什么东西比轻蔑更让人难以容忍，即使是死亡本身看上去也比轻蔑更加悦人心意。对此我将回答，即便是流放，通常也是不带轻蔑的印记的。如果一位伟人倒下了，尽管他倒伏在地，然而却依然伟大——我认为，人们不会蔑视他，恰如尽管人们踩在神庙的断壁残垣上时，那些虔诚的人仍会像它们仍旧完好无损时一样，对它们怀着深沉的敬畏之情。

  我至爱的母亲啊，因为你没有理由为了我的缘故而涕泪不止，由此可知，你是为了自己的缘故而哀伤不已的。在此有两种可能。激起你的哀伤的，或者是这样一种思虑：你失去了某种保护；或者仅仅是对我的思念已令你不堪忍受。

  对于第一种可能，我只需稍稍带过；因为我很明了，你的心灵只珍视你的亲人本身，对于属于他们的身外之物并不看重。其他有些母亲以妇人的不知自制来利用儿子的权力，因为不能担当公职，便通过儿子来寻求权力，她们既花费儿子的遗产，又希望成为儿子的继承人，费尽口舌说服儿子把遗产借给他人。这样的母亲看重那些。但是，你却总是以你的孩子们的幸福为你最大的欢悦的，尽管你一点也未沾过他们的光；

[①] 显然是把阿里斯德岱斯错当了福基翁（Phocion）（见普鲁塔克《福基翁传》，36）。

你总是限制我们的慷慨,尽管你从不限制你自己的;你,尽管是你的父亲那个家族中的女儿,① 事实上却陪伴在你的众多儿子的身旁;你充满关爱地管理我们的遗产,仿佛这些遗产本就是你自己的一般,同时你是那样地小心翼翼,仿佛这些遗产是陌生人的一般;你在运用我们的权势时是那样地节制,仿佛你在使用的是一位陌生人的所有物,虽然我们担当职务,你却从未得过任何好处,除了你的快乐和为我们的花费之外。你从未指望你的慈爱能对自己有任何好处。因此,你不可能在失去一个仍处于安全中的儿子时,却去惦记你从不以为念的东西。

因此,我必须将我所有的气力,集中于对第二种可能的安慰上——它是一位母亲的悲痛的真正来源。"我再也不能享有,"你说,"我至爱的儿子的拥抱;我再也不能享有看到他的喜悦、与他交谈的喜悦!一见之下便可消除我的不安神情的、我可把所有的焦虑向之倾吐的儿子,他在哪里?我从不知足的交谈在哪里?我以超出一个女人的愉悦、一位母亲的亲昵与他分享的研究在哪里?那温情的会面在哪里?一看到他的母亲便会被激起的孩子气的欢乐在哪里?"你在所有这些事物上,复加上我们的欢庆、交流的实际场景和我们近来在一起的记忆——这些必然促成精神上的悲痛的最有力的因素。命运之神残酷地设计了这样一次打击来对付你——她安排在我倒下前,你才与我别离两天,那时你根本没有理由操心或惧怕那样一次灾难。如果我们以前远隔千里就好了,如果多年的离别让你对这次不幸有所准备就好了。直至回罗马以前,你都没有享受过见到你儿子的喜悦,却又丧失了不依靠他的习惯。如果你在许久前就离开了,你就可以更加勇敢地忍受我的不幸了,因为离别本身就会淡化我们的思念;如果你没有离开罗马,至少你还能拥有多见你儿子两天的最后的快乐。事实上,残酷的命运之神设计的是,你既没能在灾难

---

① 按照帝国的习俗,这一法律用语表明赫尔维亚是无协议结婚,因此仍然处于她父亲的支配下,那时她父亲还活着。这里的意思是她还没有继承遗产。

期间守护在我的身边，又不习惯于我的离去。然而境况越是艰苦，你就越要鼓起更大的勇气，你必须更加勇猛地与命运之神抗争，就像与你所熟知的、常常被你征服的敌人抗争一样。你的鲜血并非是从一具未曾受伤的躯体上流出的；你受打击的地方正在你的旧伤疤上。

利用自己身为女人作借口并不适合你。确实，女人在某种程度上被赋予了过分悲痛的权利，然而却不是无限悲痛的权利。我们的祖先因为想要调和女人的顽固悲痛，就曾通过一项公众的立法，这项立法规定了十个月的期限，作为女人悼念丈夫的极限时间。他们并未禁止她们的悲恸，而只是限制它；因为当你失去一位至亲爱人时，沉浸于无休止的悲痛之中是愚蠢的溺爱，而根本感受不到悲痛则是无情的冷酷。最好的办法是爱与理性间的中道——既有一种失落感，又能摧毁这种失落感。你没有必要去尊重某些女人，她们一旦悲恸起来就至死方休——有些人你是知道的，她们一旦开始为死去的儿子带上悲戚的面容，就永远不会把这悲戚的外表弃置一旁。你那一开始就非常坎坷的一生，对你提出了更高的要求。身为女人的借口，对于一个向来就免除了女人的所有弱点的人，是无效的。

你从未因为不贞，这个我们时代的最大的恶，而被归入绝大多数的女人之列；金银从未让你动过心，珠宝也是如此；在你的眼中，炫目的财富从来就不是人类最大的福祉；在一个老式而严格的家族中受过良好教育的你，从未因为效仿那些甚至可以将有德者引入陷阱的恶劣女人而陷入堕落之境；你从未因你的孩子的数量而羞愧，仿佛这数量嘲弄了你的年岁似的，你也从未以其他女人的方式（这些女人仅有的可贵之处就在于她们的美貌），试图去隐瞒你怀有身孕，仿佛身孕是个不体面的负担似的，你也从未粉碎过你的身体中养育着的孩子们的希望；你从来没有以颜料和化妆品染污过你的脸；你从来没有喜好过那种穿了等于没穿的服饰。在你身上只有无比的光彩、时光也无法措手的至美以及朴实——这种最有价值的荣耀。因此，你不能提出你的女性身份作为持久悲痛的借口，因为恰恰是你的美德让你与众不同了；你须远离女人的悲泣，恰如你远离她们的邪恶。然而即便是女人们，也不会允许你在伤痛中憔悴，而是会要求你在必要的悲恸后，迅速结束你的悲恸，以更加昂扬的精神振奋起来——我的意思是，如果你愿意将你的目光转向那些女人，她们的非同寻常的勇敢已将她们列入了非凡的英雄之列。

科妮莉亚生了十二个孩子，可是命运之神将这一数目减少到了两个；如果你希望计算科妮莉亚的损失的数目，她已失去了十个；如果你想对她的损失作一估价，她已失去了两位格拉古。然而，当她的朋友们围绕在科妮莉亚的身旁悲泣不已，并诅咒着她的命运时，她却不准她们对命运之神作任何的控诉，因为正是命运之神，让格拉古兄弟做了她的儿子。当他在公众集会上高声喊出"你竟敢辱骂我的生身母亲？"时，那样一位女人是有资格做他的母亲的。然而在我看来，他的母亲说的话还要勇敢得多；做儿子的为"格拉古兄弟的生辰"增添了无上的荣光，而这位母亲同样给他们的葬礼增添了无上的荣光。

卢提莉亚（Rutilia）伴她的儿子奥列利乌斯·科塔（Aurelius Cotta）[①] 一同流放，她那样地深爱着他，以至于她情愿陪他一起流放，也不愿离开他的身旁；只有她儿子的回返，才将她带回到她的故土。但是，在科塔官复原职并在国内声名鹊起后，他却去世了，此时她勇敢地放开他，恰如她当初勇敢地抓住他一样；在她的儿子被安葬后，没人看见过她流一滴眼泪。当他被流放时，她显示出了她的勇气，当她失去他时，她显示出了她的智慧。因为在前一种情况下，她没有停止她的奉献；在另一种情况下，她没有沉浸在无用愚蠢的悲伤中。我希望你能被算作那些女人中的一员。抑止和压制你的悲痛的最好办法，就是以那些女人为楷模，她们的生活可是你一直以来都总在仿效的呀。

[①] C. 奥列利乌斯·科塔因为同情意大利叛乱分子，于公元前91年被迫流放，公元前82年返回。

我清楚地知道，这并非一件我们力所能及的事。我清楚地知道，没有什么情感是任由我们摆布的，而源于悲伤的情感则是最难驾驭的；因为这种情感狂野猛烈，它顽固地抵拒一切疗治。尽管我们有时决心将它粉碎，咽下我们的哭喊，甚至当我们已经装出了一副面容时，泪水还是会顺着脸庞倾泻而下。我们有时会让公众娱乐和格斗士的较量占据我们的心神，可就在这转移心神的景观中，一点细微的让我们记起心灵损失的事物，也会彻底征服我们的心灵。因此，克服我们的悲痛，比蒙混过关更加可取；因为即使我们的悲伤已暂时退却，即使它受了愉悦或杂务的蒙骗，也还是会卷土重来，而且它还会在这短暂的休憩中，积蓄起新的爆发力量。但是已然顺从于理性的悲痛，则会永远地平息下去。所以，我并不打算向你指明我所知晓的许多人都曾用过的权宜之计，比如建议你去游历，不管是游历到遥远的地方还是到舒适的地方，以转移或振奋你的心灵，或是建议你花费大量的时间，细细审查你的账目和管理你的财产，或者建议你总是埋头于一些新的差事。所有那些方式都只有短期的效用，它们不是悲痛的治疗法，而只是悲痛的障碍物；我更愿意结束悲痛而不是蒙骗它。所以我要把你导引至那样一个所在，所有超脱命运之神的人都要避难至此——哲学研究。它们会治愈你的创痛，它们会根除你的一切悲伤。即使你以前对它们并不熟稔，你现在也用得上它们；然而，就我父亲的那种老式的严谨风格提供给你的机会而论，即便你没有真正完全掌握一切人文科学艺术，毕竟你还与它们打过一些交道。唯愿我的父亲，那众人中实实在在的佼佼者，不那么屈从于其祖先的习俗，让你对哲学学说有透彻的知识，而非只是浅尝辄止！如果情形果真如此的话，那么你现在就已经拥有了对命运之神的防御力了，用不着构建，只要展示就行了。但是，他并未让你从事你的哲学研究，这都因为那些不把学识当作通往智慧之途的手段的女人的缘故，她们用学识装备自己只是为了炫耀之用。然而，多亏你有颗好学的心灵，你所吸收的，比人们要求于你那个时代的人要多；你已打下了所有系统知识的基础。现在就回到这些研究上来吧；它们会让你免受伤害。它们会给你安慰，它们会使你振奋；如果它们真的进驻到你的心灵，那么你的心灵中就再也不会有悲伤，再也不会有焦虑，再也不会有琐屑的苦难带来的无用的悲痛。你的心灵将朝所有这一切关闭，因为一直以来，你的心灵对所有其他弱点都是闭门不纳的。哲学是你最可靠的卫士，唯有她能救你于命运之神的掌控中。

可是，因为在你到达哲学允诺给你的避难所之前，你尚需某些东西以作依靠，此时我希望可以向你指出一些你仍旧拥有的可供慰藉之物。把你的目光转向我的兄弟们吧；只要他们还活着，你就没有权利抱怨命运之神。尽管他们的美德各不相同，你却有理由因他们二者而欣喜。其中一个通过他的能力获取了公众的赞誉；另一个则以其智慧蔑视这些赞誉。你可在一个儿子的声望中，在另一个儿子的退隐中——在二者的奉献中寻找慰藉！我完全知晓我的兄弟们的隐秘动机。其中一个培植其声望的真正意图，就在于为你增光添彩；另一个在宁静无为的生活中隐退的真正意图，则在于用其闲暇为你服务。命运之神对你的孩子们的生活作此安排，以便他们能为你带来助益和愉悦，她可说是仁慈的；因为你既可受到其中一位的社会地位的保护，又可享受到另一位的闲暇。他们争相为你服务，而由我造成的空白，则将由他们二者的奉献填补。我可以断言：除了人数完整之外，你将一无所缺。

现在也将你的目光从你的儿子转到孙子——马尔库斯[①]身上来吧，他可谓是一位极为迷人的小男孩，看到他，一切悲愁都将烟消云散；没有人的心中可承载那样巨大而强烈的悲愁，以至于他的拥抱都不能平息的。有谁的眼泪是他的欢乐所不能止歇的？有哪颗因悲痛而揪紧的心灵，是他那活泼的孩子气的话所不能疏解的？有谁不会被他的嬉戏逗乐

---

① 据推测，马尔库斯·安尼乌斯·卢卡努斯（Marcus Annaeus Lucanus）是塞涅卡的一位少年老成的侄子，因写作《内战记》一书名闻遐迩。作为皮松尼（Pisonian）阴谋的受害者，他在二十六岁时悲惨地死去。

的？有哪个沉浸于自己的思绪中的人，不会被他那令人不知厌倦的闲谈吸引、转悲为乐的？我祈求诸神，让我们有死在他前头的好福气！但愿命运的一切残暴都在我这里耗尽；你作为一位母亲注定要承受的一切悲痛，作为一位祖母注定要承受的一切悲痛——但愿这一切都转由我来承担！但愿我这一家子的所有其他成员都能享有幸福，他们的命运没有任何变迁。对于我的无儿无女，对于我目前的命运，我没有任何抱怨；唯愿我能做这个家庭的替罪羊，让我知晓它再也不会有任何的悲伤。

将诺瓦提拉（Novatilla）拥入你的怀中吧，她很快就会为你添上曾孙的，我曾那样竭力地将她转入我自己的名下，我曾那样尽心地将她收养为我自己的女儿，以至于失去了我，她看上去完全算得上是位孤儿，尽管她的父亲仍然活着；请你也为我珍爱她吧！命运之神最近从她那儿攫去了她的母亲，然而经由你的爱怜，你完全可以做到让她绝不因失去母亲而悲恸，让她不会真的感到失去了母亲。现在正是教育和塑造她的性格的时期；在易受影响的年纪所受的教育会留下更深的烙印。让她习惯于你的言谈，让她以你的欢乐为楷模；即使你除了给她作榜样外，不给她任何东西，你也会赋予她许多。如此一项神圣的任务会让你的痛苦得到缓解的；因为唯有哲学或光荣的任务，可以将心灵从因爱而生的悲愁之痛中解脱出来。

在可为你提供巨大慰解的诸物中，我本要把你的父亲也算在内，如果不是他现在不在场的话。事实上，假设你对他的爱让你以为他的就是你的，那么你就会了解，你为他而保全自己比为我而牺牲自己要正当得多。任何时候，当过度的悲痛以其强力袭击你，逼你就范时，想想你的父亲吧！确实，通过为他生了那么多的孙子和曾孙，你自己已不再是他唯一的掌上明珠了。可是他的幸福生活的至高快乐仍有赖于你。在他还活着的时候，抱怨你还活着是错误的。

在为你提供最大慰藉的事物中，迄今有样东西我还只字未提——即你的姊妹，① 她的心灵对你是至为忠诚的，而你也会将你的关爱毫无保留地倾泻在她身上，她对我们所有人都有着母亲般的情感。你已将她的眼泪与你的眼泪混合一处，在她的臂弯中你首次学会了如何宽下心来。尽管她亲密地与你分享你的所有情感，可是在我这件事情上，她的悲痛却并非仅仅是因为你的缘故。我是在她的怀抱中被带到罗马的，是她的母亲般的尽心照料才让我从缠绵的疾病中复原的；在我竞选检察官的职务时，是她给予了我大力的支持——是她这个甚至没有勇气与人交谈或高声向人问候的人，为了助我一臂之力，以她的爱征服了她的羞涩。为了助我一臂之力，她改变了她一向的遁世的生活方式、她的在当今厚颜无耻的女人中显得落伍的谨慎、她的沉静、她的隐居和安于闲暇的习惯，变得甚至可以说是雄心勃勃、积极行动了。我至爱的母亲呵，她是慰藉的泉源，从她那儿你可获取新的力量。尽可能紧密地与她联结一处，尽可能紧密地融入她的怀抱中吧。那些处于悲痛中的人，往往会躲避他们至亲的爱人，寻求耽溺在悲痛中的自由。可是，你还是与她一起分享你的一切顾虑吧；不管你是愿意保留还是愿意抛开你的心绪，你都会发现，她或者会助你结束你的悲痛，或者会与你一同悲痛。可是，如果我对这最完美无瑕的女人的智慧了解不差的话，她是不会任由你被那对你毫无益处的悲痛所吞噬的，她会向你陈述她自己的经历，而这些经历也是我曾目睹的。

　　就在航行的中途，她失去了她至爱的丈夫——我的舅父，当她还是一位少女的时候，她就嫁给了他；但是，她却勇敢地承受下来，她在同一时间既承受住了悲痛又承受住了恐惧，顶着惊涛骇浪，她将他留在船舶残骸中的尸体安全地运抵到陆地。有多少妇女的英勇事迹不为人知啊！如果她有幸生于过去的时代，那时的男人们在对英勇行为的尊崇方面是毫无保留的，那么会有多少的英才争相吟咏对她的赞歌呀——一位

---

① 可能是赫尔维亚的小姑子，因为从下文可以看出，她的丈夫是塞涅卡的舅父。

妻子，忘却了她自身的娇弱，忘却了即便是最顽强的心灵也要惧怕的大海，只是为了埋葬另一个人，慨然地将自己的生命交付险境，在她计划她丈夫的葬礼时，却丝毫不为她自己的葬礼而担忧！那代夫赴死的人①，因了诗人们的歌咏，声名显赫。那么一位冒死葬夫的妻子，就更加应该声名远扬了；因为那承受同样的危险却只拥有更小的报偿的她，展示的是一种更加伟大的爱。

知晓此事后，可能没人会下面的事情感到讶异的了：在她丈夫担任埃及总督的十六年间，她从来没在公众场合露过面，从未允许一位当地人踏进她的门槛，她从未从她丈夫那儿谋取过任何好处，也从未让人从她那儿谋取过任何好处。正因如此，一个善于以飞短流长凌辱其统治者的行省（在那里，甚至那些极力避免犯错的人也难逃脱恶名），将她尊崇为绝无过失的特例，完全消绝了口舌上的放肆——对于甚至以惹祸的俏皮话为乐的人，这是极难的——他们如今还总在希望着，尽管从未指望过，见到一位像她这样的人。如果她赢得了这样一个行省的赞许整整十六年，这本就是件值得大赞特赞的事；而她竟然能够默默无闻十六年，这更让人不知如何赞赏是好了。我列举这些事情并非为了细数她的优点——因为只是这样蜻蜓点水般地列举她的优点，对她的优点也实在不公——而是为了让你能够了解一位从未屈从过权势钱财之诱惑（一切权势的伴随物与祸根）的女人的高尚品格：当船只损毁、面对海难时，她并未因为对死亡的恐惧而放弃她死去的丈夫，她寻求的不是她如何可以从船只中逃离，而是如何可以将她的丈夫一起带上。你须展示一种足以与她媲美的勇气，你须将你的心灵从悲痛中召回，你须力争让所有人相信，你并未因你的母亲身份而后悔。

当然，我知道尽管你已尽了一切努力，你的思绪必然还是会不时地

---

① 即阿尔刻提斯（Alcestis），阿德墨托斯（Admetus）的妻子，以钟情丈夫、自愿代丈夫就死而闻名于古代。

转到我身上。在那种情形下，必定没有哪个孩子能够像我一样反复占据你的心灵——这并非是其他的孩子不如我与你亲近，而是人们很自然地会更频繁地抚摸伤痛之处。所以，让我告诉你——你应如何想象我的状态。我恰如处境最好时那样的幸福快乐。确实，我的处境现在是最好的，因为我的心灵免除了其他一切杂务，现在有闲暇从事它自身的工作，它现在可以从更愉快的研究中寻找到快乐。因为急于寻求真理，我的心灵开始着手考察它自身的本性和宇宙的本性。首先，它要寻求陆地和陆地所在的位置的知识，其次，它要了解统治着周边的潮涨潮落的海洋的法则，尔后，我的心灵将充满敬畏，去探索如此广大的、位于天空与大地之间的区域——这受雷鸣、闪电、狂风、暴雨、飞雪、冰雹搅扰的下层空间。最后，穿越了这低层的空间，我的心灵将直冲云霄，在那里它将享有神性事物的最壮丽的景观；而在意识到其自身的不朽之后，它将继续前行，直至曾历经世世代代并将永远历经世世代代的一切事物。

论恩惠（节选）

第 三 卷

伊布休斯·利玻拉理斯（Aebutius Liberalis）啊，不对所受的恩惠报以感激是一种耻辱，全世界的人都如此以为。也正因如此，所以即便是最忘恩负义的人，也会抱怨忘恩负义。与此同时，我们所有的人，却依旧沾染着这种被认为是如此令人反感的恶，我们甚至会走到相反的极端：有时，我们不仅在接受恩惠之后——甚至恰恰因为我们接受了恩惠，便把施恩者当作了我们最可怕的敌人。无可否认，有些人是因为天生的邪恶而堕入了这种恶，然而更多的人表现出这种恶，则是因为随着时间的流逝，他们的记忆被磨灭了；因为开初在他们记忆中的鲜活的恩惠，随时间的流逝会淡化下去。我很清楚，在那些人的问题上，你跟我一直是有分歧的，你说他们不是忘恩负义，而是忘性太大；仿佛那使一个人忘恩负义的东西，倒可以成为他的忘恩负义的借口似的，或者仿佛一个人有此不幸（忘性太大）这件事实，倒让他免于忘恩负义似的，尽管唯有忘恩负义者才有此不幸。

忘恩负义者各式各样，恰如小偷和杀人犯各种各样一般——他们表现出的是同一种恶，可是种类却千差万别。有一种忘恩负义者，他否认受到了别人的恩惠，事实上他却已然得到了恩惠；有一种忘恩负义者，他假装什么都没得到；还有种忘恩负义者，他有恩不报；然而最是忘恩负义者，当数那种连别人施与的恩惠都会忘记的人。就其他人而言，即便他们没有给人以回报，可是却还总觉着欠人的情义，他们至少还会露出锁闭于他们邪恶心灵深处的受人恩惠的蛛丝马迹。或许，因为这个或那个原因，这些人某天可能会表达他们的感激之情，不管这一举动是受着羞耻感的驱使，还是受着要做出什么光荣举止的突然冲动（这种冲动，即便在恶人的心灵中，也常会短暂地出现）的驱使，或者是由于便利之机的来临。可是，如果他已然丧失了对所受恩惠的一切记忆，一个人就绝无可能对人存有感激之心。二者中你认为哪种更糟呢——是那对所受恩惠不知感恩者，抑或是那甚至都不记得曾经受过恩惠者？畏惧亮光的眼睛是弱视的，而那看不见亮光的眼睛则是盲的；不爱戴自己的父母是不孝，连父母都不认识则是精神错乱了！

若论忘恩负义，有谁能与这样的人相比？他把本应时刻悬于心头眼前的恩惠，完全抛掷阻拦于心灵之外，竟至于将它全然忘怀。很显然，如果一个人将别人施与的恩惠渐渐淡忘下去，他就没有时常想着要报答这恩惠。总而言之，报恩需要有正当的愿望、机遇、手段，以及命运之神的眷顾；然而，一个人只要心中常记所受的恩惠，他就没花费任何代价地充分表达了他的感恩之情。因为尽此本分既不需耗费多大的精神，也不需财富或好运，所以那没能做到这一点的人，根本就找不到逃避的借口；那将别人施与的恩惠远远抛掷、事实上已经忘之脑后的人，绝不可能还愿意对这恩惠抱有感激之情。恰如使用中的工具，每日经由我们双手的触摸，便从不会有生锈的危险，而那不在我们眼前出现的工具，因为我们不需要它，便常会闲置着不用，仅是时间的流逝便会让其锈迹斑斑。所以一切反复在我们心头鲜活呈现的事物，决不会从我们的记忆中消逝；我们所忘却的，只是那些难得记起的事物。

除此之外，还有其他一些原因，常常会让我们完全忘却有时可以称得上是非常巨大的恩惠。其中最主要的原因是这样一件事实：因为我们常常倾心于新的欲求，我们总是瞩目于我们试图拥有的东西，而非我们现在拥有的东西。对于那些一心都在他们希图获得的事物上的人，他们已经获得的一切，在他们看来都是没有价值的。由此，当对新恩惠的欲求削减了既得恩惠的价值时,施旧恩者也就不再那样被他们敬重了。只要我们满足于我们的既得恩惠,我们就会爱戴施恩者,敬重他,并声称是他为我们目前的境况奠定了基础;尔后,当其他事物的可欲性袭上心头,我们便急急奔去;而这便是人类的行为习惯:尽管拥有了许多,却总想拥有得更多。所有我们从前习惯称之为恩惠的事物,会立即溜出我们的记忆;我们的目光转向的,不是让我们超越于他人的东西,而是那些胜过我们的人的好运展现出的东西。一个人不可能同时既嫉妒又感激。嫉妒只会与抱怨和沮丧同行,感激则伴随着欢乐。

其次,因为我们所有人事实上都只注意到正在逝去的特定时刻,人们只是偶尔才会回想过去;因为我们已将少年时代完全抛之脑后,所以对老师的记忆,以及对于他们的恩惠的记忆,都会消失不见;所以,那些青年时期施与我们的恩惠,因为青年时期本身从来就是一去不复返的,也就被我们丢失了。没有人会把曾经存在的事物当作是过去的事物,而总是当作已经毁灭的事物,所以那些只盯着将来的好处的人,他们的记忆是模模糊糊的。

在这点上我必须为伊壁鸠鲁作证。为了我们不知对过去的幸福心存感激,为了我们不去回想那些我们曾经享有的东西,也没有将它们列入乐事之列,尽管没有什么快乐可以比那不能再被夺走的快乐更确定的了,他一直在抱怨。现在的幸福尚未完全建立在坚实的基础之上,某些不幸仍有可能干扰到它们;将来的幸福仍旧是悬而未决、变化无常的;可是过去的事物却被安全地贮藏着。一个完全醉心于现在和将来的人,一个遗漏了他过去的所有生活的人,怎么可能会为既得的恩惠而心存丝毫感激呢?是记忆让他心生感激;一个人花在希望上的时间越多,花在记忆上的时间就越少。

我亲爱的利玻拉理斯啊,有些科目,一旦为我们所掌握,便会在我们的记忆中扎下根来,而其他一些科目,如果我们想要认知它们,首次的认知所提供的东西是不够的(因为除非继续认知它们,否则对它们的认知便会失落）——我指的是几何学知识及天体运动的知识，还有其他一些相似学科的知识，因了它们的精密性，所以特别难于把握。就恩惠而言，情形也是如此，有些恩惠，因了它们的重要性，所以难以从我们心头抹去，而其他一些较小的恩惠，尽管在数量上不可胜数，在施与的时间上各不相同，却仍能逃出我们的记忆，因为正如我所说，我们不会经常地想到它们，也不乐意细思我们为每次恩惠所欠下的债。听听祈愿者们的话吧。他们没一个人不说，对所受恩惠的记忆将长存于他的心中；他们没一个人不声称，自己是你顺从虔诚的奴隶，而且，如果他能找到任何更加卑微的词语表达他欠下的债务的话，他是会用上它的。但是，刚刚一眨眼的工夫，同样这些人却再也不会说刚才那些话了，他们认为这些话有辱人格，与一个自由人不相称；然后他们达到一种状态，在我看来，所有忘恩负义至极的恶人都会达到这种状态——他们变得健忘起来。忘却所受恩惠者是忘恩负义的，此事如此确实，以至于当所受恩惠仅仅会"闪过此人的脑海"时，此人便是忘恩负义的。

有些人问，一种如此可憎的邪恶难道可以逍遥法外？或者在这些学校①中实施的法规（忘恩负义者凭此接受起诉），也应当运用到国家层面上？因为它在所有人看来都是一种正义的法规。"为什么不？"他们说，"因为即便是城市，也可因它们已向其他城市提供的服务，而向这些城市提起控诉，施与其先人的恩惠，可以强迫后来的世代偿还"。②但是我们的祖先，无疑他们是非常伟大的人，只向他们的敌人要求赔偿；他们会慷慨地施与恩惠，也会大度地让人无须偿还这些恩惠。除了马其顿人之外，没有任何国家的忘恩负义者会遭受控诉。在反对所有罪

---

① 修辞学校普遍关注法律问题的争论和虚拟法庭案件的争论。显然，在这些争论中，对忘恩负义的控诉是一个普遍的主题。
② 根据苏维托尼乌斯的《罗马十二帝王传》中的记载（38，20），卡里古拉皇帝宣布，任何高级百夫长，如果未把卡里古拉本人列入受赠人之列，他们的遗嘱无效。

行上我们都是完全一致的,由这一事实看来,我们有充足的证据表明,应该从来就没存在过任何那种报恩的义务;对杀人、投毒、弑亲、亵渎宗教的惩罚,在不同的地方各不相同,然而所有地方对这些行为都会有某些惩罚;可是忘恩负义这一最普遍的罪行,却在所有地方都可免于惩罚,而只是受到谴责而已。不过,我们并未完全赦免其为无罪,而只是因为对这一如此不确定的事物很难作出判断,所以我们只是以憎恶惩罚它,将它置于留待诸神判决的众恶之中。

事实上,对于这一罪行为什么不应受到法律的制裁,我还想到了许多理由。首先,如果恩惠变成可控诉的,那么,恩惠中的最宝贵的部分就失落了,就像在固定贷款或某些租借之物的情况中可能出现的那样。因为恩惠的最美好的部分就在于:即便当我们很可能会得不到回报时,我们还是会施与,我们已经将它完全地交予受恩者处置。如果我逮捕忘恩负义者,如果我把他传唤到法官的面前,那么恩惠就开始变成借贷而非恩惠了。

其次,尽管对所受恩惠报以感激之情是件最值得称颂的行为,然而,如果这种感激之情的表现变成了一种义务,那么它也就不再值得称颂了;因为在那种情况下,没人会因为一个人心存感激而称颂他,就像无人会称颂一位偿还银行抵押的人,或称颂一位在被传唤至法庭之前偿还债务的人一样。那样一来,我们就损害了人生中两样最美好的事物——一个人的感激之情和一个人的恩惠。如果其中一个人不是施与而是租借他的恩惠,另一个人的报答不是因为他希望如此,而是因为他被迫如此。除非忘恩负义是安全无事的,否则在感激之情中就没有任何荣耀。

另外也要补充这样一件事实,即如果要实施这样一条法令,那么,世上所有的法庭加在一起,也几乎是不够的!哪里有不控诉别人的人?哪里有不遭别人控诉的人?因为所有人都会抬高他们自身的美德,所有人都会夸大他们提供给他人的微小帮助。

而且，一切事物，唯有在这样一种情况下，即界定诉讼程序①和禁止法官的无限自由是可能的，才能成为诉讼的根据；因此显然的是，一个理由充足的案件如果被提交给一位法官，比起被提交给一位"仲裁者"而言，它的情势会更加有利，因为法官受到一些规则形式的限制，这些规则形式会设置一些他不能超越的界限，然而仲裁者在是非之心上却有完全的自由，没有任何的束缚可妨碍得了他；他可以降低某些证据的价值或增加某些证据的价值，他可以受仁慈或怜悯的驱使，而不是根据法律或正义的规定，来调整他的观点。可是，一起对忘恩负义的诉讼案，却不会对法官施加任何的限制，而是会将他置于一种拥有绝对自由的职权的位置。因为对于恩惠是什么，并无清晰的界定，对于恩惠达到了怎样的程度，也没有清晰的界定；所有这些都取决于法官在解释恩惠时有多宽泛。没有法律说明什么样的人是个忘恩负义者；一个偿还了他接受了的好处的人往往是忘恩负义的，而一个没有偿还的人却可能是心存感激的。在有些事情上，甚至一位没有经验的法官也能作出判决；例如，当需要就某事是做了还是没做发表意见时，当争议因协议的订立而终止时，当常识就可在诉讼人之间作出判决时。然而，当需要对动机作出推测时，当争论的问题恰巧唯有依靠智慧才能解决时，为了解决这些问题，我们不可能简单地从一般的陪审员②中任选出一名法官——选出一位其收入和骑士财产的继承权将他推上这一位置的人。

因此事实是，并非忘恩负义这一罪行看来极不适于诉诸审判，而是适于担当审判这一罪行的法官至今尚未找到；如果你去考察任何担当审判这类指控的人都会面临的一大堆困难，你就不会对此感到惊奇了。某人赠送了一大笔的钱财，可是这赠送者非常富有，他不可能会感到有什

---

① 在为司法官规定的形式中，要求将控诉和辩护的观点综合起来，作为判决的根据。
② 被指派审理刑事案件的陪审员要求有一定的财产，他们主要从元老院成员和骑士成员中选取。

么损失；另一个人赠送了同样数目的钱财，可是这赠送者却有可能丢了他全部的家当。赠送的数额相同，可恩惠却不一样。再举另外一个例子。假设一个人为另一个被判向债主还钱的人支付钱财，可是在那样做的时候，他这些钱财是从他自己的私人财产中支付的。另一个人支付的是同样的数额，可是这些钱财却是借贷或乞讨得来的，为了给予别人巨大的帮助，他情愿让自己背负债务。你认为一个轻轻松松便可施恩的人，与另一个受恩是为了施恩的人，他们是同等的吗？让某些恩惠变得巨大的不是它的大小，而是它的及时。施与一份其肥沃程度足以会让谷物贬值的地产作为赠品是一种恩惠，在饥荒之时施与一条面包也是一种恩惠；施与其中有可供航行的大河穿过的土地是一种恩惠；当一个人干渴难忍，几乎无法呼吸时，向他指明一汪清泉的所在亦是一种恩惠。谁会把这件恩惠与那件恩惠相比呢？谁会把它们放到天平中去称量呢？当所关涉之事并非事物本身，而是事物的价值时，决断是困难的。尽管恩惠相同，如果在不同的条件下施与，它们的价值就不相同。某人可能曾施恩于我，可是假设他不情不愿，假设他对这一赐赠有所抱怨，假设他用前所未有的傲慢神色看我，假设他十分勉强地施与我恩惠，以至于如果他非常爽快地拒绝我的话，他施与我的恩惠会更大。当施与者的言辞、他的迟疑、他的表情有可能会将所有对他的恩惠的感激之情破坏殆尽时，一位法官要怎样着手来评价这些恩惠呢？

有些被施与之物，因为过度受人觊觎，所以被人称为恩惠，而其他一些被施与之物，尽管并不具有这一共同特征，表面看来并不是什么恩惠，事实上它们却是更大的恩惠，对此我们要说些什么呢？如果你让某人获得了一个强大民族的公民资格，如果你把他送进了骑士们的十四排①，如果在他生命岌岌可危时你为他辩护，我们把这称为"恩惠"。

---

① 剧院的前十四排是留给骑士的。

可是给他有用的建议又怎样呢？让他免于堕入罪恶之中又怎样呢？当他打算求死时，将剑从他手中打落又怎样呢？在他处于悲痛中时给予他得力的安慰又怎样呢？当他打算追随那些他为之悲痛的人而去时，恢复他活下去的决心又怎样呢？当他病体沉重，他的健康复原尚且悬而未决时，陪伴在他的身旁，这又怎样呢？抓住适当的时机指导他进食又怎样呢？用药酒恢复他那渐弱的脉搏，当他将死时把医生带到他的床前，这又怎样呢？谁会去衡量那些恩惠的价值？谁会去判决此种恩惠与彼种恩惠是势均力敌的？"我给了你一幢房屋"，你说。是的，可是当你的房子在你的头顶上倒塌之时，是我提醒了你！"我给了你一笔财产"，你说。是的，可是在你沉船的时候，我给了你一块厚木板！"我曾为你而战，为了你的缘故，我伤痕累累"，你说。是的，可是我以我的沉默挽救了你的性命！因为恩惠可以用一种形式施与，而以另一种形式偿还，所以在它们间建立起对等关系是困难的。

另外，因为报恩不像偿还贷款，有固定的日期；所以，一个还未报恩的人还是有可能会报恩的。求你告诉我，一个人在什么期限内没有报恩可被认为是忘恩负义的，从而可以逮捕他？就最大的恩惠而言，并无显著的证据可以证明它们；这些最大的恩惠通常只是潜存于唯有二者分享的无言的自觉中。或者我们应该引进一条没有目击者便不能施恩的规则？

然后，我们该为忘恩负义者定下什么样的惩罚？在此我们是否应该为所有人定下同样的惩罚，尽管他们所受的恩惠并不相同？或者这惩罚应该有所不同，我们应根据每人所受的恩惠来决定惩罚的大小？好吧，那么衡量的标准就该是金钱了。可是对于一些具有与生命相当的价值的恩惠，或者甚至超出生命的价值的恩惠，又该如何呢？就对这些恩惠忘恩负义而言，又该宣布怎样的惩罚？一种比这恩惠要小的惩罚吗？那将是不公的！与此恩惠对等的惩罚——死亡？可是，施与恩惠却最终以流血收场，还有什么东西比这更不人道呢？

"某些特权",有人说,"被赋予了父母;"① "人们是以非同一般的方式考虑父母的,其他施恩者也须按同样的方式加以考虑"②。可是我们已经赋予了父母这一地位以神圣不可侵犯性,因为父母应该抚养子女,这对我们是有利的;父母们将要面对的是一种不确定的危险,所以鼓励父母承担起这一责任是必要的。你不能对父母说你对那些施恩者所说的话:"选择你的施恩对象吧;如果受了欺骗,你就只能怨自己;帮助那值得你帮助的人吧。"在抚养子女方面,没有什么是留待那些抚养子女的人去选择的——这完全是一个希望的问题。所以,为了让父母更乐意去冒这个险,赋予他们以一定的权力是必要的。

再者,父母所处的位置也是迥然不同的;对于那些他们已然施与了恩惠的人,父母会一如既往地,并将继续地施与恩惠。在此也不存在这种危险:他们会假称未曾施与过的恩惠。就其他施恩者而言,在此不仅存在他们是否已然接受了回报的问题,而且还有他们事实上是否已然施与了恩惠的问题。而就父母而言,他们的恩惠是无可置疑的,因为年轻人接受管束是有利的,我们就赋予了父母以"家长"的头衔。③ 或者说,子女是受父母的管辖的。

又,父母的恩惠是完全一样的;所以我们可以一劳永逸地对它进行估价。而其他人的恩惠在性质上是不同的,它们毫无关联,彼此间隔着难以估量的距离;所以它们不能放到任何固定的法则下衡量,因为相对于把所有这些恩惠都归入同一种类中而言,不将它们归类会更加公平。

有些恩惠会花费施与者巨大的代价,而其他恩惠尽管在接受者眼中具有巨大的价值,然而施恩者却不需花费任何代价。有些恩惠是施与朋

---

① 在雅典,按梭伦制定的法律规定,儿子如果犯了罪,他还可被控忽视或虐待父母,不得担任公职。
② 指其他施恩者也应与父母一样享有同等的特权。
③ 罗马的父权(Patria potestas)制度赋予了一家之主以对家庭其他成员的绝对权力。在此所说的家长(household magistrates)的头衔,指的就是一家之主的地位。

友的，有些恩惠是施与陌生人的；尽管恩惠的数量等同，如果施与的对象是你施恩时才开始认识的，这恩惠的价值会更大。此人施与了帮助，那人施与了荣耀，另一人施与了安慰。你会发现有这样的人，他认为，最大的愉悦和恩惠就是在不幸中可以找到个供他依靠的胸膛；又，你还会发现另外的人，他情愿别人关照的是他的声望而非他的安全；你也会发现这样的人，如果一个人能让他更加安全，相对于让他更加受人敬重而言，他会更加心怀感激。因此，根据判决人的性情朝向的是这个方向还是那个方向，这些恩惠将具备更大或更小的价值。

而且，尽管我自己可以选择我的债主，可是我经常会从一个我并不指望受到其恩惠的人那里得到恩惠，有时我甚至会在不知情的情况下欠下人家的恩惠。在这种情况下你会怎么做？当一个人在不知受人恩惠的时候，恩惠被强加于他的身上，而如果在他知情的情况下，他是不会接受这恩惠的，你会称这个人是忘恩负义的吗？不管他是如何接受这恩惠的，如果他没有报答它，你不会称他是忘恩负义之人吗？假设有人施与了我一次恩惠，而后这同一个人又伤害了我一次。因为他的一次恩惠，我就必须容忍他所有的伤害吗？或者这就仿佛是我已报答了他的恩惠一般，因为他自己通过他后来的伤害取消了他的恩惠？那么你又将如何区分是他接受的恩惠大，还是受到的伤害大？如果我试图列出所有这些困难的话，我的时间可不够。

你说："因为不去保护那已然施与的恩惠，因为不去惩罚那些否认得到恩惠的人，我们就只会使得人们更加不愿意去施与他人以恩惠。"可是，另一方面你也要记住，如果受恩者将冒着被迫在法庭上作辩护的危险，如果他们将冒着把他们的正直置于非常可疑的境地的危险，那么人们会更加不愿去接受恩惠。因为这种可能性，我们自己也会更加不愿去施恩；因为没人愿意施恩于不情不愿的受恩者；相反，所有受自身的善良本性和行为之美好的驱使而做出慷慨举动的人，甚至都会更加情愿地施恩于那些人——这些人的感激必然都是发自内心。因为一项精心考虑其自身利害的善行，就丢失了这善行的某些荣耀了。

如此一来，尽管恩惠会变得更少，可是却会更加真实；而且，阻止人们轻率地施恩，这又有什么坏处呢？因为那些不为此事制定法律的人，他们的真正目的一直就是：我们在施恩时应当更加谨慎，在拣取施恩对象时应当更加细心。反复考察你将施与恩惠的对象：没有法律可供你求助，你没有要求归还的权利。如果你认为某个法官会帮你的忙，那你就错了；没有法律会让你收回你原有的地产——你唯一要留意的是受恩者的良心。恩惠正是以这种方式保持了它们的声誉并成为高贵的；如果你把它们作为诉讼的理由，你就玷污了它们。"偿还你所欠下的"是一句最正当的格言，受到所有民族的认可；① 可是就恩惠而言，它却是最可耻的。"偿还！"可是偿还什么呢？一个人应该偿还他欠下的命吗？偿还他欠下的地位？安全？健康？一切最伟大的恩惠都是无法偿还的。"可是总要作些回报"，你说，"这回报须与所受的恩惠等价"。然而这正是我刚才所说的，即如果我们拿恩惠来做交易，那么如此美好的一项行为的所有价值就都会消失殆尽了。心灵本就不需什么激励才会走向贪婪、谴责与纷争；其自然的冲动便是朝向这些方向。可是，让我们尽可能地抵拒它，把它从它所寻求的这些机会上断绝开来。

但愿我能说服借贷者只接受那些愿意偿付借款的人的还款！但愿不存在写明买方向卖方所承担的义务的契约，但愿没有什么盟约和协议需要通过封印来得到保证；相反，它们的遵从只需留待真诚与怀有正义感的良心！可是，人们对必需的东西的喜爱，往往超出对最好的东西的喜爱，他们情愿逼迫别人守信，而不是期待别人守信。见证人被叫到双方的面前。这位债权人，请代理人作担保，把几个人的名字记录在他的账簿里；另一位债权人，因不满于口头协议，还一定要用借贷人的亲笔签

---

① 拉丁语 ius gentium，指的是"各民族的法律"。在此这一术语指的是"宇宙"法，是在全人类法中得到认可的普遍原则。

名来约束他的受害者。哦,这是对人类的公然的欺诈与邪恶的怎样可耻的供认啊!我们的印章戒指比我们的良心更值得信任。这些显要人物被召集前来所为何事?他们留下他们的章印所为何事?当然,为的是让债务人无可否认接受了已经接受的东西!你认为这些人廉正不阿吗?你认为他们是真理的守护人吗?然而在任何其他条件下,人们此刻都不会把钱财托付给这些人。① 所以,相比于让所有人都去惧怕别人背信弃义而言,让有些人食言不是更加悦人心意吗?贪婪现在只需一样东西就完整了:即我们甚至不应在没有保人的情况下施恩!帮助别人,施恩于人,这是高贵而勇武的心灵的一部分;那施恩的人是诸神的模仿者,而那寻求回报的人,只是放债人罢了。为了保护行善者,我们却为什么要把他们降到最是声名狼藉的一类人中去呢?

"更多的人",你说,"会变得忘恩负义,如果不对忘恩负义作任何控诉的话"。不,忘恩负义的人只会更少,因为人们在施恩时会更加仔细辨别受惠者的品性。而且,让所有人都知道有多少忘恩负义之人也是不明智的;因为违反者的众多会取消这件事的不光彩,众人都受指责的事就不再是一种耻辱。既然有些著名的高贵女士不是以执政官的数量,而是以嫁得的丈夫的多少来计算她们的年龄,既然她们离家是为了结婚,结婚又是为了离婚,那么在此还有什么女人会为离婚而脸红吗?当此事尚属稀有的时候,她们躲避这丑闻;现在,既然所有的公报上都有离婚案,她们也就学会了去做她们如此频繁听闻的事情了。既然事情已经发展到那样的程度,以至于女人的丈夫除了激怒她们的情夫外,对她们没有任何用处,此时人们对于通奸还会有任何羞耻之感吗?贞洁只是丑恶的证明。你到哪儿会找到那么悲惨、那么没有吸引力的女人,以至于她只满足于少数几个情夫——而不是把每个小时分派给不同的情夫的?对她们所有人来讲,除非她能坐轿子到一个人的家中,然后又与另

---

① 即当人们将钱财交付他们手上时,也须订立同样的协议。

一个人共度良宵，否则这一天就不够长。只与一个情夫同居就叫"婚姻"，那不知此事的人就是幼稚落伍！既然她们的行为已传播得越加广泛，那么这些恶行所带来的耻辱也就消失不见了。所以，一旦忘恩负义者开始计算他们的数量，那么你就会让忘恩负义者变得更加不可胜数，你会扩大他们的影响力。

"那会怎样呢？"你说，"难道让那忘恩负义者免遭惩罚吗？"怎么，难道那不敬者会免遭惩罚吗？还有那存心不良者？贪婪成性者？专横跋扈者？残忍冷酷者？你认为那些受人唾弃的品质，真的没有受到惩罚吗？或者还有什么惩罚比众人的憎恨更大？对忘恩负义者的惩罚就在于：他再也不敢接受任何人的恩惠，他再也不敢施恩于任何人，在所有人看来，他是一块污渍，或者至少人们认为他是一块污渍；他失却了对一种最合意的、最令人愉悦的经验的一切感觉。难道你称失明者和因疾病而失聪者为不幸，却不把那失却对恩惠的一切感觉的人称为是悲惨的？他沉浸在对诸神的惧怕中，因为诸神是一切忘恩负义的目睹者；他因为意识到自己已阻断了恩惠，所以备感折磨和痛苦。总之，他没有从一种经验（正如我刚才所说，这种经验是最令人欢欣的）中获得愉悦，这件事实本身便是够大的惩罚。

那因受恩而幸福的人却品尝到一种持续不变的快乐，他欣喜地看到的，不是那被赠予之物，而是他的恩主的意图。感恩之人反复因一次恩惠而欢喜，而忘恩负义之人却仅高兴一次。难道这二者的生活有比较的可能性吗？其中一个，就像一个否认债务者和一个骗子所惯常的那样，沮丧焦虑，他拒不赋予他的父母、他的保护人、他的老师以他们应得的回报；而另一个却是充满快乐的、兴高采烈的，他留意着报以感激之情的机会，并从这种情感中获得巨大的快乐，他所寻求的，不是他如何才能不履行他的义务，而是他如何才能作一次丰盛的报答，这回报的对象不仅有他的父母朋友，而且还有地位低等的人。因为，即使他受恩于他的奴隶，他所考虑的却不是这恩惠来自何人，而是他接受了什么。

然而有人，比如说赫卡通（Hecaton），会提出这样的问题：一个奴隶是否可能施恩于他的主人？因为有人把行为分为三类：恩惠、责任、服务。① 他们说恩惠是外人（所谓外人，是指不作为也不会受责备的）施与的某种东西；责任是由儿子、妻子，以及那些受亲情关系（这种关系驱使他们提供帮助）激发的人所履行的；服务是由一位奴隶作出的，他的境况已将他置于那样一个地位，以至于他所能提供的任何事物，都不能让他对他的主人提任何要求。

而且，② 那否认奴隶有时也可施恩于他的主人的人，他对人权一无所知；因为，就一个施恩者而言，重要的不是他的地位，而是他的意图。美德不会将任何人拒之门外，他的门向所有人敞开，接纳所有的人，欢迎所有的人，其中包括生而自由者与被释放的自由人、奴隶与国王，还有流放者；家庭和财产都决定不了美德的选择——它仅对人类心生欢喜。因为，如果命运之神可以让心灵失去那不可变更的美德的话，③ 那么心灵还可找到什么防护物来抵抗突发的事件，人类心灵还可向其自身提供什么样的巨大保证？如果一个奴隶不能施恩于他的主人，那么，也就没有一个臣民能施恩于他的国王，没有一个士兵能施恩于他的将军；因为，如果一个人受无上权力的管制，那么这管制他的是哪一种权力，这又有什么要紧呢？如果命运的必然性，以及对不得不忍受未知惩罚的恐惧，让奴隶失却了做出令人感谢的行为的权利，同样的处境也会阻止国王治下的人和将军统领下的人这么做；因为这些戴着不同头衔的人行使的是同样的权力。可是一个臣民却能施恩于他的国王，一位士兵能施恩于他的将军；因此，一位奴隶也可以施恩于他的主人。一位

---

① 拉丁文是 Beneficia, officeia, ministerial。这一有趣区分的始作俑者尚不为人知。从这里的上下文来看，赫卡通至少应用过这一区分，而且他可能就是这一区分的首倡者。

② 在前段的末尾，肯定有所缺失。缺失的有可能是二个结论：奴隶不可能施恩于家主，因为那是服务而非恩惠；家庭其他成员亦不可能施恩于家主，因为那是义务而非恩惠。下文先论第一点，再论第二点。

③ 如果美德取决于家庭与财产的话，那么它便是可以失去的。

奴隶可能是正直的，可能是勇敢的，可能是慷慨的；因此他也可能施与恩惠，因为施与恩惠也是美德的一部分。奴隶能够施恩于他们的主人，此事如此确然，以至于他们经常使得他们的恩惠成为了他们的主人本身。①

无疑，一位奴隶能够施恩于中他意的任何人；因此，他为何不能施恩于他的主人？"因为"，你说，"如果他给予他的主人以钱财，他不可能变成他主人的'债主'。否则，他每天都会让他的主人欠上他的债；当他的主人旅行时，他陪伴着他，当他的主人生病时，他照看着他，他花费巨大的辛劳耕作他主人的农庄；然而，所有这些方便，当由另外的人提供时，就被称作恩惠，而当由一个奴隶提供时，却仅是'服务'而已"。因为恩惠就是这样一种东西，当某人施与恩惠之时，不施与恩惠也在他的权能之内。然而一位奴隶却没有拒绝的权力；所以他不是施与，而只是遵从；他不会因他所做的事情受到任何赞赏，因为他不做是不可能的。

即使在这些条件下，我仍将赢得这场争论，并把一个奴隶提升到那样一个位置，以至于他在许多方面都将成为一个自由人。② 同时，告诉我这个——如果我向你指出这样一个人，他完全不顾自身安危地为他主人的安危而战，尽管身体多处被洞穿，却愿流尽胸膛中的最后几滴血，他为了替他的主人争取逃跑的时间，为了替他的主人求得一点缓期，不惜以自己的生命为代价，你会仅仅因为此人是一个奴隶，而否认他施与了恩惠吗？如果我再向你指出一个人，他拒绝向一位暴君泄露其主人的秘密，不为任何承诺所收买，不因任何恐吓而惊怕，不为任何折磨所制服，他尽其所能地让他的讯问者找不到线索，用他的生命来偿付对忠诚的惩罚，你会仅仅因为他是他主人的奴隶，而否认此人施恩于他的主人

---

① 即，他们挽救了主人的性命。
② 下文将谈到奴隶心灵的自由，以及奴隶行为（即除要求于奴隶履行的义务之外的行为）的自由。

了吗？你毋宁想一想，就奴隶而言，因展现美德的情况更为稀少，所以美德的展现是不是反而更加值得称颂；你毋宁想一想，尽管人们普遍厌恶受人支配，普遍憎嫌受制于人，有些奴隶却因其对主人的情感，从而超越了作为一个奴隶而常有的憎恨之情，这种美德的展现是不是更加悦人心意？所以，一项恩惠并不因为源于奴隶就不再是恩惠；相反，正因为它源于奴隶，所以它要伟大得多，因为即便是奴隶的身份，也不能让他停止施与恩惠。

任何相信受奴役状态会贯穿一个人的一生的人，都犯了一个错误。奴隶的更好的部分是免于这一状态的。他唯有身体才受其主人的控制和支配；然而他的心灵是自身的主人，这心灵是那样的自由无羁，以至于甚至将它禁闭于其中的身体这个牢笼，也不能阻止它运用其自身的力量，追求远大的目标，跃进无限之中，与众星辰同行。因此，命运之神交付给主人的是身体；主人买下的是身体，奴隶卖出的也是身体；然而内心的部分是不会受缚的。源于这部分的一切都是自由的；确实，我们不能要求从奴隶处得到一切，他们也并没被迫在所有事情上都遵从我们；他们不会执行有害于国家的命令，不会听命犯罪。

有些行为，既不为法律所规定，亦不为法律所禁止；正是在这些行为中，一位奴隶将找到他施与恩惠的机会。只要奴隶所提供的东西，仅仅是人们通常要求于一位奴隶的东西，那么这就只是一种"服务"；当奴隶所提供的东西，超出了一位奴隶所需做的，它就是一种"恩惠"；当奴隶所提供的东西，越入了友善情感之域，它就不再被称作是一种服务。有些东西，比如说食物和衣服，这是主人必须提供给奴隶的；没人会把这些东西称作恩惠。然而假设这位主人溺爱奴隶，他让奴隶接受绅士的教育，让奴隶在自由人受教的学科中接受教育——所有这些就将是一种恩惠。反过来，这对于奴隶而言同样是有效的。所有他所做的超出被规定为一个奴隶的职责的事情，所有他所提供的不是源于对权力的遵从，而是源于他自身的愿望的事情，都将是一种恩惠，只要这事足够重要，当它是别人做了就能被称为"恩惠"的。

按照克律西玻的定义，奴隶是"终生受雇佣者"①。恰如一位受雇者，如果他所做的事情，超出合约上规定他做的事情，那么他就施与了恩惠，奴隶亦是如此——当他在对其主人的善意上超出了他身份的界限时，当他通过勇于做出一些高尚的举动（这些举动甚至对于那些有着更加幸福的出身的人而言也是一种荣耀）而超出他的主人的期许时，在这个家庭中，我们就可发现存在这样一种恩惠。那些当他们所做的事情少于他们应做的事情时，我们就对他们怒气冲冲的人，当他们所做的事情超出他们应该做的或者惯常所做的事情时，却不应该得到我们的感激，你认为这公平吗？你想知道一位奴隶在什么时候做的事情不是一种恩惠吗？当一个人可能会问这个问题时："万一他拒绝了我怎么办？"然而当他施与了他有权利拒绝施与的某物时，他心甘情愿这件事实就值得赞赏。

恩惠与伤害是彼此的对立面；如果一位奴隶从其主人处获得伤害是可能的，那么他施与其主人以恩惠就是可能的。② 可是对于主人加于他们奴隶身上的伤害，已经交由一位官员③来认定，这位官员将限制主人们的残暴、欲望以及主人们在提供奴隶们以生活必需品上的吝啬。这说明什么呢？是主人从奴隶那儿获取恩惠吗？不，是一个人从另一个人那儿获取恩惠。毕竟，任何可由奴隶做主的事情，如果奴隶做了，他就施与了他的主人以恩惠；你不去接受奴隶的恩惠，这也是你可以做主的事情。可是谁有那样尊贵，以至于命运之神也不能强迫他需要甚至是最低等人的帮助呢？

---

① 克律西玻的定义也间接地表达了罗马法学家的观点。与亚里士多德所主张的观点相反，这些法学家认为没有"天生的奴隶"。西塞罗引用了这一观点，他没有指出这句话的作者，却肯定了奴隶应该被看作"受雇佣者"这一训谕。

② 塞涅卡在此运用的是这个逻辑原则：如果某物属于两个对立面的其中一个对立面（即伤害）的范围，那么它也属于另一个对立面（即恩惠）的范围。

③ 一位主要掌管奴隶数目和城市的其他不安定因素的地方官员。

我现在将开始引用一些恩惠的例子,① 这些恩惠彼此不同,在有些例子中它们甚至是相反的。一个人给了他的主人以生命,一个人给了他的主人以死亡,一个人当其主人就要丧生时挽救了他;如果这还不够的话,曾经还有一个人通过牺牲自己挽救了他的主人;另一个人帮助他的主人死去,再一个人又阻挠了其主人的欲求。

克劳迪乌斯·夸得里加里乌斯(Claudius Quadrigarius)② 在他的编年史第十八卷中说道,在格鲁门吐姆(Grumentum)③ 遭围攻时期,正当这个城市已经到了其最后的危急关头,两个奴隶叛逃到了敌方,并在那儿贡献甚大。后来,在城市被攻陷之后,当胜利者正四处冲撞之际,这两个奴隶率先沿着他们熟悉的街道,跑到他们曾经为奴的房舍,驱赶着他们的女主人于他们的身前;当有人问起她是谁时,他们说她曾经是他们的女主人,而且还说事实上是最残虐的一个,他们现在正把她带去受惩。然而后来,当这两个奴隶将她带出了城墙后,细心隐藏起来,直至敌人的怒火平息。后来,当士兵们迅速厌腻了这场洗劫,恢复了罗马人的正常行为之后,他们也恢复了他们正常的行为,并自愿将自己交付他们的女主人管制。这位女主人当场释放了这两个奴隶,她并不认为,两个她曾经握有生死大权的人救了她的性命,便会失了她的身份。相反,她可能甚至还为此事庆幸;因为,如果她因其他人的帮助而获救,她拥有的就仅仅是众所周知的恩惠与常见的怜悯,然而像现在这样,她成了故事里的传奇,成了两个城市的一个榜样。在这个城市的巨大混乱中,当所有人都在顾虑着自身的利益时,除了这两个背弃者之外,所有人都背弃了她;可是这两个奴隶,通过扮演她的谋杀者的角色,又从胜

---

① 指奴隶施恩于主人的例子。
② 公元前 1 世纪的编年史作者,他写了一部至少有 23 卷的罗马史,如今已全部佚失,仅在后来的古代作家中,可见到零散的引文。
③ 卢卡尼亚地区 的一个内陆城镇,位于诺拉城(Nola)南部稍远的地方,格鲁门吐姆在公元前 90—前 88 年的同盟战争(the Social War)中遭到围攻,这是罗马的意大利盟军的一次反叛,他们在取得完全的罗马公民资格后,便结束了这次反叛。

196

利者那里叛逃到这位被俘的女士身旁，以便展露他们第一次叛逃的真实意图；他们施与的最高恩惠在于，为了挽救他们的女主人的性命，他们不惜装出要杀害她的样子。相信我，以被认作罪犯为代价来换取一高贵行为，这不是一个平常的灵魂所能有的举动——我更不会说这是奴性的举动。

当维提乌斯（Vettius）、马尔西人（Marsians）[①]的执政官，被带到罗马将军面前时，维提乌斯的奴隶，从正拽着维提乌斯前行的士兵手中夺过一把长剑，率先斩杀了他的主人。然后他说："既然我已经赋予了我的主人以他的自由，考虑我自己的事情的时间也已经到了"，然后挥剑自尽。你告诉我，有哪个挽救了他的主人的人，比这位奴隶还要光灿。

当恺撒围困科尔芬尼乌姆（Corfinium）时，多米提乌斯（Domitius）被敌方部队围困于城中，他命令他的一个奴隶，这人同时也是他的医生，给他毒药。当看到这位奴隶迟疑不决时，多米提乌斯说："你为何迟疑，仿佛此事完全在你的掌控下似的；我只是求死，而且我也有我的剑。"这位奴隶于是同意了，并给他喝了一剂无害的混合物。当多米提乌斯因此而睡着时，这位奴隶就来找他主人的儿子，说："你先把我看管起来，直到你从最后的结果中发现我是否给你的父亲服用了毒药。"多米提乌斯没有死，恺撒救了他的命；可最先是一位奴隶救了他的命。

在内战期间，一个奴隶把他的被宣布为公敌的主人藏匿起来，然后戴上主人的戒指，穿上主人的衣服，走到那些搜索他主人的人面前，说他唯愿他们执行他们的命令，并毫不犹豫地引颈就戮。怎样的一位英雄啊！——在一个不希望主人死去就已是罕见忠诚的表现的时期，却愿意代主赴死；在举国人民都残酷野蛮之时，却有一颗慈善之心，在举国人

[①] 意大利部落，是它的反叛引发了同盟战争。

民都背信弃义之时，却有一颗忠诚之心；尽管不忠便能获取巨额回报，他却热切地渴求以死亡作为对忠诚的回报！

我也不会忽略我们自己时代的一些例子。在提比留斯·恺撒治下，存在着那么一种普遍的甚而几乎可说是全民的指控叛国罪的狂潮，它造成的罗马公民的死亡，较任何内战都要惨重；就连醉汉的疯语、戏谑者的直言不讳的言谈，它都不放过；没有什么是安全的——任何东西都可作为屠杀的借口，在此没有必要等着知道被控者的命运，因为在此只会有一个结果。

保路斯，一位前执政官，当在某个欢庆场合宴饮时，戴着一枚戒指，上面镶的宝石上刻有提比留斯·恺撒的浮雕画像。在这个关头，还是让我直话直说吧：保路斯提起了一把夜壶。这一举动同时被两个人看到，一个是当时的臭名昭著的告密者马柔（Maro），另一个是保路斯（正在陷于被人设局伤害中）的奴隶。这位奴隶将戒指从他的醉醺醺的主人的手上脱下。然后，当马柔叫了一大群人来见证皇帝的画像被拿来与某些污秽之物接触，并打算提起指控时，这位奴隶向众人展示，这枚戒指戴在的是他自己的手上。任凭是谁，如果他把这样一个人称为奴隶的话，那么他也就会称马柔是个好友！

在神圣奥古斯都治下，一个人的言谈倒也还不至于危及他的生命，可是它们确实会给他带来麻烦。鲁富斯（Rufus），一个元老院等级的人，在一次晚宴上曾经表达过这样一个期望：即恺撒不会从他计划好的旅行中安全归来；他还加上说所有的公牛和小牛[①]也希望同样的事情。在座的某些人特意留心了这几句话。第二天破晓，鲁富斯宴饮时站在他身旁的奴隶，告诉鲁富斯他在晚宴上喝醉时所说的话，并催促他第一个去告知恺撒，并主动指控自己。鲁富斯听从了这一建议，他在恺撒走上

[①] 因恺撒的安全归来，大量的公牛和小牛将作为牺牲向诸神敬献。

广场时觐见了恺撒，发誓说他头天晚上头脑不清，并表示他希望他所说的话会报应在他自己和他的孩子们的头上，乞求恺撒原谅他，和过去一样宠爱他。当恺撒同意那样做时，他说："没人会相信你重新又宠爱我，除非你赠我一件礼物"，然后，鲁富斯要求了一笔会让所有受宠者妒忌不已的钱财，并且得到了恺撒的恩准。"为了我自己起见"，恺撒说，"我也会尽力决不对你发火！"① 恺撒宽恕了他，并在宽恕上加上了大度，恺撒的行为是豪爽豁达的。所有听说此事的人必定都会称颂恺撒，然而第一个被称颂的将是那个奴隶。你不必等我告诉你，那个做了此事的奴隶获得了释放。然而这释放并非一件免费的行为——恺撒已经为他的自由付了账！

在举了那么多例子之后，对于主人有时也可从一个奴隶身上获取恩惠，我们还能有任何怀疑吗？一个人的社会地位为什么会降低一项服务的价值，而这项服务的价值却为什么不能提升这个人的社会地位？我们所有人都源自同一出处，都有相同的血统；除了某个人的本性会更加正直，更加能够做出有德的行为之外，没人会比另外的人高贵。有些人在他们的厅堂展示其祖先的半身雕像，在他们房子的入口处摆放他们家族中的名人谱，按世系排成一长串，盘根错节——难道这些只不过是有名，而非高贵吗？上天是我们所有人的父母，每个人都是从最早的起源走到现如今的地步，不管这中间经历的是显赫的还是无名的世系。你绝不要被那些人所蒙骗，他们在回忆祖先时，一旦发现哪个地方缺乏显赫人物，便把神的名字插入其中。你也绝不要鄙视任何人，即便那人属于已被遗忘的世系，即便命运之神惠与他的眷顾实在太少。不管你的先辈是自由人还是奴隶，或者是外族血统，你都要勇敢地抬起你的头颅，跳过你家谱中默默无闻的那段名字；在这家谱的源始处，有着极大的高贵

---

① 即，重新宠爱你是如此昂贵。

在等着你。① 我们为什么要傲慢至虚荣的程度，以至于我们鄙视从奴隶处接受恩惠，以至于我们只盯着他们的命运，却忘了他们的贡献？你这个欲望的奴隶，饕餮的奴隶，娼妓的奴隶——不，你这个甚至可说是娼妓们的共同财产的人——难道还称其他人为奴隶吗？你这样的人居然称其他人作奴隶？请问那些抬着你的软垫轿子跑来跑去的脚夫，急匆匆地要将你抬往何处？那些戴着斗篷、以显眼的制服装扮得像士兵的家伙要前往何处——我说，这些家伙要把你送往何处？送去某些门房的门前，送去某些官职不明的奴隶的花园；然后，当在你的眼中得到另一个人的奴隶的一个亲吻都是一种恩惠时，你却否认你自己的奴隶能够给予你恩惠吗？这是怎样巨大的矛盾呢？在同一时间，你既鄙视奴隶又奉承奴隶——在自己的家中，你不可一世、凶残暴虐，在外面，你却温顺恭谦，受人鄙视的程度恰如你曾鄙视别人的程度。因为，那些放肆地趾高气扬的人，最是容易自贬，那些从受人侮辱中学会如何侮辱别人的人，最是容易无视别人。

还有些事情也需要说一说，为的是砸碎那些自己尚且依赖命运之神的人的狂妄，为的是为奴隶们争得施恩的权利，最后也可为我们的子孙争得施恩的权利。因为这个问题已经提出来了：即相对于子女从父母处接受的恩惠而言，儿子有时是否也可以施与他们的父母更大的恩惠。

大家都会承认，有许多的儿子，比他们的父母地位更高，更有权势，我也可以直率地讲，这些儿子是更优秀的人。如果事实果真如此，那么非常可能的就是：儿子可以施与父母更好的恩惠，因为儿子赋有更好的运气和更佳的意图。"尽管如此"，你回答道："无论如何，一位儿子施与一位父亲的恩惠都更小，因为他施与的能力恰恰是由他父亲施与的。所以在恩惠的事情上，一位父亲决不会被超越，因为超越其恩惠的

---

① 塞涅卡在此提及的是斯多亚主义的教条，即所有的理性存在物都与神圣的宇宙理性相联，他们的理性源自神圣宇宙理性。参见塞涅卡书信第 44 封第 1 节："一切人类，如果追溯他们最初的起源，都来自诸神。"

恩惠，事实上就是他自己的。"

但是，首先，有些从其他事物发源的事物，却比它们的源头还要伟大；一件事物不可能比它由之开始的事物更加伟大，这是不确实的，因为，除非这件事物曾有一个开端，否则它就不可能进展成巨大的尺寸。一切事物都会大大超过它们的源头。种子是所有生长之物的原因，然而却又是种子生产出的事物中最小的部分。让我们来看看莱茵河，看看幼发拉底河，事实上，我们可以看看所有著名的河流。如果你根据它们在其源头的样子来判断它们的话，那么它们会是什么呢？令它们变得可怕的东西，令它们出名的东西，一切的一切，都是它们在流程中获得的。看看树的树干——如果你考察它们的高度，它们是最高的，如果你考察它们的直径及它们的枝条延展的范围，它们是最广大的；与所有这些相比，根部的细须所囊括的范围是多么的狭小啊！可是取走这些根须，也就不会再有森林的生长，巨大的山脉也就失却了覆盖物。城市的神庙高耸于它们的地基之上；然而所有那些被埋入地基支撑整个建筑的东西，却处于视野之外。一切其他的事物亦是如此；通常它们后来的伟大会掩盖它们的起始点。除非有我父母以前施与我的恩惠，否则我不可能成就任何事情；然而却不能就此推导说，我所成就的一切就都低于这恩惠（没有它我也就不能成就这一切）。当我还是婴孩的时候，如果不是我的乳母喂养了我，我将不能做任何我现在用脑子和手做的事情，不能达到我的非军事的和军事的劳作为我挣得的如今的辉煌和名声；然而，尽管所有这些都不假，相对于我的沉甸甸的成就而言，你肯定不会认为我的乳母的照料更有价值吧？就像没有我父亲的恩惠一样，如果没有我的乳母的恩惠，我也不能达到后来的成就，那么，他们之间的区别何在呢？然而如果我把我现在能做的一切，都归于我的存在的源头，我就会想我的存在的源头不是我的父亲，也不是我的祖父；因为这儿总有某种更远的东西，是它生发出后来的源头的源头。可是没有人会说，我欠那些我并不认识的、已经忘怀的祖先的东西，比欠我父亲的还多；然而，如果我的父亲生下了我这件事实,是他欠下他的祖先的一笔债,那么我自然欠下祖先的债务更多。

"任何我施与我父亲的事物",你说,"即使它是巨大的,也比不上我的父亲施与我的事物的价值,因为,如果他没有生下我,也就不会有什么我施与他的事物"。那么,按照这种推理方式,如果有人在我父亲病体沉重、奄奄一息之际治愈了他,我能施与此人的任何恩惠,都将小于他施与我的恩惠;因为,如果我的父亲没有被治愈的话,他也就不会生下我了。可是细想一下,将我能够做的和我已经做了的事情,认作某种属于我自己的东西——是我自己的能力和我自己的意志的产物,这是否会更加接近事实。细想一下,我的出生这件事实,就其本身而言是什么——一件具有不确定性的小事,既有善的可能性,也有恶的可能性;无疑,我的出生,是通向其他一切事物的第一步,然而,不能仅仅因为它最先来临,就说它比其他一切事物都重要。

我救了我父亲的性命,并让他升到了最高的职位;我已经让他成了他那个城市的首要人物,我不仅让他因我本人的成就而出名,而且为他提供了让他本人成就一些事情的巨大而便利的机会,毫无风险又充满荣耀;我把荣誉、财富以及所有让人一心向往的东西,都堆到他身上,而且,尽管我高居其他一切人之上,我却甘愿居他之下。假如我的父亲现在说:"你有能力完成这些事情这件事实,正是源于你父亲的恩赐。"我会回答说:"是的,毫无疑问,如果要完成所有这些事情,被生出来便已足够的话。可是,如果活着只是成功生活的最微不足道的因素,如果你施与我的东西,只是我与野兽,与一些极微小的甚至一些极污秽的动物所共有的东西,那么,不要因为某些并非出于你的恩惠的东西,而把功劳都揽到你自己名下,即使这些东西没有你的恩惠便不能成就。"

假设我救了你的命,作为你赋予我生命的报答。在这种情况下,我给予你的,甚至就超出了你给予我的,因为我施与恩惠的对象,是个能意识到这一恩惠的人,我也意识到了我在施与这一恩惠;因为,当我给予你生命的时候,我并没有放浪于自己的欢愉中,或者,无论如何,我没有借助于我自身的欢愉;因为,正如一个人在知道害怕死亡之前,死亡是件更轻松的事情一样,相比于接受生命而言,保有生命同样是件更伟大的事情。我把生命给予了一个可以立即享受它的人,你把生命给予了一个都还不知道他是否活着的人。我把生命给予了一个惧怕死亡的人,你把生命给予了我,让我经受死亡;我给你的生命是完整无瑕的,当你生我的时候,我却只是一个没有理性的、对其他人而言是个负担的动物。你想知道以这种方式给予生命是件多么小的恩惠吗?在我还是个孩子的时候,你就本应把我遗弃,任我自生自灭;当然,你生出我就已伤害了我!① 那么,我的结论是什么?就一位父亲和一位母亲而言,他们的交媾这件事实,只是一件极小的恩惠,除非他们在这开初的恩惠上,继续添加其他的恩惠,并再以其他一些帮助来巩固它。活着并不是一件好事,活得好才是。可是你说我确实活得很好。是的,可是我也可能活得不幸;所以我从你那儿获得的唯一的东西,就是我活着。如果你仅仅因为给了我一条赤条条的、无理性的生命便居功,并把这样的生命吹嘘为一件巨大的幸福,你就该想想,你只是在为给了我一件飞蝇和爬虫都拥有的幸福而居功。最后,尽管我要提及的不过是:我一直致力人文学术的研究,并让我生命的进程沿着一条正直的道路前行,可是就我从你那儿获得的恩惠而言,你获得的回报已经超过了你所给予的恩惠;因为,你给予我的,只是一个无知懵懂的我,而我给予你的,则是一个你可能很高兴把他生了下来的儿子。

确实,我的父亲养育了我。然而,如果我也赡养他的话,那么我回报的,也就超出了我得到的,因为他不仅拥有了被赡养的欢悦,而且还拥有被一个儿子赡养的欢悦;他从我的行为意愿中得到的欢悦,大过行

---

① 有缺陷的或是不想要的婴儿(通常是女孩)在出生时被遗弃在乡村的旷野中,当时常有所闻。

为本身带去的欢悦，而他给予我的食物，只不过满足了我身体的需要而已。告诉我，如果一个人因为他的雄辩、他的正义或他的军事才能，赢得了那样的显赫，以至于全球闻名，如果他能够把他的父亲也笼罩在显赫声名之下，并且通过他声名的显赫，消除了他出身的低微，难道他还未施与他的父母以无法估量的恩惠吗？或者，除去色诺芬和柏拉图是他们的儿子这件事实外，有谁还曾听闻过阿里斯托（Aristo）和格里卢斯（Gryllus）之名？是苏格拉底，才让索夫龙尼斯库斯（Sophroniscus）[1]之名不朽的。要把所有其他人（他们的名字，只是因为其子女的非同寻常的价值，所以才能留传后世）都列举出来，实在是要花去太长的时间。哪样恩惠更大——是马尔库斯·阿格里帕（Marcus Agrippa）从他的父亲（这位父亲，尽管有着像阿格里帕那样的儿子，却依旧默默无闻）处得到的恩惠，还是那位父亲从马尔库斯·阿格里帕处得到的恩惠？马尔库斯·阿格里帕，因其海军桂冠的荣耀，赢取了战争荣誉中独一无二的殊荣，他在城市树起了那么多宏伟壮观的巨大建筑，这些建筑，不仅前所未有，而且后无来者。哪样恩惠更大——是屋大维施与他儿子的恩惠，还是神圣奥古斯都施与他父亲的恩惠？尽管这位父亲因一位继父[2]的影响而未引起人的瞩目。如果屋大维看到他的儿子在结束内战之后，掌管着牢不可破的和平，他享有的是怎样的欢乐呀：任何时候，当屋大维反顾自身，他肯定认识不到他自己施与的恩惠，他肯定几乎难以相信，那样一位伟大的英雄，会生在他的家中。现在，我为什么还要喋喋不休地列举其他人，这些人，如果不是他们的儿子把他们从黑暗中拯救出来并至今置于光亮之中，早就湮没无闻了。

而且，因为我们讨论的不是这个问题：哪个儿子施与他父亲的恩惠大于从他父亲那儿得到的恩惠？而是另一个问题，儿子施与父亲更大的

---

[1] 苏格拉底的父亲。
[2] 即尤利乌斯·恺撒。

恩惠是否可能？所以，即便我引用的例子并不具有说服力，父母施与的恩惠并未被他们儿子施与的恩惠所超越，然而至今尚未实现的东西，仍然处于可能性范围之内。如果一些单个的行为，不能超出一位父亲之帮助的巨大，可是几个这样的行为合在一处是会超出它的。

西庇奥在战场上救了他父亲的命，① 尽管那时他还是个少年，却策马杀入敌人的重围。如果他为了挽救他的父亲而将所有的危难（就在那时，那位最伟大的将军正被危难重重紧密地逼迫着）弃置不顾，并鄙视一切阻挡在他道途上的艰险，如果他为了一路冲进战争的前线，尽管还是个生手，却驱驰过众多的老兵，如果，他一跃之下就超越了他的年龄，那么，难道这些都是微不足道的事吗？那就再加上这个：他也曾为他的父亲在法庭上辩护，将他父亲从强敌的阴谋中拯救出来，他还把第二次和第三次的执政官职位以及其他一些甚至是执政官们也会垂涎的荣誉，加于他父亲身上；当他的父亲穷困潦倒时，他把他通过战争权掠取来的财富都转交给他的父亲，他让他父亲甚至利用从敌人处缴获的战利品（这种战利品对于一位战争英雄而言是最大的荣耀）而富裕起来。如果这些还是太少的话，那就再加上他延长了他父亲在行省政府中行使特别权力的时间，再加上，在打败了最强大的城市之后，他，罗马帝国（它的疆域注定从太阳升起到太阳落下之处都无有匹敌）的保护者和创建者，为一位已经声名斐然的英雄，加上了被称为"西庇奥之父"的更大声望！一般而言的生育所带来的恩惠，已被他那罕有的孝行和他的英勇（英勇带给城市本身的，我几乎可以说，更多的是荣耀，而不是保护）所超出，这还有什么疑问吗？如果这还不够的话，想想某个将他的父亲从苦刑中救出的儿子，想想他将这些苦刑背负到自己的身上。你可以将一个儿子的恩惠扩展到任何程度，但是他父亲的恩惠只有一种，而且轻而易举就可施与，施与时充满快乐——这种恩惠，他父亲必

---

① 公元前218年，在提西努斯河（Ticinus）畔，这是汉尼拔第一次战胜罗马人的地方。

定给予过其他许多人,甚至给予过一些人而不自觉;这种恩惠,是他和一个女人一道做的,他做的时候考虑过法律、国家,考虑过身为父亲可得的回报、家庭、族类、一切一切;唯独没有考虑过接受恩惠者。告诉我,如果一个儿子已经获得了哲学的智慧,并把这智慧传给了他的父亲,我们还会就这个问题——即他是否施与了某种比他所接受的东西更伟大的东西——争论吗?尽管他回报给他的父亲的礼物是幸福的生活①,而他所接受的礼物却仅仅是生命而已。

"但是,"你说,"不管你做什么,不管你能施与你父亲的是什么,都只是你父亲施与你的恩惠的一部分"。是的,我在人文学术研究上取得的进步,就是得益于我的老师给予我的恩惠;可是,我们会超过那些传授我们知识的老师,特别是那些教授我们字母表的老师。而且,尽管没有了老师,一个人不可能成就任何事情,然而,这并不意味着,不管一个人的成就有多大,他都比不上他的老师。时间上在先的东西与重要性上在先的东西之间有很大的差别;我们不能由没有时间上在先的东西,就不可能有重要性上在先的东西,进而推导出时间上在先的东西就是重要性上在先的东西。

现在是得出一些可以说是斯多亚派开创的东西的时候了。② 那给出称不上是最好的恩惠的人,就面临着被超越的可能性。一位父亲给了他的儿子生命,可是有些东西比生命更加美好;所以父亲在恩惠上是可以

---

① 这个短语是专门性的,意味着唯有通过哲学才能获取的理想生活。
② 即三段论(Syllogisms),这是斯多亚派的特色。以下是五个论证,它们的逻辑有效性依靠的是斯多亚主义逻辑(相当于现代的命题逻辑)。前三个和最后一个论证是克律西玻的"第一种不证自明的论证"的例子:它们的前提是一个"如果……那么"的陈述,只要肯定了"如果从句"的内容,"那么从句"也由此得到逻辑的证明。第四个论证实际上是克律西玻的"第二种不证自明的论证"的例子:它的前提是一个"如果……那么"的陈述。只要否定"那么从句",便可逻辑地推导出对"如果从句"的内容的否定。斯多亚哲学家把这些简单有效的论证作为支撑他们的伦理和政治领域的主要论点的准则。因为在他们看来,世界本身,因为是神的理性精神的产物,被神的理性精神所渗透,所以可以通过那种逻辑联系被建构起来。对他们而言,把道德事实的王国展示为被如此建构起来的王国是非常重要的。

被超越的，因为他给出了一种称不上是最好的恩惠。[①] 又，如果一个给予另一个人以生命的人，反复地被挽救于死难之中，那么，他就接受了一种比他所给予的恩惠更大的恩惠。现在，一位父亲给予了儿子生命；因此，如果他反复地被他的儿子挽救于死难之中，他就有可能接受了一种比他所给予的恩惠更大的恩惠。[②] 一个人愈是需要一种恩惠，他所接受的恩惠就愈大。一个活着的人对生命的需要，甚于一个还未出生的人，因为一个还未出生的人根本就感受不到任何需要；因此，如果一位儿子救了他父亲的性命，父亲从儿子那儿接受的恩惠，就比儿子因他的父亲生下他而从他父亲那儿接受的恩惠更大。[③] "父亲的恩惠，"你说，"不可能被儿子的恩惠所超越。为什么呢？因为这位儿子从他父亲那儿获得了生命，那么，除非他接受了它，否则他就根本不能施与任何恩惠"。在这方面，一位父亲与所有在任何时候曾给予他人以生命的人是相同的；因为除非这些人接受了生命的恩赐，否则他们就不可能报恩了。正因如此，医生功莫大焉，因为医生就是救命的；同样，水手功莫大焉，如果水手把你从船难中救出的话。然而，这些人以及其他以某种方式给予了我们生命的人的恩惠，是可以被超越的；所以一位父亲的恩惠也是可以被超越的。[④] 如果有人给予了我一种恩惠，这种恩惠需要得自其他许多人的恩惠作补充，而我却给予了他一种不需得自任何人的恩惠作补充的恩惠，那么我就给出了一种比我所接受的恩惠更大的恩惠。现在一位父亲给了他儿子生命，这生命除非拥有许多用以保存它的附加物，否则就会消亡；然而如果一位儿子救了他父亲的命，他父亲的生命的继续存在就并不需要任何人的帮助；因此，一位从他儿子处获取生命

---

① 第一个论证。
② 第二个论证。
③ 第三个论证。
④ 第四个论证。

的父亲，就接受了一种比他自己给予的恩惠更大的恩惠。①

这些考察并未消除子女对父母的尊敬，也未让子女对他们的父母更坏，而是更好；因为就本性而言，美德就渴望荣耀，它热衷于超越任何在它前面的事物。如果子女们怀揣超出自己所接受的恩惠的希望去报恩，他们的付出会愈加急切。而父亲们也心甘情愿接受这样的事情，因为，就许多事情而言，被超越对我们是有利的。有什么竞争会比这种竞争更加合人心意呢？对于父母而言，在恩惠之事上，如果他们承认自己不是子女的对手，还有什么幸福比这种幸福更为巨大呢？在这件事情上，除非我们持有这种看法，否则我们就在为子女们提供借口，让他们更加不愿意报恩，其实，我们倒应该继续激励他们，对他们说：

"努力吧，年轻的英雄！在你面前进行的是一场光荣的对决——这是一场父母和子女间的对决，它判定的是：他们是给予的恩惠多还是接受的恩惠多。你们的父亲仅仅因为这个理由：即他们是首先上场的人，便难以赢得这场对决的胜利。你只要展示出与你相称的英勇，不要丧失信心就行——因为他们渴望让你赢取胜利。在这场光荣的对决中，根本就不缺乏鼓励你做他们曾做过的事情的引路人，根本就不缺乏命令你跟随他们的足迹走向胜利的引路人。在此之前，人们是经常赢得这场对父母的胜利的。

"埃涅阿斯（Aeneas）就赢得了这场对他父亲的胜利；因为，尽管在幼年时，他自己也曾是他父亲臂弯中的一个轻松而安全的负担，然而，在父亲年老体迈时，他却负着父亲穿越敌人的重重防线，穿越在他四周轰然倒塌的城市，尽管这位虔诚的父亲，此时仍将他的神圣的古物和家神紧抱怀中，在自己的体重之外还给儿子加上了额外的重负；他背着父亲穿过烈焰（一颗孝顺之心有什么做不到的！），埃涅阿斯背着父

---

① 第五个论证。

亲脱离险境,① 并把他置于罗马帝国的创始人之列,供我们瞻仰。②

"那些年轻的西西里人③也赢得了这场胜利;因为,当安特那(Aetna)被激得暴怒不已,将城市、田地和这片岛屿的大部分地区付之一炬时,这些西西里人把他们的父母携入了安全之境。据传,此时大火从中分开,而当火焰向两旁退却时,一条供这些年轻人作为去路的通道也就打开了,而这些人安全地完成其英勇的任务也本属理所当然。

"安提贡(Antigonus)也赢得了这场胜利;因为,当在一场恶战中击败敌人后,他便把这场战争的奖赏转交给了父亲,并把塞浦路斯(Cyprus)的统治权让与了他。当你本可当王时,却拒绝当王,这是真正的王权。④

"尽管曼里乌斯(Manlius)的父亲是位暴君,他还是从他父亲那儿赢得了这场胜利;因为,尽管他父亲早年曾因他年轻时的愚钝不敏而流放过他一段时期,他却来求助于那位为他父亲指定审判日的保民官;在求得了这位保民官的接见之后(这位保民官本指望着看到他是个痛恨父亲的叛徒)——这位保民官也相信,他赢得了这位年轻人的感激之情,因为,在他对曼里乌斯提起的其他指控中,最严重的当数他儿子的流放了——这位年轻人,在获得了他私下的晋见后,拔出了他藏匿在长袍底下的长剑,厉声喝道:'除非你发誓,你会撤回对我父亲的指控,

---

① 在维吉尔讲述的故事里,埃涅阿斯的父亲随埃涅阿斯一起漂泊到了西西里的德热帕鲁姆(Drepanum)。

② 至少从公元前3世纪始,这则故事开始流传,据说罗马人属于在特洛伊被洗劫后来到意大利的埃涅阿斯及其跟随者一脉。

③ 指卡塔那(Catana)的英雄阿那皮乌斯(Anapius)和阿姆费诺姆斯(Amphinomus)的故事,这个故事在古代非常出名。卡塔那是个位于西西里的埃特那(Etna)山下的市镇。这则故事见于公元1世纪的某个时候撰写的现存拉丁诗《安特那》(第603—645行)中。

④ 塞涅卡在此说的是"独眼的"安提贡,亚历山大(Alexander)的将军和继承者之一。然而,此处的业绩是安提贡的儿子德米特里厄斯·波立尔塞特司(Demetrius Poliorcetes)(公元前336—前283年)的,他在公元前306年打败了埃及国王托勒密的军队,并为他父亲赢得了塞浦路斯。塞涅卡在此犯了错误,或许他原本想指的是"安提贡的儿子",或许他根本就不在意。在他年轻的时候,正如他父亲所指出的,他对历史并没有太大的兴趣。

209

否则我将用这把剑捅你个窟窿。至于我的父亲如何摆脱他的指控者，就在乎你的决定了。'这位保民官宣了誓，并信守了诺言，他向立法机构陈述了他放弃这一指控的理由。在其他人当中，没有一个曾经在压制一位保民官之后，却免遭惩罚的。

"其他那些救父亲脱离险境的例子、那些把父亲从最低位推到最高位的例子、那些让父亲声名鹊起世代传颂的例子，实在是数不胜数。如果有人能够说：'我听从我的父母，我在他们的权威前退让，不管这权威是公正的，或者是苛刻不公的，我都谦卑顺从；唯有在一样事情上我是坚决的——决不让他们在恩惠上超越我。'那么，语词的力量，天才的能力，都难以表述他的成就有多么伟大、多么值得赞美、多么确定无疑地活在人们心中。继续斗争吧，我恳请你，即使你已筋疲力尽，然而还是要再度开始这场战争。那些征服者是幸福的，那些被征服者也是幸福的。有谁能比这个年轻人更光荣呢——他可以对自己说（因为对他人说出这话就会是不敬了）：'我在恩惠上已超越了我的父亲。'有什么能比这老人更幸运呢——他在一切场合向所有人宣称，在恩惠方面他已经被他儿子超越了。有什么能够比这样的失败更加令人幸福的呢？"

| 第 四 卷 |

在所有我们已讨论过的问题中，伊布休斯·利玻拉理斯啊，没有一个看上去像现在处于我们面前的这个问题那样的必不可少，或者如萨卢斯特（Sallust）所说的，需要那样细致的处理，这个问题是：施恩和对恩惠报以感激之情，其本身就是值得想望的目的吗？

你会发现有这样一些人，他们为了别人的报答才做出正直的行为，对于没有回报的美德，他们漠不关心；可是，如果在美德中展示出了任何谋利的因素，那么在美德中也就没有了任何荣耀的东西。因为，既然美德既不以获利的可能性来吸引人，也不以吃亏的可能性来制止人，美德非但不以希望和允诺来诱惑任何人，相反，她要求人为她付出，人们也会在自愿的付出中更经常地发现她，那么，相比一个人精心计算做一个好人的代价而言，还有什么东西是更加可耻的？我们必须在把所有自我利益都踩在脚下时靠近她；不管她召唤我们去往何处，不管她打发我们到什么地方，我们都须前往，毫不计较我们的财产，有时甚至不惜抛洒我们的热血，我们绝不能拒绝她的要求。"我能获得什么，"你问，"如果我勇敢地这样做了，如果我高高兴兴地这样做了？"你所获得的东西，就是你已经做了这事——她不会向你允诺其他任何东西。如果你碰巧获得了一些利益，那就把这利益当作某种附加物吧。对有德行为的回报，就存在于这些行为本身之中。如果有德行为本身就是一个值得想望的目的，而且恩惠是一种有德行为，那么，既然它们具有相同的本质,它们就不能被归于不同的名下。而有德行为本身就是值得想望的目的,这已经被广泛而充分地证实了。

在这点上,我们斯多亚人是反对伊壁鸠鲁主义者的,他们这班颓废的、躲避①的家伙,只是在酒杯中作哲学探讨,他们主张的是:美德不过是快乐的婢女,美德须遵从快乐,是快乐的奴隶,美德把快乐视为高居于自己之上的东西。你说,"不可能存在不含美德的快乐"。②然而,为什么快乐位于美德之前?难道你认为这个问题仅仅是个"在先性"(precedence)的问题吗?是美德的全部的本质和力量都受到了质疑。如果美德有可能位居其次的话,那么美德也就不存在了;她的位置必须是第一位的,她必须领导、命令,必须有至高无上的地位;而你却吩咐她去听从指示!你说,"这有什么区别呢?即使是我也断言,如果没有美德的话,幸福生活是不可能的。我引以为目的的这一快乐,我沉溺于其中的这一快乐,如果美德被排除在它之外,那么我也要否决它,谴责它。在此,唯一的争论点在于:美德究竟是最高善的原因,还是本身就是最高善"。难道你认为,对此问题的回答仅仅有赖于在次序上作一变更吗?把最后的东西置于最先的东西之上,确实显示出了混乱和公然的愚昧。然而我所反对的,不是美德被置于快乐之后,而是美德竟然与快乐混在了一起,因为美德鄙视快乐,是快乐的敌人,它尽可能地远离快乐。美德与其说与你的这种女人气的"善"关系更近,不如说与男子汉气概的不幸——劳苦、悲伤——更加密切。

我的利玻拉理斯啊,在此提出这些言论是必要的,因为现在讨论的这种恩惠的施与,是美德的一个标志,除了仅仅为了施与恩惠而施与恩惠之外,因任何原因施与恩惠都是一种最可耻的行为。因为,如果我们

---

① 照字面意义,指"爱荫的(shade-loving)",即从生活的困苦面前退缩的人。伊壁鸠鲁的不动心(ataraxia)理论促使他们对实际事务采取一种超然的态度。

② 伊壁鸠鲁格言之一。参看伊壁鸠鲁《自然与快乐:伊壁鸠鲁的哲学》,中国社会科学出版社2017年版。

带着获取回报的指望施与恩惠,我们就应将恩惠施与最富裕的人,而不是最该得到恩惠的人;但是事实上,我们喜爱一个穷人更甚于喜爱一个令人讨厌的富人。把接受者的财富考虑在内的恩惠就不是恩惠。而且,如果唯有自利才使得我们帮助别人,那些可最便当地施与恩惠的人,比如说那些有财者、有势者、国王,因为不需从别人那儿获取任何帮助,所以他们就没有丝毫的义务施与别人以恩惠;确实,诸神也不会赐予他们日夜不停地加于我们身上的无尽恩惠,因为他们自身的本性就足以满足他们的一切需求,并使他们得到充足的供养,使得他们处于安全而不可侵犯的境地;因此,如果他们赐予恩惠的唯一动机是出于对他们自身利益的考虑,他们将不会赐予任何人以恩惠。如果你寻思的不是把你的恩惠置于何处会最好,而是你在何处才能获得最大的利益,你从谁那里才能最轻易地获得利益,那么,你就会是个借贷者,而不是个施恩人。而且,既然诸神是绝无索取回报的理由的,由此可知他们就不会慷慨;因为,如果施恩的唯一理由就是施恩者的利益,如果主神不能从我们这儿指望到任何利益,那么,主神就没有赐予恩惠的任何动机。

  我知道对此可作如下回答:"是的,因此主神就不会赐予恩惠,相反,因为无所系挂,因为对我们漠不关心,所以他对这个世界不闻不问。他或者去做其他什么事情,或者——这是伊壁鸠鲁所认为的至福的东西——他根本就不做任何事。他漠然地对待恩惠,就像漠然地对待伤害一样。"可是,说这话的人,他并没有去倾听那些祈祷者的声音、那些在他周遭的人的声音,他们双手向天,为公众和个人的福祉立下誓言。上述回答无疑不实,因为怎么可能会所有人都会陷入对充耳不闻的、无用的诸神进行诉求呢?必然是我们看到诸神有时不求自来的恩惠,以及有时应我们的祈求而来的恩惠——这些伟大而适时的恩惠清除了可怖的威胁。有谁是那么地悲惨,那么地受厌弃,有谁生来的命运和对他的惩罚就那么残酷,以至于从来就没尝过诸神的大仁爱?看看那些为他们的命运悲悼哀痛的人吧——你会发现,即使是这些人,也不是完全被排除在神圣的幸福之外的,你会发现所有的人都会沐浴到一些从那最丰足的泉源中流淌出的恩惠。出生时分到所有人身上的恩惠都是相同的——难道这是一件太微不足道的事吗?尽管在后来的生活中,我们享有的恩赐并不是以相同的量分派下来的,可是当自然把她自己都给予了我们时,难道自然给予的还是一件太微不足道的赠物吗?

"主神不会施与恩惠",你说。那么,一切你所拥有的,一切你所施与和拒绝施与的,一切你所贮存的,一切你所窃取的,它们来自何处?那无数悦你眼目、畅你听觉、怡你心神的事物,它们来自何处?那甚至可供你穷奢极欲的物资,它们来自何处?因为我们所得到的不仅仅是必需品——我们已被爱惜到受溺爱的地步!一切结满各种果实的树木来自何处?一切有治疗功用的植物来自何处?各式各样的食物散布于一年四季,以至于即便是最懒惰的人,也能从大地的偶然的产物中找到维持生命的东西,它们来自何处?还有各式各样的生物又来自何处?这些生物,有的生于干燥坚硬的地面,有的生于海浪之中,还有一些从高空坠落,为的是寰宇的各个部分都可于我们有所惠赐。众多的河流又来自何处?——其中有些河流以迷人的弧线环绕着这土地,另一些河流,当它们在其巨大的、可供航行的航道上奔流时,又为商贸提供了一条水道,还有些河流当夏日之际,河水便猛涨起来,为的是通过夏季激流的迅猛泛滥,它们可灌溉那延展于炎炎烈日之下的焦土。还有那有治疗功效的泉水又怎样?那就在海岸处冒出的暖水又怎样?

> 还有你,哦,非凡的拉里乌斯湖(Larius)和贝纳库斯湖(Benacus),
> 随着巨浪的咆哮,你恰如大海般升涨?[①]

[①] 维吉尔歌颂科莫湖(Como)和加达湖(Carda)(见《田园诗》,ii,159)。

214

如果有人给你不过几英亩土地的馈赠，你便说你受了恩惠；对于大地提供给你使用的大片土壤，难道你却说它不是恩惠吗？如果有人赠了你钱财，而且他用这钱财填满了你的钱柜，因为这在你眼中是了不得的事，所以你便把这称作一次恩惠。主神在这地下埋藏了无尽的资源，主神从地底深处引出无数遍布陆地的河流，这些河流挟着金沙在陆地上穿行；大量的银、铜、铁被埋藏于各个地方，而主神通过把地底下隐藏着的财富的标志放置在地面上，从而给予了我们发现它们的手段——可你却说你没得到恩惠吗？如果你接受到一所房产的馈赠，它有大理石的华丽外表，镀金的房顶熠熠发光，或者房顶被涂上了斑斓的色彩，你便会把它称作是件非同一般的馈赠。主神已为你建造了一间广漠的大厦，它无须惧怕大火或毁坏，你在其中看到的，不是比打磨它们的刀刃还要薄削的薄片①，而是大量最为珍贵的天然石头，这整块的物质有着那么多各式各样的斑纹，其中最小的部分也会让你充满惊奇，这间大厦的穹顶，晚上以一种方式闪耀，白天又以另一种方式闪耀——然而你却说你没得到任何恩惠吗？或者，尽管你非常珍惜你所拥有的这些幸福，你却担当起一个忘恩负义者的角色，并认为你没有因为这些幸福而对任何人有所亏欠？你所呼吸的空气从哪儿来？你借以分配和安排你生活中的各种行为的光从哪里来？你通过其循环流转而保持生命热量的血液从哪来？当你口腹已然餍足时，却能通过其罕有的风味刺激你味觉的那些佳肴从哪儿来？当快乐已无聊乏味时，却又能激起快乐的那些事物从哪儿来？你在其中干枯腐败的这长眠从哪里来？如果你有感恩之情，难道你不会说：

　　　　这平静乃神为我们所带来的，因为对我而言
　　　　他确实将永远是神，

---

①　即大理石。

> 我们用畜群中的
> 众多初产幼羊的鲜血浸染他的祭坛。你看我得了什么恩赐：
> 我的牛儿因他的慷慨而自在地徜徉，
> 此时我正心驰于我的管笛上啭鸣出的旋律？①

可是，那主神不仅仅是让几头牛自由自在，而是让遍布于地球之上的兽群都自由自在；当兽群四处漫游之际，他随处为兽群提供食物，他在夏季的牧场之后又安排了冬季的牧场；他不仅教会我们如何演奏管笛，如何制作曲调（它们尽管粗陋笨拙，然而却显示出某种对形式的注重），而且还发明了无数的艺术、无数的声音种类、无数产生优美旋律的声调，这些声调有些通过我们身体的呼吸发出，有些则通过乐器的气流发出。② 因为你绝不能说，所有我们创造的东西都是我们自己的，就像你绝不能说，我们的成长这件事实，或者我们的身体在人生特定阶段有特定的习性这件事实，是我们自己的一样；此刻孩童时期的幼齿开始脱落了，当我们年龄渐长，跨入了更强壮的阶段时，此刻青春期来临，标志少年时代终结的最后的牙齿长出来了。在我们之中植入了所有年龄的种子，植入了一切艺术的种子。是主神，我们的主人，从我们的存在的隐秘的幽深处，产出我们的各种才能。

"是自然"，你说，"提供给我这些东西"。可是，难道你不懂，当你这样说的时候，你只是赋予了主神另外一个名字？因为自然除了是主神和渗透于整个宇宙及宇宙的所有部分的神圣理性之外，它还能是什么其他东西呢？你可能会凭你所愿地以不同的名字来称呼这一存在——我们这个世界的创造者③；你把他称作"最卓越最伟大的朱庇特"，称他

---

① 维吉尔：《田园诗》，i.6；在此诗人指的是他自己因屋大维的慷慨而受惠。
② 显然，指的是如灌水乐器的轰鸣声所产生的气流，皇帝和有钱的罗马人用这种乐器来娱乐民众。
③ 在此用的都是阳性单数。

作"掌管雷者"(the Thunderer)和"维系者"(Stayer),这都是正当的。维系者这一称号,正如历史学家们所说,并非源于主神应罗穆卢斯(Romulus)的祈祷而阻止了罗马战线的溃散这件事实,① 而是源于万物都因他的恩惠而驻留,源于他是他们的维系者和稳定者这件事实。同样,如果你要称他为"命运之神",这也不会错;因为,既然命运只是联在一起的一条因果链,命运之神就是其他原因依赖的第一因。你所选择的任何名称都可适用于他,只要这名称意味着某种在天国之域中起作用的力量——他的名称恰如他的恩惠一样无尽。

我们学派既把他认作利伯之父(Father Liber),② 也把他认作赫拉克勒斯和墨丘利(Mercury)——称他为利伯之父,因为他是万物之父,他第一个发现生殖力,而生殖力可用快乐的方式延续生命;称他为赫拉克勒斯,因为他的力量不可战胜。任何时候,当赫拉克勒斯随着其工作的完成而疲惫不堪时,就会返回原初火焰③之中;称他为墨丘利,是因为理性、数字、秩序和知识都属于他。不管你转向何方,你都会看到主神迎来会你;他一无所缺,他自己就完成了他所有的工作。因为这个原因,哦,人类中最忘恩负义的人呀,你说你所欠下的不是对主神的债务,而是对自然的债务,这是徒劳的,因为没有主神也就没有自然,没有自然也就没有主神,两者是同一的,他们的区别仅仅在于功能而已。如果你从塞涅卡处接受了恩惠,如果你说你欠下的是安尼乌斯或卢西乌斯的债,④ 你所改变的并不是你的债主,而是债主的名字,因为,不管你是用他的第一个名字,第二个名字,还是第三个名字来指称他,他仍将会是同一个人。所以,如果你愿意,说"自然""天数""命运之

---

① 指在罗穆卢斯与萨宾人的一场战斗中发生的事情。
② 古意大利的一位植物之神,在古典时代相当于希腊的狄奥尼索斯(Dionysus)神,即巴克斯(Bacchus)。
③ 指斯多亚哲学的这样一种观念:主神是创造之火,所有其他元素都将定期分解进入其中。所以赫拉克勒斯在完成其工作后,便消逝于火中。
④ 塞涅卡的全名是卢西乌斯·安尼乌斯·塞涅卡(Lucius Annaeus Seneca)。

神"都行，然而所有这些都只是那以不同的方式应用其力量的同一个主神的名字。正义、忠诚、审慎、勇敢、节制都只是同一心灵的优良品质；如果你肯定它们中任何一种的话，那么你也就肯定了那一心灵。

我们还是不要偏离到进一步的争论中去吧，主神赐予我们太多太重的恩惠，然而却没有任何要求回报的意图，因为他不需任何的施与，我们也没有能力施与他任何东西；因此，恩惠就是某种本身值得想望的东西。恩惠所着眼的只是接受者的利益；所以，将我们自己所有的利益放在一边，让我们以这为目标吧。

"可是你说"，有人反驳道："我们应该小心挑选那些我们将要施与恩惠的对象，因为即使是农夫也不会把种子播撒在沙地里。如果这是真实的，那么在施与恩惠时，我们还是在寻求我们自身的利益，恰如我们在耕作和播种时必然寻求自身的利益一样；因为播种不是某种本身值得想望的东西。而且，你探究你应当如何施与恩惠，恩惠应当施在什么地方，如果施与恩惠是某种本身就值得想望的东西，那么这样做就将是没有必要的，因为恩惠不管是以何种方式施与，不管施在什么地方，它都仍将是恩惠"。可是，我们也只是因为荣誉本身的缘故而追求荣誉；然而，即使我们不会有任何其他理由去追求它，我们确实仍会探究我们应该做什么，什么时候做，怎么做；因为正是经由这些考虑，荣誉才获得了它的存在（即这些因素使得行为成为光荣的）。所以，当我挑选我将施与恩惠的对象时，我在考虑的就是这个——以何种方式、在什么时候施恩，使得一次赠予成为一次恩惠；因为如果赠予之物被给予了一位卑劣之人，这赠予就既非一项义举，亦非一种恩惠。

偿还存放之物，这件行为本身就是值得想望的；可是，我不会总是要偿还它，也不会在任何时间或任何地点都要去偿还它。有时，我无论是拒绝承认谁在我这里存放过什么，还是公开偿还它，这都无关紧要。我应该一直考虑的，是我打算偿还的对象的利益，如果偿还会给他带来伤害，那么我就会拒绝那样做。① 在恩惠的事情上，我也会以同样的方式行事。我要考虑何时施与恩惠，将恩惠施与谁，如何施与，为什么施与。因为我们应该把理性运用于我们所做的一切事情上；任何赐予，除非它是被理性地施与的，否则它就不是恩惠，因为一切有德的行为都伴有理性。当人们因某些轻率的善举而自责时，我们是怎样经常地听到这些话："我情愿将它丢弃，也不愿将这恩惠施与他！"轻率的善举是一种最可耻的损失，错误地施与恩惠，相比于施恩而没有得到回报而言，是件严重得多的过错。因为，如果我们没有得到回报，这是别人的过错，然而，如果我们错误地选择了我们施恩的对象，错就在我们自己。在我做出选择时，你所认为的那个因素——谁最可能会给我一些回报，这对我的影响是最小的；因为我选择的是个会感恩的人，而不是一个很可能作出回报的人，常见的情况是：感恩的人不大可能作出回报，而忘恩负义的人却是个作出了回报的人。我的判断指向的是心灵；因此我将避开那尽管富裕却卑劣的人，我将把恩惠施与那尽管贫穷却善良的人；因为即使在极端的贫困中，他仍将是心存感激的，当他失去其他的一切时，他仍将拥有这颗感恩之心。

我试图从施恩中获取的不是利益，也不是快乐，不是荣耀；因为只满足于把快乐送给一个人，所以我施与恩惠的唯一目的，就是做我该做的事。然而在做该做的事时，我并不是不加选择的。你问我要做的是怎样的选择吗？我将选择一个这样的人，他正直、诚实、不忘恩、对所受恩惠心存感激，他不染指别人的财物，不贪婪地死守着自己的财物，他待人仁慈。当我选择了那样一个人时，尽管命运之神不会赐予他任何可以用来偿还我的恩惠的东西，我仍会达到我的目的。如果我因自我的利益和卑劣的算计而慷慨，如果我助人的唯一目的就是让他反过来助我，我将不会把恩惠施与一个即将出发去遥远的外国，从此之后再也不回的

---

① 可以参看柏拉图《理想国》第一卷中关于正义是否是简单的"还债"的讨论。

人；我将不会把恩惠施与一个病入膏肓，已无康复希望的人；我不会在自己的健康状况恶化时施与恩惠，因为我将没有时间接受回报。然而，你可能知道，慷慨之行本身，就是某种值得想望的东西，那刚刚驶入我们的海港，或立即就要出发的外国人，也会得到我们的帮助；对于一个船舶失事的陌生人，为了他能返还家园，我们既给他船只，还把它装备起来。当他离开我们时，他甚至都不知道搭救他的人是谁，因为从未指望再次看到我们，他委托诸神做我们的债务人，并祈求诸神可以代他偿还他所受的恩惠；同时，因为我们意识到，我们施与了一次不会有任何回报的恩惠，于是心生欢喜。告诉我，当我们已抵达生命的终点，就要订立我们的遗嘱时，难道我们不也要施与那不会为我们带来任何收益的恩惠吗？在把这恩惠施与谁和要施与多少恩惠的问题上，我们花费了多少时间，我们内心斗争的时间有多长啊！既然没人会给我们以回报，那么我们把恩惠施与谁又有什么要紧呢？可是，当所有的自我利益都被摒弃，唯有善的理念留存于我们的眼前时，我们在施与恩惠方面却最为仔细，我们在做出决定时斗争是最为激烈的；只要我们的责任被希望、恐惧、最为怠惰的邪恶、愉悦所扭曲，我们就是我们的责任的差劲的法官。然而，当死亡将所有这些东西隔离出去，并让我们作为正直的法官进行宣判，我们就会寻求那些最配继承我们遗产的人。在我们安排的所有事情中，没有任何事情，比这件不考虑我们自己的利害的事情被安排得更加谨慎小心的了。可是，老天！当我们作如是想时，"通过我，此人将变得更加富有，而我，通过增加他的财富，将在他的高位上加上新的荣耀"。此时巨大的喜悦会笼罩我们。如果我们仅当可以指望到一些回报时才施与恩惠，我们就应该不立遗嘱地死去！

"你说，"有人反驳道："恩惠是不能被偿还的借贷；可是借贷不是某种本身就值得想望的东西。"当我使用"借贷"一词时，我是求助于一种象征，一种比喻；同样，我也可以说法律是一种衡量正义和不义的标准，而衡量标准也不是某种本身就值得想望的东西。我们求助于那样的表述，为的是把事情说得更加清楚；当我说"借贷"时，我所理解的是"类似于借贷的东西"。你想知道其中的区别吗？我加上了"不能被偿还"这些词，然而一切真正的借贷，它或者是能够，或者是应该被偿还的。对于我们而言，出于自利的动机施与恩惠绝非正当；正如我已说过的，恩惠的施与经常会让其本人蒙受损失，担当风险。例如，我去营救一位被强盗围困的人，尽管我可以安全地从旁边自在地经过。因为为一位与特权人士作斗争的被告辩护，我自己得罪了一派有势力的人，也许这些同样的控告者将逼迫我穿上那丧服①，这丧服是我刚从那被告身上脱下的，尽管我本可以站在另一边，然后安全无事地旁观那些与我无关的斗争；我去做一位被宣告有罪者的保释人，当一位朋友的财产被公开出售时，我去宣告控诉无效，然后很可能会把他欠债主的东西背负到自己身上；为了挽救一位流放者，我自己将冒被流放的危险。

当一个人希求获得一处图斯库勒姆（Tusculum）或蒂尔堡（Tibur）的房产（因为它们有助于健康，因为它们可在夏季提供静居之所）时，没人会去考虑他将以多少年的收益（purchase）② 买下这房产；一旦他买下之后，他就必定会照管它。③ 就恩惠而言，同样的原则也适用；因为当你问我回报会是什么时，我回答："良心的回报。"一个人从恩惠处获得的回报是什么呢？请你告诉我，一个人从正义、清白、灵魂的高贵、纯洁、克制获得的回报是什么？如果你寻求美德本身之外的任何东西，你所寻求的就不是美德本身。天空的运转为的是什么目的？太阳延长和缩短白日的长度为的是什么？所有这些都是恩惠，因为它们的发生

---

① 被告通常的服饰。
② Quoto anno 就像英文"purchase"一样是一个专门术语。它意味着这房产的多少年的全部获益可以抵消为这一房产付出的价钱。这里的意思看来是：那主要因为健康和愉悦的缘故买下这处房产的人，他通常不会考虑财产返还的问题。
③ 此处的拉丁原文不清，意思可能是，所有者自然而然地会努力让这房产生利。

为的是于我们有益。恰如按照自然的固定法则运转是天空的职责,恰如改变其升落点是太阳的职责,它们没有任何回报地做着这些于我们有益的事情,所以,除其他事情外,施与恩惠也是人的职责。那么,他为什么施与恩惠呢?他唯恐的是他没能施与恩惠,他唯恐的是他会失去行善的机会。

你引以为乐的是:将你可怜的躯体交付懒散的安逸,追求与睡眠几乎无异的休憩,潜藏于浓荫的掩蔽处,以最精巧的思想掩饰那颗倦怠心灵的呆滞(你把它称为"宁静"),在你花园的秘密的角落,用食物和饮料充塞你那因怠惰而苍白的躯体;① 我们以施与恩惠为乐,只要这恩惠能减轻他人的劳苦;我们不惜以自身的劳苦为代价,只要这恩惠会救他人脱离险境;我们不惜以自蹈险境为代价,只要这恩惠能够解除他人的穷困,我们不惜以担当经济负担为代价。我施与出去的恩惠是否有回报,这又有什么关系呢?即使在我的恩惠得到了回报之后,它们还是要被再度施与出去的。恩惠着眼的不是我们自身的利益,而是它被施于其上的对象的利益;否则,我们就把恩惠施在了自己身上。所以,许多给他人带来最大利益的帮助,没有权力要求他人的感激,因为它们已经得到了回报。商人为城邦提供帮助,医生为病人提供帮助,贩奴者为他售卖的对象提供帮助;然而,所有这些人,因为通过谋求他们自身的利益而让他人获益,所以得到他们帮助的那些人,对他们就没有任何的义务。那以营利为目的的东西,不可能是恩惠。"我付出几许,就要得到几许的回报"——这只是纯粹的交易。

那拒绝情夫只是为了激起他的更加疯狂的热情的女人,那拒绝情夫只是因为惧怕法律或她的丈夫的女人,我不会称她为贞洁的。正如奥维德(Ovid)所言:

---

① 伊壁鸠鲁学派在雅典郊外有一个很大的花园,这一学派因此花园而获"花园派"的别名。

那没有犯下罪孽,只是因为她不能犯下这罪孽的人——她已犯下了罪孽。

一个应把其贞洁归于恐惧而非她自己的女人,理所当然应被归入罪人之列。同样,那施恩图报的人,事实上并未施与恩惠。否则,对于我们为了获益或为了获取食物而饲养的动物,我们也施与了恩惠了!对于我们照管的果园(我们照管它们,为的是让它们免于干旱或荒芜土地之贫瘠),我们也已施与了恩惠了。然而,并非正义或仁慈促使任何人去耕作田地,或令人做出除行为本身之外还有回报的任何行为。导致恩惠之施与的动机不是贪婪的,也不是卑劣的,而是人道的和高尚的,这是一种即便在施与之后还会再度施与的欲求,一种在旧的赠物之上加上新的、不同的赠物的欲求,它的唯一目的就是把可能加于对象上的尽可能多的善加于对象上;然而,如果给任何人以帮助,只是因为这帮助于我们自身有益,这是一种可鄙的行为,它不值得赞美,也不值得颂扬。爱自己,饶恕自己,为自己谋利,其中有什么高尚的成分呢?施与恩惠的真正欲求,要求我们远离所有这些动机。因为这一欲求掌握住了我们,它就逼迫我们忍受损失,因为摒弃了自利,它仅仅在行善的举动中就能找到最大的愉悦。

恩惠的反面是伤害,难道这还有什么可怀疑的吗?恰如伤害他人本身就是某种必须避免和消除的行为,所以施与恩惠本身就是某种值得想望的行为。在伤害中,行为的卑劣超出了促使我们犯下这一罪行的一切报偿;在施与恩惠中,我们因为美德观念的激发而做出这行为,这种美德观念本身就是一种强有力的激励。如果我这样说:所有人都以他施与他人的恩惠为乐,所有人都有那样的倾向,以至于他看到受他大量恩惠的对象会更加快乐,所有人在施与一次恩惠的事实中,都能发现施与第二次恩惠的理由。我说的并不会错。如果恩惠本身不是他快乐的源泉,这些事情就不会发生。你会怎样经常地听到一个人说:"我不忍遗弃他，因为我曾给予他生命，我曾救他脱离危险。他现在有一场与有权势者对抗的诉讼，恳求我为他作辩护；我不想干，可是我能做什么呢？我已经帮了他一次了，不，是两次。"难道你没有看出，在这件事情本身，内在地存在着某种独特的力量逼迫我们施与恩惠？首次的时候，这是因为我们应该施与恩惠，后来，则是因为我们已经施与了恩惠。虽然，在开初的时候，我们可能没有任何理由把任何东西施与到一个人身上，可是，因为我们已经施与出去了，我们就会继续施与；所以，说我们受利益动机的驱使才施与恩惠，这是何等的不确实，我们坚持照管和爱惜那些无利可图的事物，仅仅是出于一种对恩惠的热爱。对于这恩惠，即使它令人遗憾地被放置错了，我们还是会像我们对待举止不端的孩子一样，自然地展示出放纵宽容。

　　这些同样的对手[①]承认他们自己也会报恩，然而不是因为报恩是正当的，而是因为报恩是有利的。但是，要证明事实并非如此，是一项更加轻易的工作，因为我们用以证实施与恩惠是某种本身就值得想望的行为的那些论据，同时也就证实了事实并非如此。我们由之出发去证明其他观点的那个固定原则是：可敬的事物不是因为其他的原因，而是因为它是可敬的，所以才受人的珍爱。因此，谁敢提出这样的问题：心怀感激是否可敬？谁不嫌恶一个忘恩负义之人？他甚至对自己也毫无用处。告诉我，当你听到某人被人议论："他是个对极大的恩惠也忘恩负义的人"，你的感觉是什么？是仿佛他做了某件卑劣的事情，还是仿佛他疏忽了去做某件合算的，并可能让他自己有利可图的事情？我认为你会把他当作一位卑鄙的家伙，他应得到的不是保护人，而是惩罚；然而，除非心怀感激是某种本身就值得想望的和可敬的行为，否则事实就不会如此。其他的品质也许不会把自身价值展现得那样明显，为了判定它们是否可敬，我们需要一个解释者。而心怀感激则是公开展示的，它是那样

---

① 即伊壁鸠鲁派。

的美好，以至于它的光辉决不会黯淡模糊下去。什么东西像以感激之情回报善意的帮助那样，值得我们称颂，是我们所有的心灵那样一致赞同的？

告诉我，什么是导致我们选取这一态度（即知恩图报）的动机？是利益吗？可是忘恩负义之人也并不鄙视利益。是虚荣心吗？偿还你所欠下的东西有什么值得夸耀的呢？是惧怕吗？忘恩负义之人并无惧怕之感，因为忘恩负义是仅有的一项我们没有为之制定法律的罪恶，这基于自然已经对之采取了足够的预防措施的理论。正如没有命令我们爱我们的父母或纵容我们的孩子的法律，因为逼迫我们去往我们正在去往的那个地方，这是毫无必要的，正如没人需要别人鼓动他自爱一样，他甚至在刚出生的时候就渗浸着自爱心了，所以，在此也没有这样的法律，没有命令我们因可敬之物本身的缘故寻求可敬之物的法律；它的本性就令我们愉悦，美德是那样地具有吸引力，以至于甚至邪恶之人也会本能地首肯那更好的行为。有谁不希望看上去是仁慈的？有谁，即使在他犯下罪行和伤害他人的过程中，不渴望获得一个良善的名声？有谁不是给他甚至是最野蛮的行径也披上正义的伪装，并希望甚至对他们已经伤害的那些人也显出一副曾有恩于他们的样子？所以人们让那些他们曾让其倾家荡产的人也向他们致谢，他们装出善良和慷慨的样子，因为他们不能证明自己是善良和慷慨的。可是，除非对公正的和本身就值得想望的事物的爱，逼迫他们寻求一种与他们的品性不符的名声，逼迫他们掩藏他们心怀憎恶和羞耻地看待的邪恶（尽管他们觊觎着邪恶带来的好处），否则他们就不会这样做；迄今为止，无人曾经违反自然的法则，把人性撇在一旁，以至于为邪恶带来的快乐而邪恶。你随便问一个靠抢掠为生的人，他们是不是不愿以可敬的方式，获取他们通过抢劫和偷盗获取的事物。那些靠劫道杀人求取生计的人，将情愿努力获取这些劫掠物，而不是攫取这些劫掠物；你会发现，没有人不是更加情愿不通过邪恶之行来享有这些邪恶带来的成果。在我们从自然处秉承的所有恩惠中，美德让她的光芒穿透所有人的心灵这件事实，是最伟大的；甚至那些拒绝服从她的人也会看到她。

感激之情是某种本身就值得想望的事物，证据就在于，忘恩负义是某种本身就应被避免的事物，因为这种邪恶能够最为有效地瓦解和破坏人类的和谐。如果我们不是通过善举的交换而相互帮助，我们又怎么能安全地活着？唯有通过恩惠的交换，生活才多少得以装备和强化，以抵御突来的灾难。把我们单独拿出来，我们是什么？一切动物的猎物和受害者，我们的鲜血是最美味最易获取的，因为，尽管其他动物拥有足以自我防护的力量，尽管那些生来就是漫游者并过着一种独行生活的动物拥有武器，可人类的遮蔽物却只有一层脆弱的皮肤；人类并无尖牙利爪，不会成为其他动物惧怕的对象，因为他既无保护又软弱不堪，他的安全就在于伙伴关系之中。

主神给了他两样东西，理性和伙伴关系。正是这两样东西，让他从一种受其他动物支配的动物，变成了所有动物中最强大的；所以这个独立地看不是任何动物的对手的他，成了世界的主宰。伙伴关系赋予了他对一切动物的支配权。尽管他生于这片土地，可是伙伴关系却把他的统治权延展至一种非他自身所处的环境，并委任他担当甚至是海上的霸主；正是这种伙伴关系，阻止了疾病的侵袭，为老年备下了支撑物，为悲伤提供了慰藉；正是这种伙伴关系让我们变得英勇，正是这种伙伴关系可助我们对抗命运之神。除去这种伙伴关系，你就将解散人类赖以维持其存在的统一性；然而，如果你成功地证明了忘恩负义不是因为其自身而被避免，而是因为它是某种令人惧怕的东西而被避免的话，你就可以除去这种伙伴关系；因为这里有多少可以安全地行忘恩负义之事的人啊！总之，任何因惧怕而变得感恩的人，我都称之为忘恩负义者。

没有一个神志清楚的人会惧怕诸神；因为惧怕有益的事物是种愚蠢的行为，而且没有人会去爱那些他所惧怕者。你，伊壁鸠鲁，最终解除了主神的武装，你已剥夺了他所有的武器，所有的力量，而且，为了让所有人都无须惧怕他，你把他抛在了惧怕的范围之外。[①] 于是，神就好像被围在巨大而封闭的高墙之内，远远地处于人类的影响和视线之外，你就没有理由对他心存敬畏；他不具备施与恩惠或伤害的手段；他独自居住在将我们自己的世界与其他的世界[②]分隔开来的空间里，没有一个生物，没有一个人，没有一点财产与他做伴，他能避开在他周遭碰撞的各个世界的毁灭，他听不到我们的祈祷，对我们也漠不关心。然而，你却希望做出充满感恩之情而崇拜这一存在的样子——我想，就仿佛他是位父亲；或者，如果你不希望做出个感恩的样子，因为你从他那里没有得到一点恩惠，而你自己只是众多原子极其盲目随机碰撞结合的产物，那你为什么要崇拜他？"因为他那显赫的威权"，你说，"还有他那非凡的本性"。那么，即使我同意你崇拜他，显然，你这样做也不是出于任何利益或任何期望的诱引；因此，在此有一种本身就值得想望的事物，是它的价值诱引着你，它就是可敬的事物。可是有什么东西比感激之情更加可敬呢？这种美德的可能性只受生命的限制。

"可是这种善，"你说，"其中也有一些利益的成分"。确实，什么美德没有呢？然而，我们说它值得想望，却是因为它自身的缘故，尽管它拥有一些外在的利益，而且，即便当这些利益被剥除时，它仍然是中人心意的。在感激之情中有利益在；然而即便感激之情会给我带来伤害，我仍会抱感激之情。抱感激之情的人，其目的是什么呢？他的感激之情可以为他赢得更多的朋友、更多的恩惠吗？那便怎么样呢，如果一个人可能因感激之情而激起别人的厌恶，如果一个人知道通过感激之

[①] 因为，按照伊壁鸠鲁的理论，神并不关心人类的事务或行为，人类因为自身的任何行为或没有履行任何行为而惧怕惩罚是非理性的。同样，惧怕自然灾害，仿佛它们是神的恼怒或反复无常的结果，这也是非理性的。斯多亚派也同意惧怕神灵是非理性的，然而却是因为不同的原因。因为他们认为道德善是神的本质的东西，神对他的创造物有着天意关照，他完全控制着他的造物，所以一切以任何方式影响我们任何人的事件都将于我们有利。惧怕于你有益的事物是非理性的。

[②] 根据伊壁鸠鲁派的观点，诸神居住在星际空间（intermundia）——处于无数世界之间的巨大虚空中。

情，他非但不可能得到任何东西，而且还必须失去许多他已经获得的贮备，难道他就不去欣然承担他的损失吗？那在致谢之际却期望着第二次的赠予的人——那在回报时又抱着希望的人，他是忘恩负义的。那因病人将立遗嘱而坐在病人床边的人，那找机会考虑继承和遗产的人，我都把他称作忘恩负义。尽管他会做一个善良体贴的朋友应该做的一切事情，如果在他的心头萦绕的是获利的希望，他就只是个沽钓遗产者，他只是在下钩。就像以尸体为食的掠食的鸟儿，会在因疾病而精疲力竭并即将倒下的禽群近旁密切盯视着；那样一个贪婪盯视着垂死之人的睡床，在尸体周围徘徊的人也是如此。

然而感激之心是受其目的之良善所吸引的。感激之心确实如此，它不会被获利的观念所染污，你想要这一说法的证据吗？抱感激之心的人有两种。其中一种人，因为他回报了他接受的东西，所以被称作有感激之心的；也许，他能够让自己变得引人注目，有些东西可以供他夸耀，有些东西可以供他显摆。那欣然接受恩惠，欣然感激他人的人，也被称作有感激之心的；这种人把他的感激之情埋藏在心里。他从这隐藏的情感中能获得什么利益呢？可是那样一个人，即便他力所能及的不过如此，然而却仍是有感激之心的。他爱那个向他施恩者，他自觉到他欠下的债务，他渴望报答这恩惠；不管你可能发现他欠缺什么其他东西，这个人本身却不欠缺任何东西。一个人即使手边没有施展其技艺的工具，他仍有可能是位艺术家，同样，如果噪声盖过了某人的声音，让他的声音不被人听见，并不说明他就不再是个训练有素的歌手。我希望报恩：此后还有些事情留待我去做，不是为了变得富有感激之心，而是为了变得自由①；因为常见的情况是，那已偿还恩惠的人是忘恩负义的，而那没有偿还恩惠的人则是有感激之心的。因为恰如在所有其他美德中的情

---

① 即，一个人只要有偿还的渴求，就表明自己是有感激之心的；至于他通过实际的偿还所免除的，是他的所有义务。

况一样，对这种美德的真正衡量，只与心灵相关；如果心灵行使了它的职责，其他一切他所缺乏的东西，都是命运之神的错。恰如一个人，即使他是静默的，他也可能是能说会道的，即使一个人的双手是抱拢着的，或者甚至是被捆绑着的，他也可能是勇敢的，恰如一个人，即使当他身处干燥的陆地之上，他也可能是个领航员，因为即使有些东西妨碍了他使用他的知识，他的知识的完整性并不会因此而有所减损，所以一个仅仅希望表达感激之情，而且除他自己之外，没有任何人可为他的这种渴求作证的人，也是有感激之情的。我甚至还要更进一步——有时，甚至当一个人显得忘恩负义的时候，甚至当飞短流长对他进行反面指责的时候，他仍是抱有感激之情的。这样一个人，除了他自己的良心外，还有什么做他的引导？尽管良心受到打压，良心却仍会给他带来快乐，良心会激烈反对众人的评价和谣言，并完全依赖自身，当良心看到大众都站在有着不同想法的另一边时，它并未设法计算所有票数，而是通过它仅有的一票赢得胜利。如果良心看到它自己的忠诚遭受到专门惩罚背信弃义的惩罚，它并不会从它的顶峰落下，而是超然于惩罚之外。"我拥有"，良心说，"我所希求的，我所为之奋斗的；我了无遗憾，我也永远不会有任何遗憾，命运之神的不公，永远不会让我说出这样的话：'我所希求的是什么？现在我从我的善良意图中获得了什么益处？'"即便在刑架上，在烈火中，我也有益处；尽管烈火会依次吞没我的肢体，逐渐包围我的身躯，尽管我的满溢着自觉的美德的心会滴下血来，良心却仍会在烈火中欢欣，通过这火焰，良心的忠诚将熠熠生辉。

以下的主题，尽管已经被考察过，在此也还可以再考察一下：在弥留之际，我们为什么仍然希望显得富有感激之情？我们为什么要精心考较每个人对我们的帮助？我们为什么要以记忆作为我们整个人生的法官，以试图避免显出忘记了任何帮助的样子？那时我们已一无所求；尽管如此，当我们在这当口停留之际，当我们即将脱离人间事务之际，我们仍希望显得尽可能抱有感激之情的样子。显然,一种行为①的巨大回报就在于这行为本身。美德有影响人类心灵的强大力量,因为灵魂已被这美德的美好所充满,它因为惊奇于这美德的光辉与壮丽,便因迷醉而狂喜。"但是在此有许多的益处",你说,"从这美德中生发出来;善人活在更大的安全中,他拥有善人的爱戴与尊敬,当有纯真与感激之情相伴时,他的存在就少了些烦扰"。确实,如果自然让那样一种伟大的善变成一件不幸的、不确定的、无益的东西,她就是最为不公的。可是我们要考察的要点在于:你是否会朝向这通常可以经由一条安全轻易的路途通达的美德走去;甚至当这条路上遍布巉岩悬崖,野兽和毒蛇四面侵袭时,你是否还会朝向这美德走去。因此,说有外来利益紧密地附着于其上的东西,就不是某种本身值得想望的东西,这是不正确的;因为在大多数情况下,最美的事物都伴有许多附加的利益,可是这些利益是跟随在这美之后的,而美则是带路的。

有谁怀疑作周期性运转的太阳和月亮会影响到人类的居所呢?有谁怀疑前者的热量赋予我们的躯体以生命,疏松了坚硬的土壤,去除了多余的湿气,折断了缠缚在万物之上的阴暗冬天的镣铐,而后者的温暖则以它弥漫一切的能量决定了作物的成熟?有谁怀疑在人类的繁殖与月球的轨迹间有着某种联系?有谁怀疑日、月当中的一个通过其环行标志出年份,而另一个,因为在更小的轨道运行,所以标志出月份?然而,即使我们把这些益处都放在一旁,难道太阳本身就不会构成值得我们瞩目的景观吗?如果太阳只是从天空掠过,难道就不值得我们敬慕吗?即使月亮像颗星辰一样悠闲地掠过天际,难道它就不是值得我们瞩目的景观吗?而这苍穹本身——任何时候,当它在夜里不断发出它的光辉,并因它的一大群数不清的星辰而闪耀时,有谁不为它着迷?有谁,当他为它们而惊奇不已时,会转而去思考它们对他自己的用途呢?当那巨大的群

---

① 指抱有感激之情。

体在我们头顶滑行时，看哪，在一个静止不动的整全天体景象中，苍穹的成员是如何对我们隐瞒它们的速度的。在那个你注意它只是为了计算和区分日期的夜晚，发生了多少事情啊！在这静谧之下有怎样众多的事件在展开啊！有怎样一连串的命运，通过它们一贯准确的路途在描画啊！这些在你看来只是被四处播撒的、除了装饰外别无其他用途的星体，全部都在运转着。在此你也没有理由认为这儿只有七个游走着的星体，而所有其他的星体都是固定不动的；在此有少许星体的运动是我们能够把握的，可是，离我们视阈更远的是无数来来往往的神①，而许多我们的视野可及的那些星体，却在以一种察觉不到的速度在行进着。②

告诉我，即便那样一个惊人的构造没有以它的精神包含你、保护你、爱惜你、生育你、弥漫你，难道你看到它就不会着迷吗？尽管这些天体对我们有着无可比拟的用途，它们对我们而言是必需的且极其重要的，然而整个地占据着我们心灵的，是它们的伟大。一般而言，美德亦是如此，抱有感激之情这种美德尤其如此，尽管它确实给予了我们许许多多好处，然而它却不希望因为这个而受我们的珍视；在它里面有更多的东西，而那只把它当作诸多有用事物之一的人，并没有确切地把握它。一个人抱有感激之情，只因为抱有感激之情于他有益，他才是有感激之情的吗？据此，他的感激之情便只以于他有益为限吗？可是美德不会把她的门向一个吝啬的爱戴者敞开的；他必须解开钱囊靠近她。只有忘恩负义的人才会想："我本想感恩的，可是我害怕要付出的代价，我害怕危险，我害怕触怒别人；我宁愿考虑我自己的利益。"不能用同样的推理原则考察感激之人和忘恩负义之人。就像他们的行为是不同的，他们的意图也是不同的。这个人是忘恩负义的，因为忘恩负义于他有

---

① 斯多亚派认为天体是神性的。
② 斯多亚主义理论认为，所有的星体，不仅仅是行星，都处于各自的运动中，所谓的"固定不动的"星体也都在相互谐和的行进中，它们持续的不可思议的运动是它们的神性精神的表征。

利，尽管他不应该如此。另一个人是抱有感激之情的，因为他应该如此，尽管抱有感激之情于他不利。

顺应自然而生活，以诸神为楷模，这是我们的目标。① 可是在诸神的所有行为中，诸神持有的动机，除了那个行为原则②外还有什么？除非你可能认为，他们从燃烧祭品的浓烟中和熏香的香味中，可获得对他们的行为的回报！看看他们每日的伟大成就，看看他们施与的大量的赏赐；他们用怎样丰富的作物来填充这土地，他们用把我们带到各个海岸的怎样的煦风来吹皱海水，他们用怎样突然间倾盆而下的暴雨来疏松土壤，补充干涸的泉源，通过秘密的补充将这些泉源注满，从而赋予它们新的生命。他们做所有这些事情都是没有回报的，他们没有为自己赢得任何利益。我们的原则，如果不背离它的模型，也将遵守这个原则，即从不因报偿去行善。无论如何，我们应该为给一切恩惠都定价而羞愧——诸神就免费为我们所有。

"如果你要模仿诸神"，你说，"那么你就把恩惠也施于忘恩负义者身上；因为太阳也在忘恩负义者的头上升起，海洋也向海盗敞开"。这一论点提出了这样一个问题：一个善人在明知某人忘恩负义的情况下，是否会将恩惠施于这个忘恩负义者身上。在此请允许我插入一个简短的说明，以免我们会落入这个棘手问题的圈套。你要知道，根据斯多亚主义的理论体系，在此有两类忘恩负义者。一类人，仅仅因为他是蠢笨之人，故而忘恩负义；蠢笨之人也是邪恶之人；③ 因为他是邪恶之人，所以他拥有所有的邪恶：因此他也是忘恩负义的。于是我们说所有邪恶

---

① 塞涅卡在此作为一位斯多亚主义者说话。"顺应自然而生活"自芝诺起一直就是斯多亚主义者对人类"目的"（end）的表述，它是一种善的、幸福生活的关键。对于后来的柏拉图主义者而言，"与神合一"也是人生的"目的"。

② 即斯多亚的主神（宇宙的主动原则）必须行动。而且诸神除了自己的行为本身外，没有任何其他的目标。

③ 按斯多亚主义的原则，贤哲（the sapiens）拥有一切美德，所以愚人（the stultus）具备所有的邪恶。

人都是无节制的、贪婪的、骄奢淫逸的、怀有恶意的，不是因为所有人都在很大的或显著的程度上拥有所有这些邪恶，而是因为他可以拥有它们；即使这些邪恶是看不见的，他也确实拥有它们。另外一类人也是忘恩负义的，因为他天性特别容易犯下这一类邪恶，而这是"忘恩负义"一词通常的含义。一位善人会将他的恩惠施与第一类型的忘恩负义者身上，即施与那个拥有这一邪恶是因为没有什么邪恶是他所不拥有的人身上；因为，如果他要把所有这样的人排除出去，他将没有可施与其恩惠的对象。对于第二类型的忘恩负义者，那种在恩惠之事上表明自己是个骗子，并在这个方向上有种自然倾向的人，善人将不会施与恩惠，正如他不会把钱借给一位败家子，或者不会把一份存放物交托给一位许多人都已发现他毫无信义的人。

有人因为是个蠢人而被称作懦夫；因为这个原因，他被归入受无差别无例外的一般性邪恶所包围的恶人之列。然而，严格地讲，懦夫是个因天生的软弱，所以甚至对无意义的响声也会变得惊恐起来的人。愚者拥有所有的邪恶，可是他并非生来倾向于一切邪恶；这个人倾向于贪婪，那个人倾向于奢侈，再一个人倾向于傲慢。有些人不懂这一点，经常错误地向斯多亚主义者提出这样的问题："告诉我，阿基里斯懦弱吗？告诉我，他的名字就代表着正义的阿里斯德岱斯不义吗？告诉我，甚至'通过他的迟延挽回了局势'的费边也鲁莽吗？告诉我，德修怕死吗？穆裘斯（Mucius）是个叛徒吗？卡米卢斯（Camillus）是个背弃者吗？"我们并没有说，所有人都以与某人展现其特定邪恶之方式相同的方式拥有一切邪恶，而是说邪恶且愚蠢的人就不能免于任何邪恶；我们甚至没有宣告勇敢的人就没有恐惧，甚至也没有宣告挥金如土者就能免于贪婪。正如一个人五官齐备，并非因此就有像林扣斯（Lynceus）一样敏锐的视觉，① 所以，如果一个人是个蠢笨之人，他并非以与某些

---

① 传说人物，据说他能看到地底下的东西，并能辨认万里之外的物体。

人拥有某些邪恶一样的活泼强健的形式拥有一切恶。所有邪恶存在于所有人之中,然而并非所有邪恶都同样显著地存在于每个人身上。这个人的本性驱使他走向贪婪;这个人是酒的受害者,这一个是欲望的受害者,或者,如果他还不是个受害者,他就是如此构造的,以至于他生来的冲动就会引导他走向这个方向。

所以,回到我原来的主张,所有的恶人都是忘恩负义的,因为他里面有着一切不道德行为的种子;然而严格地讲,被称作忘恩负义的人是一个专门有这种邪恶倾向的人。因此,我不会向那样一个人施与恩惠。正如一位父亲如果要把女儿许配给一个经常离婚的专横男人,那将是漠视他女儿的最大利益的;正如一个人将其祖传财物交托给一位因管理事务不善而被宣判的人照管,他将被认为是个差劲的家长;正如一个人立下遗嘱,任命一个大家都知道是个抢夺受监护者的人担当他儿子的监护人,这将是一种极度的疯狂;所以,那选择忘恩负义而施恩之人,便是使那些恩惠注定有去无回,这种人将被认作最差劲的施恩者。

"即便是诸神,"你说,"也会将许多恩惠施与忘恩负义之人"。然而诸神的这些恩惠是为善人预备下的;可是恶人也将分享到这些恩惠,因为恶人难以被从其他人中分离出来。与其因为恶人的缘故而抛弃善人,还不如因为善人的缘故也惠泽恶人。所以你所提及的种种福祉——白日、太阳、夏天、冬日以及居间的气温适中的春秋季节的接续、雨水以及解渴的清泉、在固定的季节吹拂的和风——这些都是诸神为了所有人的好处预备下的;他们不可能把一些个人作为例外。一位国王将荣誉施与配得上这荣誉的人,可是他甚至将赏赐赐予那配不上这赏赐的人;窃贼、作伪证者、通奸者,所有的人都一样,无分其品质的差异,他们的名字都会出现在政府分发谷物的登记簿上;一个人不管是个什么人,都会得到他的配额,这并非因为他是个善人,而是因为他是个公民,善人和恶人都同样分享。主神也将某些赐物分发到整个人类身上,没有人被排除在这些恩赐之外。因为,当海上通航向所有人开放而人类王国的拓展符合众人利益时,让同样的风对善人有利而对恶人不利,这是不可能的;同样,为雨水的降落制定一条法则,以便它们不会降到邪恶不忠之人的土地之上,这也是不可能的。有些福祉是赐予所有人的。城邦既为恶人亦为善人创建;天才们的作品,即使它们将落入不配持有它们的人的手中,也是为所有人创制的;药品甚至也向罪犯展示它的疗效;没有人因为害怕有益健康的药物可能会治愈坏人而禁止它们。对于仅仅施与杰出的接受者的特别恩惠,我们应该实施对人进行审查和评估的制度,然而对于向大众开放的恩惠,就不需如此。在不将一个人排除在外和挑选他之间有很大的区别。正义甚至也要赐予一个窃贼;甚至是杀人犯也要尝到和平的幸福;即使那些盗窃他人财物的人,也将取回他们自己的财物;暗杀者以及那些在城邦的街道上不断挥舞长剑的人,城邦的城墙也会保护他们不受公众敌人的攻击;法律会保护那些最严重地违反法律的人。有些福祉,除非把它们施与到所有人身上,否则它们就不可能落到有些人身上;因此,你没有必要就那些众人都应邀享有的恩惠进行辩论。然而,那必须落到经由我自己选择的受惠人身上的恩惠,绝不会被施与一个我明知其忘恩负义的人。

"那么,"你问,"你将既不会在一位忘恩负义者不知所措时给予他忠告,亦不会(在他干渴之际)让他喝上一滴水,不会在他迷路之际为他指点迷津吗?[①] 或者,所有这些忙你都会帮,然而你却不会给予他任何东西?"在此我将作一区分,或者我至少将尽力那样做。一次恩惠是一次有用的帮助,然而不是每次有用的帮助都是一次恩惠;因为有些帮助过于微末,没有被称作恩惠的权利。为了施与一次恩惠,必须同时满足两个条件:第一个是这帮助有重大意义;因为有些帮助与这一断言

[①] 按斯多亚主义的世界公民理论,一个人应该有帮助别人的义务。而塞涅卡提到的这些帮助在斯多亚主义理论中是最微末的帮助。

的高贵性是不配的。有谁曾称一小片面包为一次恩惠，或者把抛给任何人一个铜币称作一次恩惠，把让他借个火称作一次恩惠？尽管有时这些帮助较非常重大的赠予还要有用；然而，它们的廉价毕竟会减损它们的价值，即便当非常时刻使得它们成为必需品时也一样。必须作为补充的第二个条件，也是最重要的条件，就是我的行为的动机必须是施恩对象的利益，我应该相信他配得上这恩惠，我应该心甘情愿地施与这恩惠，并从我的恩惠获取愉悦；然而我们刚才提到的这些帮助中，没有一个具有任何这些特征，因为我们施与这些帮助时，不是想着这些接受者配得上这些帮助，而是漫不经心地施与的，我们还把这些帮助当作微不足道的东西，我们的赠予与其说是给了一个人，不如说是给了人类。

我不否认，为了向其他人表示敬意，有时我甚至会施恩给那配不上受此恩惠的人；比如说，就好像在公职竞选中，有些最为声名狼藉的人，因为他们高贵的出身就比其他一些尽管勤勉却无家族背景的人更受人青睐一样，而这也并非没有道理。因为对崇高美德的记忆是神圣的，如果善人的影响不会随着他们的生命而终结的话，更多的人会在行善中找到愉悦。西塞罗之子如果不将其执政官职位归功于他的父亲，那应归功于什么？如果不是某个人的伟大（他曾经达到那样一个巅峰，以至于他的垮台也足以抬升他所有的子孙），那么，新近是什么将秦纳（Cinna）① 从敌营中救出并升他到执政官的职位，新近是什么将塞克斯都·庞培及其他庞培提升到执政官的职位？再者，费边·帕斯库斯（Fabius Persicus）是一个即使是厚颜无耻之人也会把他的亲吻当作是一种侮辱的人，可是最近他怎么却担任了不止一所学校的祭司？除了维卢科苏斯（Verrucosus）、阿洛布罗基库斯（Allobrogicus）以及那著名的

---

① "伟大的庞培"的孙子尼阿斯·秦纳（Gnaeus Cinna）。

三百人①，还能是什么？这些人为了拯救他们的祖国，以他们一个家族的力量，抵御住了敌人的进攻。这是我们对有德者应尽的义务——尊崇他们，不仅在他们与我们在一起时尊崇他们，而且甚至在他们已经从我们视野中消逝时，也尊崇他们；因为他们制定的目标是，不把他们的贡献只局限在一个时代，而是即便在他们自己去世后，也要惠泽后人。所以，让我们也不要将我们的感激之情只局限于一个时代。某某人是伟人的父亲：不管他可能是个什么样的人，他都配得上我们的恩惠；他已经把杰出的儿子给予了我们。某某人是显赫祖先的后裔：不管他自己可能是个什么样的人，让他在他祖先的庇荫下找到藏身之所吧。正如污秽之地也会因太阳的光辉而变得明亮起来，所以让那不肖者在祖先的光环中生辉吧。

在这一点上，利玻拉理斯，我希望能为诸神作一辩解。因为有时候我们会想说："把王位加于阿黑戴乌斯（Arrhidaeus）② 身上，天意会是什么呢？"你认为，这荣誉是授予他的吗？这是授予他的父亲和他的兄弟的。"为什么天意要让盖乌斯·恺撒③成为世界的主宰？——他是那样一个嗜血之徒，以至于他会下令就让鲜血横流在他面前，仿佛他打算掬这血流入口似的！"可是告诉我，你认为这世界是授予他的吗？这是授予他的父亲格马尼库斯的，是授予他的祖父和他的曾祖父的，是授予在他之前、毫不逊色的人的，尽管这些人在与其他人平等的地位上，作为平民度过了他们的一生。怎么，当你自己过去打算协助马麦库斯·斯

---

① 李维（Livy）在其著作（ii, 50）中讲述了费边家族的英勇事迹，他们曾在公元前477 年以 306 人的数量对抗维恩特人（Veientes）。费边家族中的其他名人有：鲍鲁斯·费边·帕斯库斯（Paullus Fabius Persicus）是公元 34 年的执政官。维卢科苏斯以"拖延者"（Cunctator）著称，他是特拉西美诺湖之战失败（the disaster at Lake Trasumenus，公元前 217 年）后与汉尼拔作战的著名罗马将军；阿洛布罗基库斯是公元前 121 年的执政官，他对阿洛布罗基人（the Allobroges）的胜利，决定了对南高卢人的征服。
② 亚历山大大帝的同父异母或同母异父的弱智兄弟。
③ 即罗马暴君卡里古拉。

考卢斯（Mamercus Scaurus）① 坐上执政官的职位时，难道你不曾知晓他试图把他自己的女仆的经血纳入他的张得大大的嘴中吗？他自己对此隐瞒过吗？他曾希望显出正派的样子吗？我将向你复述他对自己的评价——我记得这已经传遍了，而且有人还在他的面前细述过。他曾以淫秽的言辞对躺着的阿尼乌斯·波里欧（Annius Pollio）提出一项他更愿自己去承受的行为，当他看到波里欧蹙额头时，便接着说："如果在我所说的话中有什么不好的东西的话，但愿它落到我和我的头上！"他过去常常讲述这于他不利的逸事。你让其获得束棒和法官席的人，就是这个如此公然淫秽之人吗？当然，这是在你念想伟大的老斯考卢斯（Scaurus），② 这个元老院的负责人的时候，这是在你气恼于看到他的后代成为无名之辈的时候！

诸神以同样的方式行事，这也是可能的——有些人因为他们父母和祖先的缘故，受到更为宽厚的对待，其他人则因其品质还未显露出来的孙子、曾孙及一长串的后代的缘故，受到更为宽厚的对待；因为诸神非常清楚其作品的完整进展，所有今后要从他们手中经过的事物的情况，总是清楚地向他们显现出来。那些因为我们的无知而显得突然的事件，以及所有我们认为突如其来的东西，在诸神而言都是习以为常的，是他们很早前就预见到的。

主神说："让这些人③当王，因为他们的先辈没有当上，因为他们的先辈把正义和无私当作最高权威，因为他们的先辈不是为自己而牺牲国家，而是为国家牺牲了自己。让其他这些人称王，是因为在这些人之前，他们的祖先中有个善人，这人显示出了一颗不屈服于命运的灵魂，在内乱时期，他情愿被人征服，而不是征服别人，因为他这样做便能顾

---

① 提比留斯皇帝治下一位放荡的演说家和诗人。
② 马尔库斯·埃米利乌斯·斯考卢斯（Marcus Aemilius Scaurus），公元前 115 年的执政官，他将其家族由默默无闻变为声名显赫。
③ 可能是指克劳狄安家族中的败类卡里古拉和克劳迪乌斯。

全国家利益。时光已逝去许久，向他偿付这感激的债务仍是不可能的；出于对他的敬意，现在就让这另一个人统治人民，不是因为他有知识或能力，而是因为另外的人为他挣得了这个职位。此人身体残缺，形容丑恶，还会给他的王位的标志惹来耻笑；而后众人会指责我，他们会说我没有眼光，鲁莽行事，说我不知道如何部署那只有最伟大最高尚的人才配享有的荣誉；然而我非常清楚，我在把这赠品赐予一个人，并由此偿还我欠另一个人的陈年旧债。这些批评者们如何能够知晓那古时的英雄，那个不断逃避跟随其后的荣誉的人，那个身临险境却神情自若、与脱离险境者无异的人，那个从不把自身的利益与国家的利益分开的人？'在哪里'，你问，'有这样一个人，或者他是谁？'可是你如何能够知晓这些事情？那些收支账户的平衡是我的事，我知道我欠什么，欠谁的。有些人的债，我会过许久后再偿还，其他人的债，我则会提前偿还，这要依据我的统治所允许的时机和资源来定。①"因此，有时我也会将某些赠品赐予一位忘恩负义之人，然而却不是因为这个人本身的缘故。

"告诉我，"你说，"如果你不知道一个人是有感激之情的还是忘恩负义的，你会等到直至你知道吗，或者你不会愿意放弃施恩的机会？等待是件漫长的事情——因为，正如柏拉图所言，人类的心灵是难以揣度的——不去等待却又是冒险的"。我们对此的回答将是，我们从不等待绝对的确定性，因为真理的发现是困难的，我们只是沿着可能真理显示的道路前行。人生的一切事务都是这样进展的。我们的播种是如此，我们的航海是如此，我们在部队的服役是如此，我们娶妻是如此，我们育儿亦是如此；因为在所有这些行为中，结果都是不确定的，我们只是沿着我们认为有成功希望的道路前行。因为有谁会向播种者允诺一次丰

---

① 按斯多亚主义的理论，每个人首先是广大的宇宙共和国的一位公民，这个宇宙共和国由神及其他所有理性存在者组成。

收，向航海者允诺一个港口，向士兵允诺一次胜利，向一位丈夫允诺一个贞洁的妻子，向一位父亲允诺孝顺的子女？我们沿着前行的，不是真理指引的所在，而是理性指引的所在。如果你只等着去做确定会成功的事情，如果你只等着拥有源于确定真理的知识，那么所有的行动都要被放弃，生命也要停滞了。因为推动我们往这个方向或那个方向去的，不是真理，而是可能的真理，我将施恩于那个很可能富有感激之情的人。

"有许多境况"，你说，"将会出现，这些境况会使得一个坏人溜进一个好人的位置，好人而不是坏人会变得令人讨厌；因为表象是有欺骗性的，而我们信任的正是这些表象"。谁会否认这个呢？然而，除了表象，我找不到别的东西据以形成判断了。在我对真理的寻求中，这些表象是我必须依赖的影迹，我没有任何更值得信任的东西；我将尽可能谨慎地努力考察这些表象，我不会仓促地给出我的赞同（assent）。同样的事情也可能发生在战争中，因为受到某些误会的蒙蔽，我的手可能会将我的武器指向一个伙伴，却把一个敌人给放过了，仿佛他是个朋友一般。尽管这样的事情会发生，然而毕竟罕见，而且这种事情的发生并非出于我自己的错误，因为我的意图是攻击敌人，保护我的同胞。如果我知道一个人是忘恩负义的，我将不会施恩与他。然而如果他欺骗了我，如果他利用了我，指责不应该被加到给予者头上，因为我是在假定此人会怀有感激之情时做出这赠予的。

"假设"，你说，"你已承诺施与一次恩惠，后来却发现这个人是忘恩负义的，你还会不会施与这恩惠呢？如果你在知情的情况下施恩，你就做了错事，因为你把恩惠施与了一个你不应该施与的人；如果你拒绝施恩，你同样做了错事——因为你没有把恩惠施与一个你曾许诺施与其恩惠的人。这种情形将让你心神不安，扰乱你那骄傲的确信：贤哲从不为他的行为后悔，或者对他所行之事进行补救，或者改变他的目的"。如果情形依然如贤哲形成其目的时的情形一样，贤哲不会改变他的目的；他从不懊悔满胸，因为在那个时候，在能做的事情中，没有什么比

240

已做的事情更好，在能做的决定中，没有什么比已做的决定更好；他所着手的一切事情都是有限制条件的："如果不会发生什么事情来阻挠的话。"如果我们说他所有的计划都会成功，没有什么事情会逆着他的期望而发生，那是因为他已经预先看到总会有某些阻挠其计划的事情可能发生。只有轻率之徒才会确信命运之神将保护自己。贤哲则会拟想命运的两个方面；他知道犯错的概率有多大，他知道人类的事情有多么的不确定，他知道有多少的障碍会阻挠我们计划的成功；他机警地沿着这条可疑且难以捉摸的机遇之路前行，以不确定的结果来权衡其目标的确定性。他只在限制条件之下计划和着手任何事情，在此这也保护了他。①

只是在没有任何表明我不应该施与恩惠的事情发生的情况下，我才允诺了一次恩惠。因为万一我的祖国命令我把我曾许诺给另一个人的东西交给她，我怎么办？万一将通过一条法律，禁止任何人去做我曾许诺要为我的朋友去做的事情，我怎么办？假设我曾许诺要把女儿嫁给你，可是后来发现你不是个公民；那么我没有权利与一个异乡人联姻的这种境况就为我提供了辩护。如果所有境况都仍如我许下诺言时的境况，我却没有实现我的诺言，唯有在那时我才会失信；唯有在那时，我才会聆听说我反复无常的指控；否则，任何的变化，都将给我修正我的决断的自由，并让我从誓言中得到解脱。假若我允诺了对别人的法律援助，可后来发现此案的先例是从伤害我父亲的案例中找出来的；假若我允诺了去出国旅行，可道路被强盗围困的消息传来了；假若我打算去赴约，可是却被我儿子的疾病或我妻子的反对所阻挠。如果你打算坚持要我实现我的诺言，那么所有的境况都必须保持与我许下诺言时的境况一致；但

---

① 贤哲面对命运时的坚强得益于限制条件（exceptio）。通过接受和考虑到这件事实，即情境并非全然在他控制之下，贤哲至少可以控制他对情境的（道德上非常重要的）反应。这是后期斯多亚主义的相当重要的理论，例如在爱比克泰德的《手册》（2.2）和马可·奥勒留的《沉思录》（4.1.2）中。在此有一种与限制条件有密切联系的心理学技巧，即对可能降临于一个人身上的诸恶进行事先考虑，以防止坏事出其不意地袭击一个人，从而不适当地影响了一个人的心灵。

是，在此有什么变化能比我发现你是个忘恩负义的坏人更大的变化呢？我将拒绝施与一个不配接受我恩惠的人以恩惠，因为我是在认为他配得上这恩惠时，才愿意施与他恩惠的，我甚至会有理由恼怒，因为我受了欺骗。

然而我也会考察正被讨论的赠予物的价值；因为被允诺的总额将有助于我的决定。如果这赠予物微不足道，我就会把它施与你，不是因为你应该得到它，而是因为我已经允诺了，我不会将它视作一种赠予物，而是为了守信，并猛扯一下自己的耳朵。① 我将用承担损失来惩罚我在允诺中的鲁莽："你看，你有多么地垂头丧气；下次在开口前你要更加留心些！"常言道，我要为我的话付代价。如果这数额颇大，"我不会"，正如米西纳斯（maecenas）② 所说的，"让我的惩罚花去我一千万塞斯特斯"。③ 因为我将把这个问题的两个方面放在一起，把这方面与另一方面作一比较。遵守你已允诺的东西有一定的意义；另外，遵守这个原则，即不施恩于一个配不上这恩惠的人，也有很大的意义。这恩惠有多大？如果它只是一次微不足道的恩惠，就让我们对它睁一只眼闭一只眼吧；然而，如果它很可能会给我带来巨大的损失或者羞耻，我情愿为拒绝施恩而为自己辩解一次，而不愿为了施恩从今往后都在为自己辩解。所有这一切，我想，都有赖于我在我允诺的言辞上附加了多少的价值。我不仅将拒绝支付我曾鲁莽地允诺下的东西，而且还将要回我曾错误地施与的东西。信守一个错误允诺的人是愚蠢的。

菲利普（Philip），马其顿人的国王，有个作战勇猛的士兵。在多次战役中，菲利普因为发现此人很有用处，于是便不时地赐予他一些战利品，作为对此人的英勇的嘉奖，然而菲利普的再三奖赏却激起了此人

---

① 即，记住下次不再莽撞了。这一手势表明提醒自己的记忆。
② 因富有和慷慨而闻名的米西纳斯，是个受人信任的朋友，屋大维的外交代表。因他的慷慨以及他对文化人物（包括对维吉尔、贺拉斯等人）的赞助而闻名。
③ 古罗马银币或铜币，等于四分之一第纳流斯（denarius）。

的贪婪之心。有次在船舶失事之后,此人被抛在了某个马其顿人的庄园的岸上;这个马其顿人听到这消息后,急急跑来帮助他,恢复了他的呼吸,把他带到自己的农舍,把自己的床让给他,使他从一种虚弱的半死不活的状态中恢复元气,自己花钱照料了他整整三十天,让他重新站了起来,并给他钱财备旅途之用,此时这个马其顿人一再地听到他说:"只要我有见到我的指挥官的福气,我会向你表示我的感激的。"后来他向菲利普讲述了他的船舶失事的经历,可是对于他曾接受的帮助却只字未提,而且立刻请求菲利普把某人的庄园赏赐给他。这个某人事实上就是他的东道主,那个曾经救他的人,那个曾经让他恢复健康的人。国王们有时,特别是在战乱时期,是双目紧闭地赐予许多赠品的。"一个正义者不是那么多受贪欲激励的武装人员的对手,任何人在想做好人的同时又想做个好将军,都是不可能的。他如何满足偌多难以计数的贪得无厌的人?如果每个人都拥有属于他自己的东西,这些贪得无厌的人将拥有什么?"当菲利普下达命令:这个士兵应该拥有他所要求的财产时,菲利普正在做如是想。然而,另一个人,当他被从他的地产上驱逐出来时,并没有像个农夫一样默默忍受这种不公正的行为,庆幸自己没有被算进赠品之列,而是写了一封简洁坦率的信给菲利普。一收到这封信,菲利普是那样地勃然大怒,以至于他立刻命令鲍萨尼阿斯(Pausanias)①把这地产还给它原先的主人,另外还给那士兵中的最丢脸者、客人中的最忘恩负义者、船舶失事者中的最贪婪者,烙上表明他是个忘恩负义之人的字样。确实,他不仅应该被烙上那些字迹,而且应该把那些字迹刻在他的身体上——一个把他自己的东道主驱逐出去的人,他让他的东道主像个赤裸裸的船舶失事的水手那样,躺在那个他自己曾经躺过的海岸上。可是我们也要留意,惩罚应该保持在什么限度之内;无论如何,我们必须剥夺他用最恶劣的行径夺来的东西。然而他所

---

① 菲利普的保镖之一,后来成为他的谋杀者。

受的惩罚不会让人难过，他已经犯下了一件任何同情心都不会为之所动的大罪。

因为菲利普允诺了施恩于你，所以他就甚至不惜以放弃责任为代价，甚至不惜以行不义之事为代价，甚至不惜以犯下罪行为代价，甚至不惜以向船舶失事者关闭所有海岸①为代价，从而施恩于你吗？当一条道路已被认清为错误的并受到了谴责，离开这条错误的道路并不是什么反复无常，我们还必须坦率地承认："我曾以为这条路是不同的，可是我被骗了。"只有带着愚蠢自尊心的顽固不化者才会声称："我曾经说过的，不管它可能是什么，我都要保持固定不变。"当境况被改变时，改变计划并没什么错误。告诉我，如果菲利普让这个士兵拥有他因船舶失事而获得的海岸，菲利普由此也就禁止了所有人仁慈地对待不幸者，难道不是吗？"你不如"，菲利普说，"在我王国的范围内，带着刻在你那最无耻的前额上的、应该让所有人的眼睛都牢牢盯视的字迹，到处游走。去吧，让人看看，盛情的款待是件多么神圣的事情；让人看看你脸上的所有人都要阅读的法令，这法令使得把不幸者收留在自己的屋檐下的行为不再是死罪！相比于把这法令刻于青铜之上，这一刻在前额上的法令会具有更大的权威性"。

"那么，为什么"，你说，"你们的芝诺大师，当他允诺借给一个人五百第纳流斯（denarii）后，发现这个人是个完全不相称的人，可还是坚持借钱给他，因为他已允诺了这次借贷，尽管他的朋友们都劝他不要借贷？"首先，应用于借贷的是一套条件，应用于恩惠的是另一套。钱财即使已被错误地放置，收回它仍旧是可能的；我可以要求债务人在某个特定的日子支付欠款，如果他破产了，我也将得到我的那一份；可是恩惠是立即彻底地失去的。另外，这边是一个坏人的行为，那边是一个差劲的管理人的行为。而且，如果借贷总量较大，即使是芝诺也不会坚

---

① 即，没人会愿意冒着丧失财产的危险去救济船舶失事者。

持出借这款项的。这不过只有五百迪纳里厄斯而已——如我们所说，这是"一个人可以花在一种毛病"上的数量——不违背他的诺言就值得上那么多。因为我已经允诺了，所以即使天气寒冷，我也会外出就餐；然而如果有暴风雪，我就不会那样了。因为我已允诺参加一场婚礼，所以尽管我还没有把我的食物消化掉，我仍会从我的桌旁起身前往；然而如果我发烧的话，我就不会那样了。因为我已经允诺了，所以我会去往广场以充当你的保释人；然而如果你要我用某个不确定的数额去保释你，如果你要我担负对国库的债务，我就不会那样了。[①] 依我看，在此隐含着一个没有明说出来的限制条件："如果我能够，如果我应该，如果事情仍然如此这般。"当你要求我履行诺言时，你要留意境况是否与我许诺时相同；然后，如果我未能履行诺言，我就会犯有反复无常之错。如果有新的情况出现，于是我的意图改变了，你为什么还要感到惊奇呢？因为从我允诺之后境况已然改变。把所有事情回复到原来的样子，那么我就会是我过去的样子。我允诺在法庭上露面，然而并非所有缺席的人都应受到指控——重大的需要可以作为缺席者的借口。

对于进一步的问题：我们是否在所有情况下都应表示感激之情，恩惠是否在所有情况下都应被偿还，我认为我会做同样的回答。表明一颗感激之心是我的义务，但是，有时我自己的坏运气，有时我的恩主的好运气，会让我无法表达我的感激之情。因为如果我贫穷的话，我能用什么报答一位国王？我能用什么报答一位富人？特别是因为有些人把别人报答他们的恩惠视作一种不公，而且还不断地在恩惠上堆积恩惠。就那些人而言，我除了有报答的愿望，还能做什么？确实，我也不应仅仅因为我还没有报答前面的恩惠，就拒绝新的恩惠。我会像别人心甘情愿地施与恩惠那样，心甘情愿地接受恩惠，我将让我的朋友在我身上找到行善的足够机会。不愿接受新恩惠的人，必定是憎恶那些已然接受的恩

---

① 这个条件看来涉及将钱财没收到皇帝私人的金库里。

惠。我可能证明不了我的感激之情——可是这又有什么要紧呢？如果我缺乏机会或者手段，我就不应为延误了报恩负责。当然，当他施恩于我时，他是既有施恩的机会又有施恩的手段的。他是个好人还是个坏人？在一个好的法官面前我就有一个好的理由，在一个坏的法官面前我便不会为我的情形辩护。我认为我们也不应做这种事——即使违背那些我们向其表示感激之情的人的意志，我们也要急于表达感激之情，或者，即使他们退却了，我们仍然把感激之情强加给他们。把你心甘情愿接受下来的东西偿还给某个不愿意接受这些东西的人，这并非是在展示你的感激之情。有些人，当有人送给他们一件不足挂齿的赠物时，他们立即会非常不合时宜地送还另一件赠物，然后声称他们不欠任何恩惠。但是，立刻送还某样东西，以一件赠物勾销一件赠物，这几乎就是拒绝馈赠。有时，即使我能报答一次恩惠，我也不去报答它。什么时候呢？当我自己即将损失的东西超出另一个人即将得到的东西时，当他拿回即将造成我的巨大损失的东西，而他却不会因为接受了报答而意识到他的储存有任何增加时。那急于在所有可能的机会中报答他人的人，他所展示的不是一个感恩者的感情，而是一个欠债人的感情。简而言之，那太过急切地偿还其债务的人不愿意负债，而那不愿负债的人是忘恩负义的。

第 五 卷

我想，我在前面几卷中已经完成了我的任务，论述了恩惠应如何被施与，它应该如何被接受；因为这两点是这种独特的帮助的边界特征（boundary marks）。① 在进一步的探究中，我将不再局限于我的主题，而是顺从它，这种探究要求于我的只是：让我听从这一探究引领我去往的地方，而非它吸引我去往的地方；因为不时会有一种具有相当吸引力的议题呈现出来刺激心灵，这些议题即使不是无用的，也不是必不可少的附加物。然而，既然那是你的意愿，在完成了规定这一主题的内容讨论后，就让我们继续审察进一步的问题。实事求是地说，这些问题只是与这一主题接近，其实并没什么关系；任何仔细审察这些问题的人，既不会因他的辛劳而得到回报，也不会让他的辛劳完全白费。

然而对于你，伊布休斯·利玻拉理斯，这个本性极好的总是施恩于人的人，任何对恩惠的赞誉看来都是不够的。我从没见过任何人，对甚至最微不足道的帮助的估价，也像你那样宽厚；你的善良已经达到了那样一个程度，以至于任何人受到一次恩惠，你都把这恩惠当作是施与你的；为了不让任何人因施恩而后悔，你甘愿偿还忘恩负义者欠下的债务。你自己是那样地远离一切夸耀，你是那样急于让那些受你恩惠的人立即从恩惠的重负下解脱出来，以至于在对任何人施恩时，你都希望作

---

① 即，区分于其他帮助的特征。

出偿还恩惠的样子，而不是在施与恩惠；正因如此，所有以这种方式施与的恩惠，都会以更加丰足的数量偿还于你。因为恩惠总是追逐不求回报的人，而且，恰如荣耀更易追逐那些逃避荣耀的人，那些甘愿容忍别人忘恩负义的人，他们将从他们施与出去的恩惠中收获更多的回报。就你而言，确实没有什么东西阻止那些受惠者厚颜地向你一再提出要求，你也不会拒绝施与其他的恩惠，把更多更大的恩惠加于那些偷偷摸摸、躲躲藏藏的人身上——你是一个极好的人，有着一颗真正伟大的灵魂，你的目标就是宽宥忘恩负义之人，只要他最终将变得富有感激之情。你的做法也不会辜负你；邪恶终将向美德屈服，只要你不过急地憎恨邪恶。

无论如何，"在施恩上被人胜过是可耻的"这句箴言，作为一句可敬的言辞，给了你独特的愉悦。然而这句箴言的真假，却经常受到人们的正当质疑，而且事实与你所想象的亦大不相同。因为在对某种可敬事物的争夺中，被别人击败从来就不是可耻的事，只要你没有放下你的武器，只要你即便在被击败后，依旧希望击败别人。不是所有人都会把同样的力量用到实现一个良善的目的上，也不是所有的人都会把同样的资源、同样的好运（它制约着甚至是最好的计划的结果），用到实现一个良善的目的上；我们应该赞誉的是那样一种意愿（即使另外一个人以更轻快的步伐超过了它，它仍会在正确的方向上奋力前行）。这不像为公开表演而举行的、以棕榈叶宣布优胜者的那种比赛——实际上即便在这些比赛中，机遇也常偏爱比较出色的人。当争夺的目的在于一种帮助，争夺双方都急于提供尽可能大的帮助时，如果其中一方有着更大的力量，他手边有着充足的资源以实现他的目的，如果命运之神允许他获得他试图获得的一切，而另一方只能在意愿方面与其媲美——即便后者只回报了比他所接受的赠予物更少的赠予物，或者根本就没回报任何东西，而只是希望作出回报，并全心全意地努力那样去做，那么他就并未被战胜；恰如那手握武器死去的士兵没有被战胜一样，这样的士兵，敌人杀他容易，让他改变目的却难。你把被人战胜当作一种耻辱，然而一个善人决不会被人战胜。因为他决不会屈服，决不会放弃；直至生命的最后一天，他也会傲然屹立，并保持那种姿态到死，以接受了巨大的赠予为荣，以希望偿还这些赠予为荣。

斯巴达人禁止他们的年轻人参与角斗赛（Pancratium），① 禁止这些年轻人带着拳击手套（caesus）② 比赛，因为在这些比赛中，失败者要主动认输。在赛跑中，首先踩到白线的参赛者赢得比赛；他不是在精神上胜过他的对手，而是在速度上胜过他的对手。被摔倒地上三次的角力者，即使他没有交出棕榈叶③，也输了比赛。因为斯巴达人认为，让他们的公民成为不可战胜者是非常重要的，所以，对于那些胜利者不由裁判决定或者不是纯粹地由结果本身决定，而是由战败者高呼投降的喊叫声决定的竞赛，他们是不让公民参与的。这些斯巴达人要求其公民具有"从不被战胜"的品质，这种品质，所有人都可通过美德和善良意愿获得，因为即便在失败中，精神也是未被战胜的。因为这个原因，没人会把费边家族三百人称作被战胜者，而只是把他们称作被屠杀者；雷古勒斯只是被迦太基人抓获，而非被战胜。其他所有尽管被愤怒的命运之神的重压和力量所压倒，可精神却没有屈服的人，也没有被战胜。这也同样适用于恩惠。一个人接受的东西可能超出了他施与的，他可能接受了更贵重的东西，他可能更为经常地接受赠予；尽管如此，他却没有被战胜。如果你计算你所施与的东西与你所接受的东西，那么，恩惠确实可以超过恩惠；可是，如果你把施与者与接受者作一比较——正如你所必须做的，对他们的意图本身作一考察，那么棕榈叶就不会属于任何一方。因为，即使当一位参赛者已被洞穿了许多创口，而另一位参赛者只是受了点轻伤，人们通常会说他们在竞技场上打了个平手，尽管他们当

---

① 一种糅合拳击和摔跤的比赛。
② 一种以金属圆块增加其重量的拳击手套。
③ 胜利的标志。

中的一位显然是较弱者。

因此，没有人会在恩惠上被人胜过，如果他知道如何欠债，如果他有回报的意愿——如果他除去在事功上比不上他的恩主外，能在精神上与他的恩主并驾齐驱。只要他维持这种精神状态，只要他希求证明他有一颗感恩之心，人们认为哪一方的赠予物数量更多，这又有什么要紧呢？你能施与许多东西，我却只能接受；好运在你那边，良善的意愿在我这边；然而我却同样不比你逊色，恰如手无寸铁或只有简单装备的士兵，不比许多全副武装的士兵逊色一样。所以，没人会在恩惠上被人胜过，因为每个人的感恩之情，都要以他的意愿来衡量。因为，如果在恩惠上被人胜过是令人羞耻的，那么从最有权势的人那儿接受恩惠就是不对的了，这些人的仁慈是你无法回报的——我指的是王子们与国王们，他们被命运之神摆在这样一个位置，这位置使得他们施与出去许多赠予物，然而对这些赠予物的回报，却很可能是非常少和非常不够的。我已说到了国王与王子，然而我们向他们提供帮助还是可能的，他们显赫的权势毕竟还要依赖于其下属的同意和帮助。可是，还有一些人，他们退出到一切欲求范围之外，他们几乎禁绝了人类的一切欲求；甚至命运之神本人也没什么东西可以施与他们。在恩惠上我必然被苏格拉底胜过，必然被第欧根尼①胜过。第欧根尼赤身穿过马其顿人的珠宝堆中，把一位国王的财富踩在脚下。哦！事实上，对于他自己和所有其他还可感知到真理的人，他那时看上去确确实实超出了那个把整个世界踩在脚下的人！他比那时的整个世界的主宰亚历山大还要强大得多、要富裕得多；因为第欧根尼拒绝接受的东西，甚至超出了亚历山大所能给予的东西。

在恩惠上被这样的人胜过并不可耻；因为，如果你让我与一位无懈可击的敌人相搏击，这并未证明我就不那么勇敢了；如果大火落到烈焰难侵的物质上，这也不能证明大火就不再能燃烧了；如果铁器试图劈开

---

① 著名的犬儒主义哲学家，他对亚历山大试图施恩的蔑视成了许多故事的题材。

不为重击所损的、本性上就是利刃也无可奈何的硬石，这也不能证明铁器就丧失了它的切割能力。就感恩之人而言，我也会以同样的方式回答你。如果他欠下了某些人的恩惠，而这些人的显赫地位或超乎寻常的美德，又会堵塞所有以恩惠回报他们的渠道，在恩惠上被这些人胜过就并不可耻。我们的父母几乎总会胜过我们。因为，当我们认为他们严厉时，当我们理解不了他们给予我们的恩惠时，他们尚与我们相伴。随着年龄的渐长，我们终于也获得了一些智慧，事情就开始明白起来：正是那些曾经阻止我们爱他们的事物，是我们应该敬爱他们的理由——他们的告诫，他们的严厉，他们对我们懵懂无知的青年时期的细心看顾，然而此时他们却又被从我们身边夺走。很少有人活到可从子女那儿收获一些真正回报的年纪；其余的人只会感到儿子是他们的负担。然而在恩惠上被父母胜过并不是什么耻辱；因为在恩惠上被任何人胜过都不是什么耻辱，被父母胜过又怎么可能是什么耻辱呢？有些人，我们与他们既平等，又不平等——在意愿上我们与他们是平等的，而意愿正是他们需要的一切；在命运上我们与他们是不平等的——如果阻止任何人报恩的正是这命运，他就没有必要因为在恩惠上被人胜过而羞愧了。倘若你奋斗不止，没有达成目标并不可耻。在我们回报过去的恩惠之前要求新的恩惠，这常常是不可避免的，然而我们还是会要求新的恩惠。欠人恩惠却无报答的指望，这并不会让我们感到有什么羞耻，因为，如果我们无法表明自己是最富感恩之心的，这将不是我们自己的错，而是从外部干预和阻止我们的事物的错。可是在意图上我们却不会被人胜过。如果我们被在我们控制之外的事物所压倒，我们也不会感到羞耻。

亚历山大，马其顿人的王，过去常常吹嘘无人曾在恩惠上胜过他。在他那极端的自负中，根本就没有让他尊敬他军队里的马其顿人、希腊人、卡里亚人、波斯人及其他民族的人的理由，他也不会认为是这些人加于他身上的恩惠，才让他拥有了一个从色雷斯的一隅延展至那不知名的海岸的王国！如果亚历山大有吹嘘的资本，苏格拉底就同样有，第欧根尼也一样；而他们在恩惠上确实胜过了亚历山大。尽管亚历山大趾高气扬、目空一切，但是在他看到了那个他既不能给予任何东西，也不能取走任何东西的人的那天，难道他还没被人胜过吗？

阿克劳斯（Archelaus）王曾经邀请苏格拉底来见他。据说苏格拉底的回答是，他不愿为接受阿克劳斯王的恩典而去觐见他，因为他回报无门。但是，首先，苏格拉底有拒绝接受恩惠的自由；其次，苏格拉底会先阿克劳斯一步向阿克劳斯施恩，因为苏格拉底被邀请后便来了，而且无论如何，苏格拉底还会给予阿克劳斯一些阿克劳斯无以为报的东西。再者，如果阿克劳斯打算赐苏格拉底金银，而作为对阿克劳斯的回报，阿克劳斯将学会鄙视金银，难道苏格拉底还没报以感激之情吗？如果苏格拉底让阿克劳斯见识到了一个精通生死之事者，一个掌握了生死之目的者，那么，有什么东西的价值，能与苏格拉底给出的东西相当呢？这位国王是一位在青天白日也会迷路的人，他对自然的进程如此无知，以致发生日蚀时，他紧闭宫殿的所有门窗，并剪去他儿子的头发①（在悲痛与灾难时期，这是惯例）。如果苏格拉底让这位国王窥晓了自然的秘密，那么，有什么东西的价值能与苏格拉底给出的东西相当呢？如果苏格拉底将这位惊恐万状的国王从他的藏身之处拖了出来，吩咐他鼓起勇气，这将是一件多大的恩惠呀。苏格拉底会对他说："这并不意味着太阳就消失了，因为在较低路线上运行的月球，她的这个圆盘，恰好位于太阳本身的正下方的位置，通过其自身的介入，挡住了太阳，正因如此，两个天体就处在了会合点上。有时，月球只是在边上路过太阳，她便只是遮住了太阳的一小部分；有时，月球的大部分挡在太阳前面，她就遮住了太阳的大部分；有时，因为月球在地球与太阳之间，如果月球处于形成三点一线的位置，她就会完全遮住太阳。可是，她们各自的快速运转，很快又会将这些天体分离开来，这个天体到这个位置，

---

① 即，阻止象征着悲痛与灾难的长发所带来的凶兆。

那个天体到那个位置；不久地球也将重新恢复白日的光明。这样的秩序将持续世世代代，人们事先便可知晓其固定的日期，这一天来临时，因为月球的介入，太阳发出的所有光线都被阻挡住了。只要再等上一小会儿；不久太阳就会冒出来，不久太阳就会脱离这片貌似烟云的东西，不久太阳就会摆脱一切的阻碍，自由放射它的光芒。"如果苏格拉底阻止了阿克劳斯当王,[①] 难道苏格拉底的回报还不够吗？如果阿克劳斯有施恩于苏格拉底的任何可能性的话，那么，他可从苏格拉底处获得的恩惠确实太少啦！

那么，苏格拉底当时为什么要那样答复呢？作为一个聪明人，一个喜好用隐晦之词说事的人，一个众人的嘲弄者，尤其是大人物的嘲弄者，他更喜欢用反语，而不是用倔强傲慢之词，来表示他的拒绝；所以他说，他不愿接受一个他无以为报的人的恩惠。也许，他害怕的倒是别人逼迫他接受自己不想要的赐予物，害怕别人逼迫他接受一些与苏格拉底不配的东西。有人会说："如果他愿意，他可以拒绝呀。"可是这样一来，苏格拉底就会与那位国王为敌了，此人傲慢自大，希望自己所有的恩惠都受人高度珍视。不管你是不愿施恩于国王，还是不愿受恩于国王，这都无关宏旨；在他的眼中，二者同样都是一种拒绝。对于一个自负的精神而言，被轻蔑地对待，比不被人敬畏更加痛苦。你想知道苏格拉底真正的意味是什么吗？他的意思是，一个言谈自由的人（甚至自由国度也难以容忍其自由），绝不会自愿甘受人的奴役！

我想，我们已经充分探讨了这个主题：在恩惠上被人胜过是否可耻。任何提出这一问题的人都必须知道，人们并不常常向自己施恩；不然的话，在恩惠上被自己胜过并没什么可耻这一道理，早就昭然若揭了。可是，在有些斯多亚主义者中，甚至存在这样的争论：一个人是否可能向自己施恩，向自己报以感激之情是不是他的义务。看似有必要提

---

① 即，如果他教会了他什么是人生的真正价值。

出这一问题的原因,是我们时常对如此这般的表述的运用:"我感激我自己","我只能怨我自己","我生自己的气","我要惩罚我自己","我恨我自己",以及其他诸多同类的表述。在这些表述中,一个人谈论自己就像谈论另外一个人一般。"如果",他们说,"我能伤害我自己,为什么我就不能施恩于自己?而且,有些东西,如果我把它们施与另外一个人,就被称作恩惠,如果我把它们施与自己,为什么就不再是恩惠了呢?某样东西,如果我从另外一个人那儿接受了它,就会将我置于受人恩惠的境地,如果我把它给予了我自己,为什么它就不再置我于受恩惠的境地了呢?我为什么应该对自己忘恩负义呢?对自己忘恩负义,恰如对自己吝啬、对自己严厉残酷、对自己漫不经心一样可耻。一个皮条客,不管他出卖的是自己,还是另一个人,他都会同样声名狼藉。阿谀奉承者只附和别人的言语,甚至愿意称赞谬误,这样的人理应受到责备;而那种沾沾自喜的人,那种可说得上抬高自己、自我奉承的人,当然同样应当受到责备。种种邪恶,不仅在显露于外时是可憎的,而且在包藏于内时亦是可憎的。除了那个管控自己的人,你还能更敬重谁呢?相对于管束自己的精神和甘于自制而言,即便是统治那些不愿屈就他人权势的野蛮民族,也会更加容易些。他们说,柏拉图对苏格拉底满怀感激,因为他曾受教于苏格拉底;既然苏格拉底也教会了自己,为什么他就不应该对他自己满怀感激呢?马尔库斯·加图说:'你匮乏的一切,都可向自己借。'如果我能借给自己,为什么我就不能施与自己?这样的例子数不胜数,在这些例子中,习惯引导我们将我们自己分割为两个人;我们总是会说:'让我与自己交谈一下,'还有,'我要扯自己一下耳朵。'① 如果这些表述还有一点真实性的话,那么恰如一个人应该生自己的气一样,他也应该感激他自己;恰如他应该责备自己一样,所以他也应该表扬他自己;恰如他能给自己带来损失一样,他也能

---

① 即,唤起我的记忆。

够给他自己带来收益。伤害与恩惠是彼此的反面；如果我们谈起任何人时说：'他伤害了他自己'，那么我们也可以说：'他施与了他自己一次恩惠。'"

自然的法则是：一个人首先应该是个欠债人，然后才应对人报以感激之情；不存在没有债权人的债务人，就像不存在没有妻子的丈夫，没有儿子的父亲；为了让某人得到，必须要有某人施与。将某物从左手移至右手，既非施与亦非接受。恰如一个人尽管移动自己的身体，从一个位置换到另一个位置，却不是背负着自己移动一样；恰如一个人为自己辩护，没人会说他是作为自己的辩护律师露面，或作为自己的赞助人为自己塑像一样；恰如病人通过自我保养重获健康，然而决不会向自己收费一样；所以，在一切交易中，即便他做了某种对他有益的事情，他却没有义务对自己报以感激之情，因为他连一个回报的对象都找不到。纵然我承认，一个人可以向自己施恩，然而在他施与恩惠之际，他同时也就接受了恩惠；纵然我承认，一个人可以从自己处接受恩惠，然而在他接受恩惠之际，他同时也就回报了恩惠。正像他们说的："从自己的口袋借东西"，而且，恰似是场游戏，这东西立即就转到了另一边；[①] 因为人们无法区分给予者和接受者，他们是同一个人。除非牵涉两个人，否则"亏欠"一词就毫无意义；那么，这个词又如何应用到这样一个人（在负债的举动中，他又让自己免除了债务）身上？在圆盘或球体中，没有底部，没有顶端，没有末尾，没有开头，因为，当圆盘或球体转动时，关系就会发生改变，原来在后面的那部分现在转到了前面，原来下降的部分现在却要上升；而所有的部分不管它们将向哪个方向转动，都会回到原来的位置。设想同样的原则也适用于人类；尽管他有许多不同的特性，他仍然是个单一的人。他打自己——如果他想控告伤害的话，

[①] 即在簿记中，借方立即变成了贷方——通过同一种行为，你既从自己那儿取东西，又给予自己东西。

没人是他控告的对象。他把自己绑起并锁上——他不能要求赔偿。如果他向自己施恩——他立即就回报了施恩者。

据说,在自然的王国,从不曾有任何损失,因为从自然中取出的一切,都将回归于自然,没有东西能够毁灭,因为没有能够供它逃遁的所在,一切事物都要回归到它的来处。你问,"这话对于摆在我们面前的问题有什么意义?"我来告诉你。假设你是忘恩负义的,那么恩惠也未丢失,因为那施恩者仍旧拥有它。假设你不愿接受回报,那么在被回报之前,你已经拥有了回报。你丢失不了任何东西,因为从你那儿取走的东西,正是你所获得的东西。这一活动在你自己内部环行——你在接受中给予,在给予中接受。

"一个人应该向自己施恩",你说,"因此,一个人也应该对自己报以感激之情"。然而,这个结论所依赖的前提是错误的;因为没人会向自己施恩,人遵循的仅仅是一种自然的本能,这本能让他有爱己的倾向,正是这种本能,使得他不遗余力地避免有害的东西,追求有益的东西。正因如此,施恩于己的人不是慷慨,原谅自己的人不是仁慈,被自己的不幸所感动的人亦非充满怜悯,因为慷慨、仁慈、怜悯于别人有益;而自然本能则于自己有益。恩惠是自愿的举动,自利却是自然法则。一个人施与的恩惠越多,他就会变得愈加仁慈;可是谁曾因为帮助过自己而备受赞扬呢?谁曾因为将自己从强盗手中救出而备受赞扬呢?人们向自己施恩,不过是爱护自己罢了;人们向自己施惠,不过是借东西给自己罢了。

如果所有人确实都向自己施恩,如果他总是在施恩,无止无歇,那么,他就不可能算出他的恩惠的数量。如此一来,他该怎样表达感恩之情才算到头呢?因为,通过报以感激之情的举动,他又将在施与恩惠了。你将如何能够区分,他是在给予还是在偿还恩惠于自己呢?因为这一来往发生在同一个人当中。我已经救离自己于危难之中——那么,我就向自己施与了一次恩惠。我第二次将自己救离于危难之中——那么,我是在施与还是在偿还恩惠于自己呢？

而且，即使我认可第一个命题，即我们确实会向自己施恩，我也不会认可由之推出的结论；因为即便我们施与，我们也不亏欠任何东西。为什么呢？因为我们立即就收到回报了。严格来讲，在恩惠关系中我应该做的是：接受恩惠，然后感激，而后再偿还；然而在此没有感激的机会，因为我们即刻就得到了回报。一个人只会给予另外一个人，一个人只会亏欠另外一个人，一个人只会偿还另外一个人。一件通常需要两个人完成的行为，不可能在一个人的范围内被完成。

恩惠是贡献某种有用事物；可是"贡献"暗含他人的存在。如果有个人说，他把某样东西卖给了自己，人们不会认为他精神错乱吗？因为售卖意味着让渡，意味着把一个人的财产和财产的所有权转给另一个人。恰如在售卖中的情况一样，施与意味着某样东西的让渡，意味着把你曾拥有的某样东西让与另一个人拥有。如果事实果真如此，就从来不会有人施恩于自己，因为没有人能够"给予"他自己；否则，两个对立面就合在一个举动中了，以至于给予与接受成了一回事。然而，在给予和接受间却有极大的差别；既然这两个词被用于完全相反的行为，它们之间为什么不应该有巨大的差别呢？但是，如果有谁能向自己施恩，那么给予和接受也就没有差别了。刚才我已经说过，有些词暗含着他者的存在，这两个词就属于那一类，它们的所有意义，都指着远离我们自身的方向。我是个兄弟，然而是另一个人的兄弟，因为没人可以是他自己的兄弟；我是个匹敌者，但是是其他某个人的匹敌者，因为有谁能够是他自己的匹敌者呢？除非存在着两样事物，否则比较就是无法理解的；除非存在着两样事物，否则就不可能有连接；同样，除非存在着两个人，否则就不可能有什么给予；除非存在着两个人，否则就不可能有什么恩惠。这一点，我们从这个表述中可以看得非常清楚，"有益于……"施恩之举正是通过这一表述得到规定的；可是无人会施恩于己，就像他不会与自己交朋友，或者属于他自己那一方一样。我可以进一步详细阐述这一主题,并成倍增加这样的例子。当然,施恩必然属于那些离不开他者的行为。有些行为,尽管光荣、令人钦佩,并非常正直,却只有另外的人在场时才有用武之地。忠诚作为人类最伟大的幸福之一,受人赞美和尊崇,可是谁曾听说有人因此而遵守对他自己的诺言呢?

现在我来着手考察这一主题的最后的部分。报以感激之情的人,应该花费某些东西,正如还债者花费钱财一样;可是那向自己报以感激之情的人,不会花费任何东西,就像那从自己处得到恩惠的人,肯定不会得到任何东西一样。恩惠和报以感激之情,必须是从一个人传到另一个人;如果只牵涉到一个人,相互交换便是不可能的。报以感激之情者,反过来又施恩于他的恩主。可是那个向自己报以感激之情的人——他向谁施恩?只能是向他自己。而且,有谁不认为报以感激之情是一行为,施恩是另一行为?那向自己报以感激之情的人只是施恩于己。那么,什么样的忘恩负义者不愿意做这种事呢?毋宁说,除了做这种事的人,还有谁会是忘恩负义者?"只要",你说,"我们应该感谢我们自己,我们也就应该对自己报以感激之情;我们会说:'我拒绝了与那个女人结婚,我感谢我自己',以及'我没有与那个人缔结合作关系,我感谢我自己'"。可是,当我们说这话的时候,我们是在赞赏我们自己,为了肯定我们的行为,于是我们便滥用那些道谢者的话语。恩惠被给出后,可能有回报,也可能没有。既然那向自己施恩者,必然会让他施与出去的东西返还到自己身上,所以这就不是恩惠。恩惠是在这个时间接受,另外一个时间回报的。① 恩惠也具有这个值得称赞的、最可嘉许的品质:一个人会暂时忘记他自身的利益,为的是他可给予另一个人以帮助;他愿意把属于他的东西给予另一个人。可是向自己施恩的人却不会

---

① 有些编者认为这句话后面有佚失,其大意是:当一个人施恩于自己的时候,他将在同一时间接受和回报恩惠。

这样做。恩惠的施与是一种社会行为，它将赢得某人的亲善，它将置某人于义务之下；向自己施恩却不是一种社会行为，它不会赢得任何人的亲善，它不会置任何人于义务之下，它不会提升任何人的期望，或者会引得他说："我必须结识这个人；他已经把恩惠给予了某某，他也会施恩于我的。"恩惠是这样一种东西，一个人施与恩惠不是为了其自身的缘故，而是为了他施与的那个对象的缘故。然而那施恩于自己的人，却是因为他自身的缘故而施与；故而这就不是恩惠。

在你看来，我现在已经违反了我在这卷的开头所作的声明。因为你说我所做的一切，都完全是在浪费时间——不仅如此，事实上，我完全是白费工夫。①可是等一下，等我把你引入那样一种晦涩昏暗之处（进入这样的幽微之处后，即使你找到了出路，你所成就的也只不过是从困境中逃脱了出来，可这困境却是你从来就不需要陷进去的），尔后，你很快就会更加确切地发表看法了。你自己打上几个结，目的却是能够将它们解开，那么费力解开这样的结有什么好处？可是，恰如当某些东西以某种方式被打上结，以致生手在解开它们时困难重重，而那些打结的人，因为知晓它们的环套和缠结，于是便能轻而易举地解开它们时，这一活动能够提供娱乐消遣一样，这一难题（费力解自己打的结）仍然能够带来一些愉悦，因为它将测试智慧的敏锐性，还会引发智力上的努力——所以这些看上去精致棘手的问题，也会扫除我们精神中的冷漠与懒惰，我们的精神一会儿应该到平地去漫步，一会儿又应该踏上漆黑崎岖的道途，我们必须爬行着穿越它，小心翼翼地迈出每一步。

还有些人主张，没人是忘恩负义的，并支持如下主张："恩惠是有益的东西；可是，按照你们斯多亚主义者的观点，无人能够对一个坏人有益；因此一个坏人不会接受恩惠，[因此他][不]是忘恩负义的。

---

① 在这卷的开头，塞涅卡说："任何仔细审察这些问题的人，既不会因他的辛劳而得到回报，也不会让他的辛劳完全白费。"

"而且，你说，恩惠是光荣的、值得称赞的举动；可是没有什么光荣的、值得称赞的举动，会在坏人身上占有一席之地，因此恩惠在坏人身上也没有一席之地；而且，如果坏人不能接受恩惠，他也就不应该偿还恩惠，所以，他不会变得忘恩负义。

　　"此外，按照你的观点，好人总能正确行动；然而，如果他总能正确行动，他就不可能是忘恩负义的。无人能施与坏人以恩惠。好人有恩报恩，坏人不会接受恩惠；如果事实就是如此，那么，任何好人都不是忘恩负义的，任何坏人也不是忘恩负义的。所以在整个自然王国，根本就没有忘恩负义之人，'忘恩负义'这个词就是无意义的。"

　　根据我们斯多亚主义者的观点，只有一种善，这是一种光荣的善。一个坏人不可能获得这种善；因为如果美德成为了他的一部分，他就不再是坏人了；相反，只要他是个坏人，就无人能够施与他以恩惠，因为恶与善是对立面，它们不可能合一。因此，无人能够有益于坏人，因为抵临坏人的一切善，都会因他的误用而变质。正如胃在因疾病而受损时，胆汁便会积聚，因为胃会改变它所接受的一切食物，于是便把所有种类的食物都变成痛楚的根源，所以，就堕落的精神而言，任何你交托给它的东西，都会变成它的一个负担，变成它的灾难和悲惨的一个来源。所以那些最为成功的、富裕的人，困扰他们的麻烦事最多，他们拥有的令他们不安的财产愈多，他们愈会迷失自己。因此，没有什么对他们有益的东西可能会降临到他们身上——不仅如此，没有什么东西不对他们有害。因为落在他们命运之上的任何善物，他们都会将其化为他们自身邪恶的本质；有些表面诱人的施与物，如果被施与较好的人，它们将会是有益的，可被施与他们，却会变成有害的。同样，他们也不能施与恩惠，因为没人能够施与他所没有的东西；况且那样一个人也缺乏施恩的欲求。

　　尽管事实如此，然而，即便是坏人，也还是能够接受某些类似恩惠的东西的，如果他不对这些东西进行回报，他就会是忘恩负义的。利益有三种：精神上的、肉身上的、财产上的。蠢人和坏人被排除在精神上的利益之外；可是他却可以获得其他利益——他可以接受这些利益，也应该对这些利益进行回报，如果他不回报，他就是忘恩负义的。我们的学派不是仅有的持这种理论的学派。逍遥学派的人也大大扩展了人类幸福的界限，在他们看来，无关紧要的恩惠甚至也会降临到坏人头上，不对这些恩惠作回报者，就是忘恩负义的。因此，我们不承认那些不能改善心灵的东西是恩惠；然而，我们也不否认，那些东西是有利的和值得想望的。一个坏人既能把这些东西给予一个好人，也能从一个好人那里得到这些东西，如钱财、衣物、公职和生命；如果他不对它们进行回报，他就会落入忘恩负义者之列。

"可是"，你反驳道："某种你甚至不会承认它是恩惠的东西，如果一个人没有对它进行回报，你如何能够把他称作是忘恩负义的？"有些东西，因为它们的相似性，所以用同样的词去命名，即使这甚至需要以某种不精确性为代价。我们谈到一个银制的和金制的"盒子"① 时也是如此；我们称呼一个人为"未受教育的"亦是如此，尽管他有可能不是完全未受教育的，而只是不太熟稔更高级的知识门类；一个人看到一个穿着寒酸、衣衫褴褛的人，会说他看到的人是"一丝不挂的"，情形也是如此。我们意指的那些东西并非果真是恩惠，而只是具有恩惠的外观。"那么"，你反驳道："恰如这些东西只与恩惠类似，所以这个人也不是个忘恩负义者，他只是与忘恩负义者类似"。不，并非如此，因为这些东西的给予者和接受者都把它们称作恩惠。所以，没能对这种真正恩惠的相似物进行回报的人，同样是忘恩负义的，恰如一个当他想着他正在配制毒药却配制出了一种安眠药水的人是个投毒者一样。

---

① Pyxis 原指黄杨木制成的小盒子。

克里安特斯①的话甚至更为激进。他说，"即使这个人接受的东西不是恩惠，他本人仍旧是个忘恩负义者，因为即使他接受了恩惠，他也不会对这恩惠作出回报"。所以，一个用鲜血染污双手的人，在此之前他就已经开始成为歹徒了，因为他已准备好去杀戮，并抱有谋杀和劫掠的欲求；他在行动中实现和展示他的邪恶，可是邪恶并非由行动才开始。人们因亵渎神灵而受惩罚，可事实上任何人都不能真正影响到诸神。

有人问，"既然坏人没有施与恩惠的能力，有谁能对一个坏人忘恩负义？"当然是因为：尽管被收到的赠予物不是恩惠，但它却被称作恩惠。如果有人从一个坏人那儿收到任何为坏人②所拥有的诸如此类的东西（这些东西即便是坏人也储备了不少），以相似的赠予物表示感激就是他的义务，而且，不管坏人的这些赠物的本质是什么，把它们当作真正的善物来回报是他的义务，因为他是把它们当作真正的善物接受下来的。无论一个人欠下的是作铸币之用的金叶子，还是作铸币之用的盖有政府印章的皮革片（如斯巴达人所使用的），他都会被说成是欠下了债务。③ 以令你欠下债务的那类东西清偿你的债务。恩惠是什么，那样伟大高贵的字眼是否会因为应用于那样卑微普通的事物上而降格，这都与你无关；你对真理的寻求将损害他人的利益。让你把你的心灵调整到适应真理的副本，尽管你在学习真正的美德，然而你还是要敬重一切以美德之名自夸的东西。

"按照你的说法"，有人反驳道："没有一个人是忘恩负义的，所以另一方面，所有人都是忘恩负义的"。是的，因为正如我们所说，所有的愚人都是坏的；而且，拥有一种邪恶的人，就拥有一切邪恶；所有人都是蠢的和坏的，所以，所有人都是忘恩负义的。事实如何呢？难道他

---

① 继任芝诺担当斯多亚派的领袖的一位哲学家。
② 即邪恶之人，因为只有贤哲是善的。
③ 字面上看，"拥有另一个人的铜币"，因为所有罗马人的钱币原来都是铜。

们不是忘恩负义吗？难道不是处处都有人指控别人的忘恩负义吗？难道人们不是普遍抱怨说：恩惠被弃若草芥，不以怨报德者只在极少数？你也不必认定我只是在发泄斯多亚主义者的怨言，他们把一切没有达到公正标准的行为，都认作是最为邪恶的和错误的。听听一个大声谴责所有民族和人类的人的声音吧，这种声音不是发自哲学的巢居，而是发自人群的中央！

> 没有客人能免受主人的伤害，也没有岳父能免受女婿的伤害；
> 甚至兄弟手足之情也极为罕见。
> 丈夫陷害自己的妻子，妻子陷害自己的丈夫。①

这会愈演愈烈——罪行将取代恩惠；人们理应洒血以报的对象，也难免惨遭屠戮。我们用来报答恩惠的，是利剑和毒药。攻击自己的祖国，以它自身的权标制伏它，只是为了获取高位与权势。所有未能高居于共和国之上的人，都会认为他处于一个令人备感耻作的低下位置。她负担的军队被用来反对她自己，将军现在向士兵大声疾呼："向你们的妻子开战，向你们的孩子们开战！用武器攻击你们的圣坛，你们的家庭，你们的家神！"是的，你们这群即便是为了获取胜利，如果没有元老院的允许，也无权进入城市的人，你们这群即使带队凯旋，也应在城墙之外接受召见的人，现在在屠戮了你自己的同胞，沾染了同胞的斑斑鲜血后，却旗帜飘扬地开进城市。在士兵们的战旗中，让自由息声吧，而且，既然所有的战争都被驱逐得远远的，所有的恐惧都已经消散了，就让那些征服与平定各国的人，在自己国家中受到围攻，一看到自己国家的鹰旗就发抖吧。

---

① 奥维德：《变形记》，卷1，114。塞涅卡在《论愤怒》中也引用了这段话。见塞涅卡《强者的温柔：塞涅卡伦理文选》，中国社会科学出版社2017年版。

科利奥兰纳斯（Coriolanus）是忘恩负义的，[1] 他尽责得太晚，后来才为其罪行而忏悔；他放下了他的武器，可他是在邪恶的战争中放下他的武器的。

喀提林是忘恩负义的；他并不满足于控制他的祖国——他要颠覆它，他派遣大群的阿洛布罗基人攻击它，他召集来自阿尔卑斯山脉之外的敌人，让他们尽情发泄其古老的与生俱来的仇恨，他用罗马领导人的性命，来偿付老早就对高卢人的坟墓欠下的祭品。[2]

盖乌斯·马略是忘恩负义的。尽管曾经身为普通士兵，他却多次升任执政官之职，可是，如果他没有尽情地屠杀罗马人，就像尽情屠杀辛布里人（Cimbrians）一样的话，如果他没有成为——而非仅仅给出——他的同胞的毁灭和屠杀的信号的话，他还是会觉得他命运中的变化还是太小，觉得他会掉回到他从前的地位。

卢西乌斯·苏拉是忘恩负义的。他的祖国沉疴难愈，可他用来治疗祖国的药方比这沉疴还要残酷，自普莱内斯特城（Praeneste）至科利内门（Colline），他踏着人类的鲜血一路行来，而后又在城内发起了其他的战争，上演了其他的屠杀；两个已经挤入角落里的军团，他也把他们屠杀了；哦！这真残忍啊，在他赢得了胜利之后，哦！这真恶劣啊，在他允诺饶恕他们之后；他还发明了剥夺公民权的法令，伟大的诸神啊！为的是所有杀戮罗马公民的人都可以宣称无罪，可以要求金钱，可以要求除了槲叶环（civic crown）之外的一切！

尼阿斯·庞培是忘恩负义的，作为对三次执政官资格的报答，作为对三次凯旋式的报答，作为对许多公职（他在法定年龄前曾投身其中的大部分）的报答，他对共和国表现出了那样一种感激之情，以至于

---

[1] "自己祖国的入侵者"，罗马早期的传说人物。他在被驱逐出罗马后，带领军队进攻这座城市。

[2] 按照传统说法，公元前387年入侵罗马的高卢人的尸骸，在卡米卢斯把罗马夺回后，在这座城市被焚毁。

他劝诱其他人①也来攻击她——仿佛他可以通过给予其他几个人去做没人应该有权去做的事情的权利,以使他自己的权势不那么令人讨厌似的!在他觊觎非凡的统治的时候,在他分配行省以合他自己的选择的时候,在他以那样一种方式分割共和国,以至于尽管第三个人②也有一份、三分之二的共和国却仍在他自己的家中的时候,③他迫使罗马人民处于那样一种苦境中,以至于他们只有通过接受奴役才能存活下去。

庞培的敌人和征服者④自己也是忘恩负义的。他把战争从高卢、德国带到罗马,那个平民的朋友、民主主义者,在佛莱明马车竞赛场(Circus Flaminius)扎下了他的营盘,它距城市的距离,甚至比波西那(Porsina)曾经扎下的营盘还近。确实,他没有过分使用胜利者的残酷特权;他也遵守了他喜欢发的誓言——没有屠杀手无寸铁的人。那又怎么样?其他人尽管更为残酷地使用了他们的武器,然而一旦厌倦,便会把它们抛于一旁;他迅速将长剑入鞘,然而却从来没有把它放下。

安东尼(Antony)对他的独裁者是忘恩负义的,他宣告他的独裁者是被公正地杀害的,⑤并允许恺撒的谋杀者们去往他们想要去往的任何行省。他的国家,尽管已被剥夺公权、入侵、战争弄得四分五裂,然而在她的这一切不幸之后,安东尼又希望她臣服于那些甚至不是罗马公民的国王,为的是一个已把统治权、自主权和豁免权都归还给希腊人、罗德斯岛人(Rhodians)和许多著名城市的城市,可以自己向太监们进贡!⑥

因为其忘恩负义招致祖国覆灭的人,我没有时间去一一列举。如果

---

① 指公元前60年形成的前三头统治(the First Triumvirate)。
② 即克拉苏。
③ 因为庞培的妻子是朱莉娅——恺撒的女儿。
④ 此处省略了"恺撒"的名字,因为"恺撒"已成为皇帝的一般名称。
⑤ 这种说法缺乏其他的根据。安东尼在恺撒被谋杀时是执政官,也已正式地行使这一职务的职权。
⑥ 指安东尼被埃及女王克利奥帕格拉(Cleopatra)的魅力所征服。

我试图去考察共和国对它的最好最忠诚的仆人有多么忘恩负义的话,如果我试图去考察在犯罪的频率上,共和国是如何不低于它被冒犯的频率的话,这一任务也将同样是无尽的。

共和国流放了卡米卢斯,西庇奥也在它的决定下流放;甚至在喀提林阴谋之后,它还流放了西塞罗,毁了他的家庭,夺了他的财产,作出了一个获胜的喀提林会做出的一切事情;茹提利乌斯发觉,他的清白所得的回报,就是亚洲的一处藏身之地;① 对于加图,罗马人民拒绝将行政官的职位授予他,还坚持拒绝把执政官的职位授予他。

我们普遍都是忘恩负义的。让每个人都讯问一下自己——所有人都会找到他认为是忘恩负义的人。但是,除非所有人都引起了别人的抱怨,否则所有人都抱怨就是不可能的,——因此,所有人都是忘恩负义的。他们只是忘恩负义吗?他们还贪婪、恶毒、怯懦——特别是那些显得肆无忌惮的人。另外,所有人都是自私自利的,所有人都是不敬神灵的。可是你没有必要对他们生气;原谅他们——他们都是愚蠢的。

引你到还不确定的例子上,这并非我的意愿,我也不想如此说:"看啊,年轻人有多么忘恩负义!他们尽管尚自清白无辜,可有谁不渴望着他父亲亡故的那一天?尽管他遏制着自己的欲求,可有谁不期待着这一天的到来?尽管他是孝顺的,可有谁不念想着这件事?生怕至爱妻子撒手人寰,以至于甚至都不敢考虑这种可能性,这样的人能有几个?我问你,有哪位诉讼人,在别人成功为他辩护后,在辩护发生的时间之外,还保留对那样大的一件恩惠的记忆呢?"

所有人都同意,无人能毫无怨言地死去!有谁在他的弥留之际敢说:

> 我活过了;我已经跑完了我命定的历程。②

---

① 因为他对亚洲的包税人的敲诈的坚决反对,公元前 92 年被流放。
② 维吉尔:《埃涅阿德》,4,653;塞涅卡在《论幸福生活》中也曾引用过这句话。参看塞涅卡《强者的温柔:塞涅卡伦理文选》,中国社会科学出版社 2017 年版。

有谁不在死亡面前畏缩？有谁不为死亡而悲痛？然而，如果一个人不满于自己拥有过的时光，他就是忘恩负义。如果你停下身来，算算你的时日，它们看上去总会显得少而又少。可是细细想来，你最大的幸福，并不仅仅存在于时间的长度中；尽管时间可能是短暂的，尽量善用它吧。即使延迟了你的死期，你的幸福也得不到丝毫提升，因为这种推延并不会令人生变得更加幸福，而只是变得更加漫长。为曾经拥有的愉悦心存感激，不去计算他人活了多少岁，而只是大度评价属于自己的光阴，并把它们作为收益记录下来，这不知要好多少！"主神相信我配得上这年岁，这就够了；他原有可能给得更多，可是即使这些也已经是恩惠了。"让我们对诸神心怀感激，对人类心怀感激，对那些给过我们哪怕只有滴水之恩的人心怀感激，对那些给过我们的亲人们哪怕只有滴水之恩的人心怀感激。

你反驳道，"你说'给过我们的亲人们恩惠，我们亦当心存感激'；果真如你所言的话，我身上的担子可太重了"；所以还是作些限定吧。按照你的观点，那施恩于儿子的人，也把恩惠施与了他的父亲。这是我要提的第一个问题。其次，我特别想要解决这个问题。如果你的朋友的父亲也受了恩惠，你朋友的兄弟也受了恩惠吗？他的舅父呢？他的祖父呢？他的妻子呢？他的岳父呢？告诉我，我须在哪里停下，我要顺着这条藤摸多远？

（塞涅卡：）如果我耕种你的田地，我将施与你恩惠；如果你的房子着火了，我去把火扑灭，或者我让房子免于倒塌，我将施与你恩惠；如果我治愈了你的奴隶，我会把这帮助记到你的头上；如果我救了你儿子的命，难道你不会从我这儿受到恩惠吗？

（反对者：）"你举的例子不得要领，因为那耕种我田地的人，他的恩惠施给了我而不是田地；那撑起我的房屋以使其免于倒塌的人，把恩惠施与了我，因为房屋本身是没有感觉的；因为它没有任何感觉，所以他让我成了他的债务人；那耕种我田地的人，他希望帮助的不是田地，而是我。对于奴隶这件事，我也会说同样的话；他是我的动产，挽救他的性命于我有益；因此债务是我的而不是他的。可是我的儿子自己就可接受恩惠的；因此是他接受了恩惠，而我则只是欣喜，而且尽管我与这恩惠有着紧密的联系，然而我却不会因为它而负有什么义务。"

（塞涅卡：）不过，我还是想让你这个认为自己不负任何义务的人，回答我这个问题。父亲总是会关切他儿子的健康、幸福和遗产；一位父亲，如果儿子尚存，必定更加幸福，如果儿子丧生，必定更为不幸。那会怎样呢？如果有人因我而更加幸福，如果有人因我而逃脱了遭受最大不幸的危险，难道他还没有接受恩惠吗？

（反对者：）"不"，你回答，"因为有些事物，尽管是施与别人的，却传递到了我们身上；可是，在所有情况下，当初的接受者，都应是索要回报的对象，恰如借贷，当初的借贷者，才应是索要回报的对象尽管这钱财，可能因辗转经手，到了我的手中。一切的恩惠，其带来的益处必会惠及那些离接受者最近的人，有时甚至会惠及那些离得老远的人；问题不在于恩惠去往了何处，而在于恩惠最初被置于何处。真正的债务人，那个第一次接受恩惠的人，才是必须向你作出回报者"。

（塞涅卡：）那便怎样呢？我请问你，难道你没对我说："你为我保全了我儿子的性命，如果他真死了的话，我也不能独活？"如果有人救下了某个人的性命，而此人的安全在你看来比你自己的安全还更加重要，作为报答，难道你没欠下恩惠吗？此外，当我救了你儿子的命时，你双膝跪倒，向诸神起誓，就仿佛你自己的性命被救了一般；你开口说道："对我而言，你是不是救了我的命，这都无关紧要；你救的是我们两个人的命——不，更确切地说，是我的命。"如果没接受恩惠，你为什么要说这个？

（反对者：）"因为，正像我的儿子获了一笔借款，我应还款给他的债主，可是，我却不应该因为那个原因而欠这个债主的债；因为，正像我的儿子因通奸被捉，我应该羞愧，可是，我不应该因为那个原因而变成一个通奸者。我说我欠了你的债，因为你救了我儿子的性命，并非因为我真的欠了你的债，而是因为我自己心甘情愿欠你的债。而且，他的安全还给我带来了最大可能的愉悦，最大可能的利益，我逃脱了最沉重的打击——丧子。现在的问题，不是你是否曾经于我有益，而是你是否曾经施与我恩惠；因为一头不说话的动物，或者一块石头，一株植物也可能是有益的，然而它们却不能施恩，因为恩惠的施与从来就不会没有一种意志的行动。可是你希望施与的对象不是父亲，而是儿子，而有时你甚至都不认识这位父亲。因此当你说：'那么，难道我挽救了他儿子的性命，却没有施与他恩惠吗？'你必须反过来设问：'那么，我施与了那位父亲恩惠吗？这位父亲，我既不认识他，也从没想到过他。'而且，正如有时会发生的那样，万一你憎恨这位父亲，可是却救了他儿子的性命，那该怎么办？人们会认为你施恩给了这样一个人吗？在你施恩的时候，你对他还怀着莫大的敌意。"

可是，把你来我往的争吵置于一旁，或者说来公正地回答一下，我要说施与者的目的是必须考虑的；他把恩惠给予了那个他希望给予的对象。如果他是为了对那位父亲表示敬意而施与恩惠的，那么那位父亲就接受了这恩惠；如果，他是为了帮助那位儿子而施与恩惠的，那位父亲就不会因为施与儿子的恩惠而背负任何的义务，即便他为这恩惠而欣喜。然而，如果他有了机会，他自己就会希望付出点东西，不是他感到了报答帮助的必要性，而是他找到了一个提供帮助的借口。施与者绝不能向这位父亲要求这恩惠的回报；如果这位父亲因为这恩惠而作出了慷慨的举动，他并不是感恩戴德，而是公义正直。因为恩惠的延伸是没有穷尽的——如果我要施恩于我朋友的父亲，我也将施恩于他的母亲，他的祖父，他的舅舅，他的子女，他的亲戚，他的朋友，他的奴隶，他的祖国。那么，一件恩惠延伸到何处才开始停止呢？因为在此形成了无穷复合三段论，① 对这种复合三段论设置任何界限都是困难的，因为它是逐步扩展，并且从不停止扩展的。

这也是个常见的问题："如果两兄弟不和，我救了其中一个的命，对于另外一个可能会为那个他所憎恨的兄弟没死而惋惜的人而言，我把恩惠施与了他吗？"无疑，即使违背一个人的意愿而向他提供帮助也是一种恩惠，就像那违背自己的意愿而提供给人帮助的人没有施与恩惠一样。"你把"，你问，"那使他愤怒、令他烦恼的东西称作恩惠吗？"是的，许多恩惠从表面上看是令人难忍和不悦的，比如通过手术、烧灼、锁链的绑缚治疗疾病。我们要考虑的重点，不在于任何人是否会因接受恩惠而不快，而在于他是否应该因为接受恩惠而快乐；一枚钱币不会因为一个不认识政府印章的野蛮人拒绝接受它而成为有害的。只要恩惠对一个人有益，只要给予者是为了有益于他而施与这恩惠，那么，即使他憎恨这恩惠，可也接受了这恩惠。任何人是愉快地还是沮丧地接受一件好东西，这是无关紧要的。来吧，让我们考虑一下相反的例子。一个人恨他的兄弟，然而拥有这位兄弟于他是有益的；如果我杀了他这位兄弟，我并未施恩于他，尽管他可能说这是恩惠，并对此恩惠感到欣喜。做了坏事却让人感激，这只有非常狡猾的敌人才能办到！

"我知道；一件于人有益的事物是恩惠，一件于人有害的事物不是恩惠。可是你看，我要给你举个例子，在此没有益与害，然而这件行为仍将是恩惠。假设我在一个人迹罕至的地方发现了某人父亲的尸身，然后掩埋了它。我既没有对死者本人做出什么有益的事（因为对于他而言，以什么方式腐烂有什么关系呢？），也没有对死者的儿子做出什么有益的事（因为他通过这一行为能获得什么好处呢？）。"

我要告诉你他得到了什么。通过把我当作他的工具，他已履行了一次习俗所要求的义务。他希望提供给他父亲的东西，我提供了；亲自向

---

① 一种连锁推论，在这种推论中，一个三段论的结论成为下一个三段论的前提。

他父亲提供这东西本也是他的义务。可是，我做那件行为，决不能是因为一种同情感和人道主义（它们会导致我将任何人的尸身掩埋），而是因为我认出了那尸身，并认为我是在向那位儿子提供帮助，此时那件行为才会变成恩惠。可是，如果我把泥土撒覆在一个不认识的死人身上，通过这一行为，我并没有让任何人因这次帮助而成为我的债务人——我只是一般意义上的人道罢了。

可是有人会说："你为什么要千辛万苦地去发现你应该把恩惠施与谁，仿佛你打算某天求取回报似的？有些人认为人永远不应求取回报，他们援引的是如下这些理由。一个卑劣的家伙，即使别人要求他回报，他也是不会做出回报的，而杰出人物则会自愿地回报。此外，如果你施恩给了一位善人，你要耐心；不要因为向他催讨回报而让他蒙受侮辱，仿佛他不会自愿做出回报似的。如果你把恩惠施与了一个坏人，你就只能怪你自己；然而不要通过把恩惠变成一种借贷而糟践了它。另外，法律通过不要求你求取回报，也就禁止了你求取回报。"

这些都是无稽之谈。只要我没有急迫的需要，只要我不受命运的逼迫，我是情愿失却恩惠，却不要求回报的。然而，如果我的子女的安全岌岌可危，如果我的妻子受危险的胁迫，如果我的国家的安全、我的自由，逼迫我走上我情愿不走的道路，我将克服我的顾忌，并为我自己作证：我已想尽办法避免需要一个忘恩负义者的帮助；然而接受别人对我的恩惠的回报的必要性，最终将克服我求取回报的踌躇。而且，当我施恩于一个善人时，我那样做，本打算永不要求回报的，除非要求回报是必需的。

"可是"，你说，"法律，通过不授权与我们，就禁止了我们索要回报"。有许多不归入法律之下或不进入法庭的事情，在这些事情中，比任何法律都还有约束力的人类生活习俗，就为我们指明了道路。没有法律禁止我们泄露朋友的秘密；没有法律命令我们甚至对一位敌人也要守信。对任何人许下的诺言，我们都要信守，可是有什么法律作了这样的规定呢？根本就没有。可是，对于一个没有保守我告诉他的秘密的人，我会心怀不满；对于一个承诺之后却不信守的人，我会愤愤不已。

"可是"，你说，"你会把恩惠变成借贷"。决不会；因为我不会强求，而只是请求——我甚至不是请求，而只是提醒。即便是最紧迫的需要，它可曾逼迫我去求助于一个我需要与他进行长时间交锋的人？如果有人那么地忘恩负义，以至于单单提醒他还不够，那么我会忽略他，认为犯不上逼着他心怀感激。就像一个放债人不会要求某些他知道已经破产的债务人还款一样，令这些人羞愧的是，他们除了已经失去的东西之外没有任何东西留下，所以我不会考虑那些公然的、顽固的忘恩负义者，我不会要求任何一个我不能对其抱有希望的人回报我的恩惠，我不会去强求，而只是去接受恩惠。

在此还有许多不知如何抵赖又不知如何回报他们所受恩惠的人，他们既没有好到心怀感激的地步，也没有坏到忘恩负义的程度——笨拙磨蹭的人们，迟钝的债务人，然而却并非不履行义务者。我不会对这些人做任何要求，而是训诫他们，让他们从其他的利益转回到他们的义务上来。他们立即就会回答我说："原谅我，我真的不知道你缺钱，否则我会自愿奉上；求你不要以为我是忘恩负义之人，你对我的帮助我是牢记不忘。"让这些人在他们自己的眼中和我的眼中成为更好的人，对此我为何迟疑？如果我能阻止任何人作恶，我会去阻止的；更何况是一位朋友——我既会阻止他作恶，最重要的是，我也会阻止他对我作恶。通过没有让他成为忘恩负义者，我施与了他第二次恩惠；我也不会用我曾经施与他的东西来严厉地责备他，而是尽可能柔声地与他言讲。为了给他表现他的感激之情的机会，我会勾起他对恩惠的记忆，并要求他施与恩惠；他自己就会知道，我是在要求回报。有时，如果我有纠正他的错误的指望，我会使用更加严厉的话语；然而如果他已无可救药，我亦不会触怒他，以免我会把一位忘恩负义者变成一位敌人。然而对于忘恩负义者，如果我们甚至把忠告这种冒犯也免去的话，那么我们将会令他们在回报恩惠上变得更加拖拉。确实有些可医好的人，如果受了良心的刺痛，他们就会变成好人，这样的人，如果我们拒绝劝告他们，他们就会自生自灭；父亲有时就是通过这种劝告改造他的儿子的，妻子就是通过这种劝告把走入歧途的丈夫拉回自己的怀抱，朋友就是通过这种劝告激励朋友渐弱的忠诚的。

为了唤醒某些人，我们只需摇撼他们，却无须击打他们；同样，就某些人而言，他们对报以感激之情的荣誉感并未泯灭，而只是麻木了。让我们唤醒这种荣誉感。"不要"，他们可能会说，"把你的赐予变成一种伤害；因为，如果你的确以让我成为忘恩负义之徒为目的，不向我要求回报，那么赐予就将会是伤害。万一我不知道你想要什么怎么办？万一我因为事务缠身，忙碌于其他的利害关系，还未等候到一个机会怎么办？向我表明我能做什么，你希望我做什么吧。在你考验我之前，你为什么要丧失信心呢？你为什么要匆匆抛却你的恩惠和一个朋友呢？你怎么知道我是不乐意，还是只不过不知道——我是缺乏机会，还是没有这个意愿呢？给我个机会吧！"因此，我将用并非是怀恨的、公然的和指责的方式让他记起我的恩惠，而是以那样一种方式，这种方式会让他认为他不是被我唤醒，而是他自己记起了这恩惠。

被奉若神明的尤利乌斯[①]的一位老兵，因为大大激怒了邻居，被人起诉于尤利乌斯驾前。"你还记得，将军"，老兵说，"你在西班牙的苏克劳河畔（Sucro）扭伤脚踝的时候吗？"当恺撒回答说他记得时，此人接着说："你也记得因为烈日炎炎，当你想在某棵投下些许荫凉的树下休憩时，因为这棵孤树从尖石丛中长出，地面非常不平，于是你的一位同行的士兵把他的斗篷铺在你的身下？"当恺撒回答道："我当然记得；我还记得，当我渴得奄奄一息时，因为那时我的腿已经瘸了，难以行走，若非我的一位强壮有力的同伴用他的头盔为我装来一些水，我就想

[①] 即尤利乌斯·恺撒。

爬到邻近的泉水旁——""那么,将军",这位老兵打断道,"你能认得那个人,或者那顶头盔吗?"恺撒回答他不认得那顶头盔,可是他完全认得那个人;然后,我想他是恼怒了,因为他自己在审判的中途,竟让自己答复这些陈年旧事,于是加上道:"无论如何,你不是那个人。""你完全有理由,恺撒",此人回答道,"不认识我;因为,当这些事情发生时,我还是个健全的人;后来在蒙达(Munda)战役中,我的一只眼睛被挖掉了,还取掉了几根头骨。如果你看到了那顶头盔,你也认不出来;因为它已被一柄西班牙的长剑劈开了"。恺撒于是下令不得再难为此人,并把那块土地赐予了他的老兵,因为此人的邻居在这块土地上开辟了一条道路,才导致了这次争吵与诉讼。

那说明了什么呢?因为司令官对所受恩惠的记忆被众多事件所模糊了,他作为一支庞大军队的组织者的地位不允许他去会见某个士兵,难道这位老兵就不应该要求他回报这位老兵曾施与他的恩惠?这与其说是索要对恩惠的回报,不如说是当回报存在于一个方便的地方时拿取了它,尽管一个人为了拿取它必须伸出他的手。因此,当急切的需要或我索要的对象的最大利益逼迫我索要回报时,我就会索要回报。

提比留斯·恺撒,当某人开始说:"你记得——,"在此人揭示更多过往的亲密关系之证据前,便用话打断了他:"我不记得我过去是什么。"为什么别人不应要求他偿还恩惠呢?他有渴求健忘的理由;他要否认与所有朋友和伙伴的相识,并希望人们只看到他那时所处的高位,希望人们只想着和谈论那个。他只把一个老朋友认作一个责难者!

相比于要求施与恩惠而言,要求偿还恩惠甚至更需选择适当的时机。我们在言辞上必须温和,以使心怀感激者不会生气,忘恩负义者也不会假装生气。如果我们生活在贤哲当中,静静等待是我们的责任;然而即使就贤哲而言,向他表明我们的事态情境所需的东西也会更好。我们甚至向无所不知的诸神祈求,尽管我们的祈求不会说服他们,但还是会让他们想起我们。荷马笔下的祭司①甚至向诸神陈述他的贡献和他对他们的祭坛的虔诚的供奉。次好的美德形式就是愿意并能够听取意见。② 温驯驯服的马儿,缰绳的轻扯也能很容易地让它转到这儿、转到那儿。很少有人把理性当作最好的向导来跟从;次好的人是那些一旦被人警醒便回到正确路途上来的人;这些人决不能失了他们的向导。眼睛,即使当它们闭上时,也仍然具有视觉能力,只是没有使用这种能力罢了;当眼睛有了白日之光,其视觉能力就可得以运用。除非工人使用工具完成他的工作,否则工具就是闲置的。我们的心灵始终都保有善良的欲求,但是,一会儿因为心灵的软弱与怠废,一会儿因为心灵对责任的无知,这种善良的欲求是蛰伏着的。我们应该让这种欲求派上用场,不应在不快中任由它衰弱下去,我们应该像教师耐心容忍健忘的小学生犯错一样,耐心地容忍它;而且,恰如一两个词的提示会让小学生重新记起他们必须背诵的句子的上下文一样,善良的欲求也需要一些提示,以使它记起对恩情的回报。

---

① 克律塞斯(Chryses)是阿波罗的祭司,见《伊利亚特》Ⅰ.39—42。
② 见赫西俄德(Hesiod)《工作与时日》,293—295。

译名对照表

A

Abydos　阿比多斯
Achilles　阿基里斯
Admetus　阿德墨托斯
Aebutius Liberalis　伊布休斯·利玻拉理斯
Aemilius Paulus　伊米里乌斯·鲍卢斯
Aeneas　埃涅阿斯
Aeneid　《埃涅阿德》
Aesop　伊索
Aetna　安特那
Africanus　埃弗里卡努斯
Ajax　亚甲克斯
Alba　阿尔巴
Alcestis　阿尔刻提斯
Alexander　亚历山大
Alexandria　亚历山大里亚

Alexandrine　亚历山德林
Allobroges　阿洛布罗基人
Allobrogicus　阿洛布罗基库斯
Alpheus　阿尔斐俄斯
Amphinomus　阿姆费诺姆斯
Anapius　阿那皮乌斯
Annaeus　安尼乌斯
Annius Pollio　阿尼乌斯·波里欧
Antenor　安特诺
Antigonus　安提贡
Antiochus　安提奥库斯
Antony　安东尼
Apicius　阿皮休斯
Apollo　阿波罗
Arcadia　阿卡迪亚
Arcesilaus　阿尔凯西劳斯
Archelaus　阿克劳斯
Arethusa　阿瑞托莎
Areus　阿利乌斯

Aristides　阿里斯德岱斯

Aristo　阿里斯托

Aristogiton　阿里斯托杰顿

Assent　赞同

Aristotle　亚里士多德

Arrhidaeus　阿黑戴乌斯

Artemis　阿耳忒弥斯

Asinius pollio　阿西尼乌斯·波利奥

Athenodorus　阿森诺德鲁斯

Atilius Regulus　阿提利乌斯·雷古勒斯

Atlas　阿特拉斯

Atticus　阿提库斯

Augustus　奥古斯都

Aulus Cremutius Cordus　奥卢斯·克列姆提乌斯·科尔杜斯

Aurelius Cotta　奥列利乌斯·科塔

B

Bacchus　巴克斯

Baiae　拜亚伊

Benacus　贝纳库斯湖

Benefit　恩惠

Ben Jonson　本·琼森

Bion　比翁

Bocchus　博库斯

Britannicus　布列塔尼库斯

Bruttium　布鲁蒂姆

Brutus　布鲁图斯

C

Caepio　凯皮奥

Caesar　恺撒

Caesus　拳击手套

Caligula　卡里古拉

Camillus　卡米卢斯

Campania　坎帕尼亚

Cantabrians　康塔布里安人

Capitoline　卡比托奈山丘

Carda　加达湖

Carneades　卡尔内亚德

Carthage　迦太基

Cassius　卡西乌斯

Catana　卡塔那

Catiline　喀提林

Cato　加图

Caudex　科德克斯

Charybdis　卡律布狄斯涡旋

Chrysippus　克律西玻

Chance　机遇

Cicero　西塞罗

Cimbrians　辛布里人

277

Cinna 秦纳

Circus Flaminius 佛莱明马车竞赛场

Claudius 克劳迪乌斯

Claudius Quadrigarius 克劳迪乌斯·夸得里加里乌斯

Cleanthes 克里安特斯

Cleopatra 克里奥帕特拉

Clodius 克洛狄乌斯

Cloelia 克鲁丽亚

Codicariae 科德克利阿

Colline Gate 科利内门

Como 科莫湖

Corfinium 科尔芬尼乌姆

Corinth 科林斯

Corinthian 科林斯的

Coriolanus 科利奥兰纳斯

Cornelia 科妮莉亚

Corsica 科西嘉岛

Consolation 慰藉

Crantor 克朗托

Crassus 克拉苏

Croesus 库罗伊索斯

Curius Dentatus 库里乌斯·丹塔图斯

Cynics 犬儒主义者

Cyprus 塞浦路斯

Cyrus 居鲁士

Cyzicus 昔齐库斯

D

Danaids 达那伊得斯姊妹

Decius 德修

Delphi 德尔斐神庙

Demetrius 德米特里厄斯

Demetrius poliorcetes 德米特里厄斯·波立尔塞特司

Democritus 德谟克利特

Denarius 第纳流斯

Dessau 德绍

Death 死亡

Desire 欲求

Diogenes 第欧根尼

Diomedes 狄俄墨得斯

Dion 狄翁

Dionysus 狄奥尼索斯

Dionysius 戴奥尼索斯

Dioscuri 狄奥斯库里

Domitius 多米提乌斯

Doriscus 多里司科斯

Drepanum 德热帕鲁姆

Drusilla 德鲁塞拉

Drusus 杜路苏斯

Drusus Germanicus 杜路苏斯·

格马尼库斯

Duilius 杜伊流斯

Duty 义务

E

Egnatius 埃格纳提乌斯

Ennius 恩尼乌斯

Engrossment 杂务

Ephorus 埃弗罗斯

Epicurus 伊壁鸠鲁

Etna 埃特那

Etruscans 伊特鲁里亚

Euripides 欧里庇得斯

Euthymia 灵魂的完美状态

Evander 伊万德

Evil 邪恶

F

Fabianus 法比亚诺斯

Fabius 费边

Fabius Maximus 费边·马克西姆斯

Fabius Persicus 费边·帕斯库斯

Fasces 束棒

Fasti Consulares 特使年表

Father Liber 利伯之父

Felix 幸运者

Flesh 肉体

fortune 命运

freedom 自由

friendship 友谊

G

Gaius 盖乌斯

Gaius Caesar 盖乌斯·恺撒

Gaius Marius 盖乌斯·马略

Galatia 加拉提亚

Gallograecia 盖洛格雷西亚

Geltiberians 格尔提伯里安人

Germanicus 格马尼库斯

Gnaeus Cinna 尼阿斯·秦纳

Gnaeus Pompeius 尼阿斯·庞培

Cossura 柯苏拉

Good 善（好）

Gracchi 格拉古

Grumentum 格鲁门吐姆

Gryllus 格里卢斯

Gyarus 吉阿鲁斯

H

Hannibal 汉尼拔

Harmodius 哈莫迪乌斯

Hecaton 赫卡通

Hellespont 达达尼尔海峡

Helvia　赫尔维亚

Heraclitus　赫拉克利特

Hercules　赫拉克勒斯

Herodotus　希罗多德

Hesperia　赫斯佩瑞亚

Hippocrates　希波克拉底

Homer　荷马

I

Iliad　伊利亚特

Isocrate　伊索克拉底

Iullus Antonius　优卢斯·安东尼

J

Jove　朱庇特

Jugurtha　朱古达

Julia　朱莉亚

Julia Augusta　朱莉娅·奥古斯塔

Julius Caesar　尤利乌斯·恺撒

Julius Canus　尤利乌斯·卡那斯

Jupiter　朱庇特

K

King Lear　《李尔王》

L

Larius　拉里乌斯湖

L. Cornelius Scipio Asiaticus　L. 科尔涅利乌斯·西庇奥·阿撒阿提库斯

Leisure　闲暇

Lepidus　雷必达

Life　生命

Ligurians　利古里亚人

Liternum　里特努姆

Livia　李维亚

Livius Drusus　李维乌斯·杜路苏斯

Livy　李维

Locri　罗克里

Lucania　卢卡尼亚

Lucius　卢西乌斯

Lucius Annaeus Seneca　卢西乌斯·安尼乌斯·塞涅卡

Lucius Sulla　卢西乌斯·苏拉

Lucius Bibulus　卢西乌斯·毕布路斯

Lucretia　卢克利希亚

Lucretius　卢克来修

Luculli　卢库里

Lydia　吕底亚

Lynceus　林科斯

M

Macrobius　玛克罗比乌斯

Maecenas　米西纳斯

Magnus　马格鲁斯

M. Agrippa　M. 阿格里帕

Mamercus Scaurus　马麦库斯·斯考卢斯

Manes　曼斯

Manius Curius　马尼乌斯·克里乌斯

Manlius　曼里乌斯

Mantinea　曼提尼亚

Marcellus　马塞卢斯

Marcia　玛西娅

Marcus Aemilius Scaurus　马尔库斯·埃米利乌斯·斯考卢斯

Marcus Agrippa　马尔库斯·阿格里帕

Marcus Annaeus Lucanus　马尔库斯·安尼乌斯·卢卡努斯

Marcus Brutus　马尔库斯·布鲁图斯

Marcus Calpurnius Bibulus　马可·（卡尔普尔尼乌斯）·毕布路斯

Marcus Cato　马尔库斯·加图

Marcus Cicero　马尔库斯·西塞罗

Marcus Livius Drusus　马尔库斯·李维乌斯·杜路苏斯

Marius　马略

Mark Antony　马克·安东尼

Maro　马柔

Marseilles　马赛

Marsians　马尔西人

Mauretania　毛里塔尼亚

Menenius Agrippa　门尼涅斯·阿格里帕

Mercury　墨丘利

Messala　麦萨拉

Messalina　麦瑟琳娜

Messana　麦萨拿

Metellus　梅特卢斯

Metilius　麦提里乌斯

Miletus　米利都城

Mind　心灵

Mithridates　米特里达特

Mount Aventine　阿文丁山

Mortality　有死性

Mucius　穆裘斯

Munda　蒙达

Murena　穆列纳

Musculus　穆斯库鲁斯

Mytilene　米提勒涅

N

Naples　那不勒斯
Naucratis　瑙克拉提斯
Nature　自然
Nero　尼禄
Nola　诺拉城
Novatilla　诺瓦提拉
Numantia　努曼提亚

O

Octavia　奥克塔维亚
Octavian　屋大维
Octavius　屋大维
Odessus　奥德修斯
Odyssey　奥德赛
Oedipus　俄狄浦斯
Ortygia　奥尔底季阿
Ovid　奥维德

P

Palatine　帕拉廷
Pancratium　角斗赛
Pandataria　潘达塔里亚岛
Parthian War　帕提亚战争
Patavium　帕塔维乌姆
Paulinus　鲍里努斯

Paullus Fabius Persicus　鲍鲁斯·费边·帕斯库斯
Paulus　保路斯
Pausanias　鲍萨尼阿斯
Pavia　帕维亚
Passion　激情
Perses　佩尔塞斯
Perseus　珀耳修斯
Phaedrus　菲德洛斯
Phalaris　法拉利斯
Pharsalus　法萨卢斯
Phasis　斐西斯
Philip　菲利普
Philippi　腓力比
Phocaeans　福西亚人
Phocion　福基翁
Phocis　福西斯
Piraeus　比雷埃夫斯
Pisistratidae　佩西司特拉提达伊
Pisonian　皮松尼
Plato　柏拉图
Pliny　普林尼
Polybius　波里比乌斯
Pomerium　帕默里
Pompeia　庞培娅
Pompeia paulina　庞培娅·保琳娜

Pompeius Paulinus 庞培·鲍里努斯

Pompey 庞培

Porsina 波西那

Praeneste 普莱内斯特

Praetor peregrineus 外事法庭行政官

Praetor urbanus 内政法庭行政官

Ptolemy 托勒密

Publilius 普布利柳斯

Publilius Syrus 普布利柳斯·西鲁斯

Pulvillus 帕尔维鲁斯

Puteoli 普特奥利

Pydna 皮德那

Pyrenees 比利牛斯山脉

Pyrrhus 皮洛士

Pythagoras 毕达哥拉斯

Q

Quintius 昆提乌斯

R

Rational 理性的

Regulus 雷古勒斯

Remus 瑞摩斯

Rhodians 罗德斯岛人

Romulus 罗穆卢斯

Rufus 鲁富斯

Rumulus 罗慕路斯

Rutilia 卢提莉亚

Rutilius 茹提利乌斯

S

Sabines 萨宾人

Sallust 萨卢斯特

Samnites 萨姆奈特人

Satrius Secundus 撒特里乌斯·谢孔杜斯

Sciathus 西阿苏斯

Scipio 西庇奥

Scipio Aemilianus 西庇奥·艾米里安奴斯

Scipio Africanus Minor 小西庇奥·埃弗里卡努斯

Scribonia 斯克里波尼亚

Scythia 塞西亚

Sejanus 塞扬努斯

Seneca 塞涅卡

Serenus 塞雷努斯

Seriphus 赛里婆斯

Sextus Pompeius 塞克斯都·庞培

Sextus Tarquinius 塞克斯都·塔

克文

Sextus Turannius　塞克斯都·图尔拉尼乌斯

Shakespeare　莎士比亚

Sinope　西诺卑

Socrates　苏格拉底

Solon　梭伦

Sophocles　索福克勒斯

Sophroniscus　索夫龙尼斯库斯

Soul　灵魂

Spaniards　西班牙人

Stoics　斯多亚主义者

Sucro　苏克劳河

Suetonius　苏维托尼乌斯

Sufete　萨菲特

Syracuse　锡拉库扎

Syria　叙利亚

Syrtes　西尔特斯

T

Tacitus　塔西佗

Tarentum　塔林顿

Telamo　《特拉墨》

Thapsus　赛普色斯

Thedorus　色俄多鲁斯

the engrossed　杂务缠身者

Theophrastus　色奥弗拉斯多

Theseus　特修斯

Thrace　色雷斯

Tiber　台伯河

Tiberius　提比留斯

Tiberius caesar　提比留斯·恺撒

Tibur　蒂尔堡

Ticinus　提西努斯河

Timoleon　提摩勒昂

Titus Livius　提图·李维

Tomi　托密

Trasumenus　特拉西美诺湖

Tranquility　宁静

Tullia　图莉娅

Tusculan　图斯库兰

Tusculum　图斯库勒姆

U

Ulysses　尤里西斯

V

Valerius Corvinus　瓦勒里乌斯·科尔维鲁斯

Valerri　瓦勒里

Varro　法罗

Veientes　维恩特人

Verrucosus　维卢科苏斯

Vestal virgins　维斯太贞女

Vettius 维提乌斯

Virgil 维吉尔

Virtue 美德

X

Xenophon 色诺芬

Xerxes 薛西斯

Z

Zeno 芝诺